300

PROJETS et PROPOSITIONS

UTILES

C. A. OPPERMANN

Ancien Ingénieur des Ponts et Chaussées
Directeur des Nouvelles Annales de la Construction
du Portefeuille Économique des Machines
de l'Album pratique de l'Art Industriel, des Nouvelles Annales d'Agriculture
et de la
Compagnie Générale d'Entreprise de Travaux publics et privés.

DEUXIÈME ÉDITION.

PARIS

CHEZ L'AUTEUR

11, RUE DES BEAUX-ARTS,
PUBLICATIONS ET SERVICES GÉNÉRAUX.

19, RUE DE GRAMMONT.
TRAVAUX ET SERVICE FINANCIER.

1866

300

PROJETS ET PROPOSITIONS

UTILES

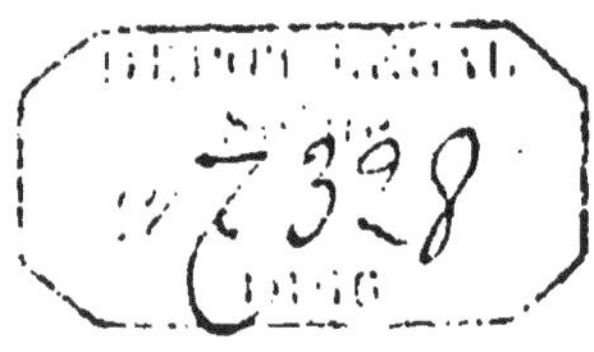

C. A. OPPERMANN

Ancien Ingénieur des Ponts et Chaussées
Directeur des Nouvelles Annales de la Construction
du Portefeuille Économique des Machines, de l'Album pratique de l'Art Industriel
des Nouvelles Annales d'Agriculture
et de la
Compagnie Générale d'Entreprise de Travaux publics et privés.

DEUXIÈME ÉDITION.

PARIS

CHEZ L'AUTEUR

11, RUE DES BEAUX-ARTS,   19, RUE DE GRAMMONT,
PUBLICATIONS ET SERVICES GÉNÉRAUX.   TRAVAUX ET SERVICE FINANCIER.

1866

INTRODUCTION.

De tous les faits qui caractérisent notre époque, un des plus utiles et des plus importants à constater est l'affirmation, tous les jours plus évidente, de ce que l'on pourrait appeler *la loi du Progrès*.

La fraternité des différentes races humaines, le développement harmonique des nationalités, l'unité des poids et mesures, la réduction du nombre des langues usuelles, l'unification des Codes de lois, l'association, la division du travail dans l'Industrie, le Commerce et l'Agriculture, aussi bien entre les nations qu'entre les individus, l'amélioration du sort des classes ouvrières, le développement des Beaux-Arts pour tous, ne sont qu'autant de corollaires, ou, si l'on veut, autant d'éléments de cette loi universelle.

Mais toute loi suppose un but, tout progrès doit conduire à un résultat.

Dans les sociétés anciennes le dernier mot du progrès, défini par les théocraties ou par les conquérants était, tantôt l'absorption de l'humanité au profit de la plus grande gloire de Dieu, tantôt son asservissement aux projets d'une ambition personnelle.

Le premier cas a été, par exemple, le but des Sociétés religieuses ou mystiques.

Le second a été celui des Tamerlan, des Gengiskau, des Alexandre le Grand, des Attila de toutes les époques.

De nos jours, la question a changé de face.

Ce n'est plus la gloire d'un seul — Homme ou Dieu — qui peut être le but de l'Humanité, — c'est la vie régulière et le bonheur de tous.

Aussi faut-il remplacer la formule surannée — *Ad majorem Dei gloriam* — par le principe plus moderne — *Pour le plus grand bien de l'Humanité.*

Or, quelles sont les conditions du bonheur, du bien-être de l'Humanité ?

Elles sont de deux espèces : matérielles ou morales :

Dans l'ordre matériel — la Nourriture, le Vêtement, l'Habitation, l'Hygiène, la Locomotion, les Relations sociales.

Dans l'ordre moral — la Sécurité, la Liberté, le Travail, le Développement simultané des facultés artistiques, scientifiques et philosophiques.

Tout ce que l'homme peut désirer se trouve implicitement renfermé dans les termes ci-dessus :

La fortune et la puissance politique ne sont que des moyens, ce ne sont pas des buts.

L'argent n'est qu'un signe conventionnel de la valeur, produit du travail, ou don de la nature.

Le luxe n'est que le développement artistique des besoins matériels : nourriture, vêtement et habitation.

C'est donc l'ensemble des objets énumérés plus haut qu'il s'agit de procurer, à un degré plus ou moins complet, à chaque membre de la grande famille humaine.

C. A. OPPERMANN.
11, rue des Beaux-Arts, à Paris.

Publications Fondées
et
TRAVAUX EXÉCUTÉS
DE 1855 A 1865

PAR

C. A. OPPERMANN

Ancien Ingénieur des Ponts et Chaussées, Ingénieur-Constructeur

Sorti Premier de l'École Polytechnique en 1851
Sorti Premier de l'École des Ponts et Chaussées en 1854.

PUBLICATIONS.

1855. — Nouvelles Annales de la Construction.

Publication rapide et économique de tous les documents récents et intéressants relatifs à la construction française et étrangère. Il paraît chaque année 50 à 60 planches grand format, avec douze livraisons mensuelles de textes. — Prix de l'abonnement : 15 fr. par an à Paris. — 18 fr. dans les Départements. — Bureaux de direction, 11, rue des Beaux-Arts, à Paris.

Ce recueil, qui est aujourd'hui dans sa douzième année, compte environ 5,200 *abonnés*, Ingénieurs, Architectes, Conducteurs, Agents-Voyers, Élèves des Écoles, Entrepreneurs, Ouvriers, Directeurs d'Établissements industriels et agricoles.

1856. — Portefeuille économique des Machines.

Fondé un an après les *Annales de la Construction.* Compte aujourd'hui 10 volumes parus, et environ 3,300 *abonnés*, Ingénieurs, Mécaniciens, Constructeurs de machines, Contre-maîtres, Chefs d'atelier, Élèves des Écoles professionnelles et des Arts et Métiers, Entrepreneurs, Ouvriers. — Prix d'abonnement : 15 par an à Paris. — 18 fr. dans les Départements. — Bureau de direction, 11, rue des Beaux-Arts.

1857. — Album pratique de l'Art Industriel.

Créé un an après le *Portefeuille des Machines* et destiné aux Architectes, Sculpteurs, Peintres, Décorateurs, Mosaïstes, Serruriers d'art, Fondeurs, Plombiers d'art, Marbriers, Plâtriers, Faïenciers, Miroitiers,

Doreurs, Photographes et Dessinateurs industriels. Environ 2,400 *abonnés*. — Prix d'abonnement : 15 et 18 fr. par an. Bureaux de Direction, 11, rue des Beaux-Arts.

1859. — Nouvelles Annales d'Agriculture.

Le seul recueil agricole qui publie, chaque année, de 50 à 60 planches grand format, concernant la culture générale, les irrigations, le drainage, les constructions rurales, le matériel agricole perfectionné, les procédés agricoles et industriels correspondants. — 8 vol. parus. — Environ 1,500 *abonnés*. — Prix d'abonnement : 15 et 18 fr. par an. Bureaux de Direction, 11, rue des Beaux-Arts.

TRAVAUX.

1858. — Camp de Châlons. — Entreprise générale des constructions fixes du camp, comprenant cinquante-deux bâtiments de destinations différentes, en briques, pierre et ardoise. Ensemble environ 25,000 mètres de surface couverte. Le tout exécuté en moins de sept mois.

1859. — Deux fermes Impériales du camp de Châlons (à Suippes et Jonchéry).

1857-1861. — Pont de Gournay *sur Marne*. Trois arches en fer forgé sur piles et culées en maçonnerie.

Charpente en fer du manége de Meaux.

Pont de Lagny *sur Marne*. Trois arches en fer forgé, reliant la ville avec la station du chemin de fer. Deux voies.

Pont de Mary *sur Marne*. Trois arches en fer forgé. Une voie.

Pont de Marolles *sur Seine, près Montereau*. Trois arches en fer forgé, avec deux voies ; Pont de décharge également en fer forgé.

Ponts et Passerelles de divers types, construits sur le *Var*, l'*Argens*, le *Canal de la Somme* à Douai, etc.

Marquises des stations du chemin de fer de Saint-Étienne. Système en fer forgé à double pente, avec écoulement d'eaux par les colonnes-supports.

Grues en tôle du chemin de fer d'Orléans.

Usine à gaz de Creteil. — Type économique au gaz de Boghead, pour consommation variable, destinée aux usines et manufactures

Serre de M. le duc de Lévis.

Halles en fer et fonte des porcelaines de Choisy-le-Roi.

— 5 —

Manufacture de porcelaine de Montereau : Halles en fer et magasins.

Planchers et poitrails en fer, du nouveau Palais de Justice de Paris.

Halle d'exposition en fer, pour M. Duvoir, Constructeur de machines, 90, rue Lafayette, à Paris.

Charpente en fer d'un château, près de Vichy.

Charpente et planchers en fer d'une usine, à Persan (Oise).

Serre, bibliothèque et galerie de tableaux, en fer, fonte et vitrerie, pour M. le comte Koucheleff, à Saint-Pétersbourg.

Les travaux en fer qui précèdent ont été construits en association avec M. Joret, architecte.

1858-1860. — Vingt-quatre opérations de drainage et d'irrigation, dans la vallée de la Voulzie, dans l'Aveyron, aux environs de Paris, etc.

Constructions rurales, pour M. le Prince de Chimay, M. Hachette, éditeur, etc.

1860-1861. — Maisons de campagne de divers types, au Vésinet, à Montmorency, etc.

1860. — Dix-huit gares et stations de chemin de fer d'Ancône à Boulogne. Ensemble, environ *Cent dix constructions* de divers types.

Concours aux travaux courants de la ligne.

1862-1863. — Six gares et stations de la ligne de Castel-Bolognèse à Ravenne.

Environ *vingt-cinq constructions* diverses.

1861-1865. — Trente-cinq gares et stations des chemins de fer du Nord et de l'Est, en Portugal.

Environ *Deux cent cinquante constructions* de types divers.

1864-1865. — Gare centrale de Lisbonne. Édifice de dimensions et d'importance analogues à celles de la gare de Strasbourg, à Paris. Grande halle couverte en fer et vitrerie, entourée de bâtiments en pierres de taille et en maçonnerie, pour le service, les bureaux et l'administration supérieure.

1864-1866. — Agrandissement de Madrid. — Quartier Salamanca.

Vingt-quatre maisons doubles à cours intérieures avec Squares plantés en terrasse, construites sur le chemin de ronde d'Alcala, près l'arène des *Toros*.

1865-1866. — Quartier d'Atocha. — Vingt maisons en construction près les Docks et le chemin de fer du Sud.

1865-1866. — Quartier du Palais de la Reine à Madrid. **— Six maisons** en construction, pour M. le comte ZALDIVAR, sur les hauteurs del Principe Pio.

1865-1866. — Quartier du Prado. — Une maison, en construction Calle de Recoletos, pour la Société de la Caisse universelle des capitaux.

TRAVAUX EN PRÉPARATION.

1865-1800. — Agrandissement de Saint-Nazaire. Quartier de ville nouveau, situé à l'aval de la ville actuelle, et comprenant trente-trois *rues*, quatre-vingt-deux îlots de *maisons*, une *église*, un *théâtre*, un *hôtel de voyageurs*, une *halle centrale* d'approvisionnements, une *distribution d'eau*, des *bains et lavoirs* publics, etc.

1865-1866. — Percement de rues, construction d'édifices publics et boulevard de ceinture à Nantes.

1865-1866. — Reconstruction et agrandissement de Limoges. Remplacement des maisons détruites par le dernier incendie; construction d'un quartier nouveau près la gare du chemin de fer et les manufactures de porcelaine.

1862-1866. — Chemins de fer économiques et d'intérêt local dans vingt-deux Départements français, à Vienne (Autriche), à Naples, etc.

1863-1866. — Magasins généraux et agrandissement de Gênes. Démolitions des maisons anciennes du vieux môle, au nombre de trente-deux. Établissement de *magasins généraux* nouveaux en place des maisons démolies ou appropriées. Construction de *vingt-cinq maisons économiques* nouvelles, dans divers quartiers de la ville, pour recevoir au fur et à mesure la population déplacée.

1863-1866. — Maisons économiques à Naples. Établissement de *maisons neuves* en place de maisons mal construites ou n'ayant qu'un ou deux étages dans les quartiers centraux de la ville. Construction de *deux îlots de maisons* à loyers économiques dans les terrains avoisinant le chemin de fer.

1865-1866. — Reconstruction d'un quartier à Constantinople. Maisons détruites par les deux derniers incendies, à remplacer par des maisons à loyer nouvelles, établies suivant quatre types spéciaux appropriés au style oriental.

1862-1866.—Constructions économiques de Lisbonne. Établissement de maisons à loyers économiques le long du Tage et dans les anciens quartiers de la ville haute, percement de rues et d'avenues nouvelles, constructions diverses, édifices publics, magasins généraux, etc.

1862-1866. — Maison du cours Victor-Emmanuel, à Ancône. Corso de 15 mètres de largeur, percé entre le milieu du port et le fond de la ville (quartier du nouveau théâtre). Maisons à loyer à établir suivant des types à façades monumentales avec galeries en fer substituées aux arcades en maçonnerie.

1865-1866. — Gare définitive d'Ancône. La gare provisoire a été construite par nous en 1863. La gare définitive sera commencée très-prochainement, pour le service central des trois lignes d'Ancône à Bologne, d'Ancône à Rome et d'Ancône à Brindes.

1865-1866. — Maisons économiques à Florence et à Rome. — Établissement de quartiers additionnels à Florence, et reconstruction de diverses maisons anciennes à Rome avec utilisation des matériaux actuels.

1865-1866. — Création d'un village de Plaisance près Séville, entre le chemin de fer et le Guadalquivir.

1866. — Rétablissement et complément du réseau des irrigations arabes, dans la vallée du Guadalquivir. Endiguements et irrigations dans la vallée de l'Èbre.

1866. — Irrigations en Algérie. — Tell, Metidja, Vallée du Sig, Province d'Oran.

1866. — Irrigations dans la campagne de Naples.

1866. — Travaux industriels et agricoles dans l'Empire du Maroc.

1856-1866. — Drainage et cultures industrielles dans la Hongrie, le long des Chemins de fer et des Voies navigables.

1866. — Dragage et Approfondissement de divers Ports de mer de France, d'Espagne et d'Italie, par un système nouveau présentant une économie de 50 p. 100 sur les procédés actuels.

1866. — Dragages et Cultures industrielles en Égypte.

Organisation de la Compagnie Générale d'Entreprise
DE TRAVAUX PUBLICS ET PARTICULIERS,
d'Établissements Industriels et Agricoles.

Conseil de Direction de douze Ingénieurs Principaux.— Associés participants pour des sommes variables, avec Intérêt garanti à 6 p. 100 et parts proportionnelles de 25 p. 100 aux bénéfices de chaque Entreprise. — Titres spéciaux et obligations locales portant intérêt à 6 p. 100 pour chaque affaire séparément.

Bureaux correspondants établis et à créer.

<table>
<tr><td>1. Bologne.</td><td>16. Ancône.</td></tr>
<tr><td>2. Lisbonne.</td><td>17. Naples.</td></tr>
<tr><td>3. Madrid.</td><td>18. Florence.</td></tr>
<tr><td>4. Saint-Nazaire.</td><td>19. Rome.</td></tr>
<tr><td>5. Nantes.</td><td>20. Séville.</td></tr>
<tr><td>6. Limoges.</td><td>21. Barcelone.</td></tr>
<tr><td>7. Amiens.</td><td>22. Alger.</td></tr>
<tr><td>8. Lille.</td><td>23. Oran.</td></tr>
<tr><td>9. Le Havre.</td><td>24. Londres.</td></tr>
<tr><td>10. Bordeaux.</td><td>25. Vienne.</td></tr>
<tr><td>11. Lyon.</td><td>26. Berlin.</td></tr>
<tr><td>12. Strasbourg.</td><td>27. Bukarest.</td></tr>
<tr><td>13. Marseille.</td><td>28. Constantinople.</td></tr>
<tr><td>14. Gênes.</td><td>29. Smyrne.</td></tr>
<tr><td>15. Nice.</td><td>30. Alexandrie.</td></tr>
</table>

D'autres bureaux seront organisés dans les divers pays au fur et à mesure du développement des Entreprises de la Société.

ESSAI SUR LA PHILOSOPHIE

DES

CONSTRUCTIONS.

Définition générale des Constructions.

Les constructions, définies de la manière la plus générale, sont tous les ouvrages d'art d'une certaine étendue, que l'homme crée avec des matériaux plus ou moins durables, pour la satisfaction de ses besoins matériels ou moraux.

Le nombre des constructions de chaque espèce est aussi illimité que les besoins qu'elles sont appelées à desservir.

Chaque peuple en a couvert la surface de la terre. Depuis les déserts de l'Afrique et les plateaux primitifs de l'Inde jusqu'aux limites les plus reculées des deux continents, l'homme a semé sur son passage des œuvres destinées à organiser la vie sociale ; et, aux yeux du spectateur moderne, ces débris, tour à tour majestueux ou infimes, renferment l'enseignement le plus complet et le plus élevé de l'histoire des nations.

Résumé Historique.

Les peuples et les pays ont en effet leurs caractères comme les individus.

Il y a autant de styles différents en Architecture qu'il y a d'*espèces diverses de matériaux*, de *procédés spéciaux* pour leur mise en œuvre, de *climats*, de *mœurs*, et d'*idées*, qui président à l'édification des ouvrages formés par la main de l'homme.

L'influence de la nature des matériaux est la plus prépondérante pour modifier l'aspect des constructions destinées au même objet dans les différents pays.

Il est évident que pour bâtir une maison avec de la brique, il faudra s'y prendre tout autrement que pour la construire avec du bois, du fer ou de la pierre, et chaque fois que la matière changera on sera conduit forcément à des formes élémentaires nouvelles et à des ornements différents.

Mais la variation des climats, des mœurs et des idées n'est pas moins puissante pour modifier la distribution intérieure et l'aspect des édifices.

C'est à ce point de vue surtout que l'on peut dire que l'architecture est la sœur de l'histoire, et qu'à chaque modification survenue dans l'art de bâtir, correspond un renouvellement dans la civilisation.

Quelques mots sur les signes caractéristiques de chaque style, mis en parallèle avec les circonstances spéciales dans lesquelles il s'est développé, montreront mieux encore jusqu'à quel point cette correspondance est rigoureuse :

Style égyptien : 3000 avant J.-C. à 30 avant J.-C.

De l'origine de la Théocratie égyptienne à la conquête Romaine.

Les Monuments Égyptiens sont, en général, graves, massifs, et construits avec des matériaux d'une dimension énorme. De longues enfilades d'appartements, d'interminables avenues de sphinx et d'obélisques, des plans rectangulaires ou brusquement retournés à angle droit, des colonnades et des pylônes couverts d'emblèmes et d'hiéroglyphes caractérisent l'art de ce peuple savant et superstitieux, un des plus anciens du monde.

Puis, à côté de ces immenses constructions religieuses ou royales, au pied de ces pyramides où la durée du règne des princes se mesurait à la hauteur du monument qui leur servait de tombeau, des masures informes construites en boue du Nil et en chaume périssable, servaient d'habitations au peuple et aux esclaves.

Les masses granitiques du fleuve supérieur, par l'homogénéité parfaite de leur grain, et par l'absence de toute fissure, ont conduit naturellement à l'architecture monolithe.

Le climat brûlant du désert a fait rechercher l'ombre des cavernes.

Le mépris du peuple égyptien pour la vie, et son culte pour la mort, expliquent le déploiement de luxe qui accompagnait l'enfouissement des cadavres, et le sacrifice de l'architecture civile à l'architecture des temples et des tombeaux.

Enfin, l'intérêt qu'avait la caste sacerdotale à conserver sa suprématie intellectuelle rend compte de l'adoption du langage symbolique et mystérieux des hiéroglyphes pour la conservation des secrets qui faisaient sa force, et qui la rendaient supérieure aux guerriers, et même aux rois.

Style hindou : 3000 avant J.-C. à 1866 après J.-C.

De l'Origine de la Théocratie indienne jusqu'aux temps actuels.

Les constructions de l'Inde ont un caractère beaucoup moins uniforme et moins homogène que celles de l'Égypte.

La diversité des matériaux, des climats et des nations que l'on rencontre dans la vaste presqu'île du Gange en sont la cause.

Là où la pierre abonde, dans l'île de Ceylan, par exemple, on retrouve les mêmes cavernes et les mêmes hypogées qui caractérisent l'art égyptien, mais on voit de suite qu'il y règne un élément fantastique et irrégulier, une exubérance de formes bizarres et tourmentées, qui contrastent violemment avec l'esprit calme et méthodique des architectes de Thèbes et de Memphis.

Dans les royaumes où la brique et la pierre de petit appareil sont les matériaux prédominants, on voit s'élever dans les airs de formidables pagodes, mais partout et toujours on reconnaît ce caractère fastueux et inquiet, inerte et tourmenté tout à la fois, qui caractérise les peuples hindous et les règnes éphémères de leurs princes.

Style chinois : 4000 avant J.-C. à 1866 après J.-C.

Depuis Confucius jusqu'à nos jours.

De même que l'on a voulu voir dans l'imitation de la caverne primitive la source des architectures monolithes de l'Égypte et de l'Inde, de même aussi l'on a cherché dans la tente au sommet aigu, aux bords relevés sur les angles, le prototype des édifices affectionnés par les peuples de la Chine et du Japon. Quoi qu'il en soit, et contrairement à l'opinion reçue que, dans l'extrême Orient, la fantaisie la plus absolue est la seule règle de l'art, on peut remarquer, dans les compositions architectoniques du Céleste Empire, une grande unité et une grande harmonie de formes et de couleurs.

Ce sont toujours les mêmes proportions et les mêmes distributions de plans et d'élévations.

Toujours les mêmes couleurs revêtant les mêmes objets, et des détails identiques se retrouvant dans toutes les décorations du même genre.

La plupart de ces proportions et de ces décorations paraissent irrationnelles et bizarres sans doute à notre point de vue : ce sont des ovales, des courbes rompues, des lignes brisées qui répugnent à notre sentiment de l'économie et de la stabilité naturelle des matériaux, mais il est constant que, dans leur adoption, le peuple Chinois cherche systématiquement à obéir à des rites et à des usages traditionnels.

Or, dès qu'il y a intention arrêtée, ordonnance manifestée par une innombrable quantité d'édifices semblables, il y a convention faite, harmonie entre l'objet et son spectateur, œuvre d'art en un mot.

On peut blâmer l'esprit de l'architecture chinoise au point de vue du beau absolu, et la reconnaître comme parfaitement irrationnelle, au moins dans ses formes secondaires. Mais un fait incontestable, c'est qu'elle est remarquablement caractéristique, et qu'elle correspond, de la manière la plus frappante, à l'esprit, aux usages et aux mœurs de ce peuple singulier, le plus ancien de la terre.

Style hébreu et phénicien : 1645 av. J.-C. à 135 av. J.-C.

De la sortie d'Égypte à la dispersion des Juifs sous l'Empereur Adrien.

Le tabernacle de Moïse et le temple de Salomon à Jérusalem sont les seuls monuments caractéristiques du style phénicien ou hébreu dont la description soit parvenue jusqu'à nous.

L'un et l'autre mettent en évidence la conformité des monuments avec les données locales et historiques.

Dans le désert, c'est une enceinte mobile que l'on transporte d'un point à un autre; dans la ville sainte, c'est un monument somptueux, construit suivant le rite de Moïse, avec le porphyre et l'ivoire de l'Arabie, l'or d'Ophir et les cèdres du Liban.

Si nous parlons, dans ce résumé succinct, d'un style qui n'est représenté, pour ainsi dire, que par un seul édifice, c'est que l'ordonnance générale de ce temple unique, sauf la coupole qui n'existait pas alors, a servi de base à celle de Sainte-Sophie de Constantinople, et, par suite, à tous les édifices religieux du style byzantin.

Style babylonien : 2680 av. J.-C. à 323 av. J.-C.

De Nemrod à la mort d'Alexandre.

La Mésopotamie étant absolument dénuée de pierre à bâtir, et presque entièrement composée d'alluvions argileuses, tous les monuments de ce pays ont été construits en briques séchées au soleil ou cuites au four.

Le bitume et le goudron jouaient également un grand rôle dans les constructions de Ninive et de Babylone.

Les monuments babyloniens passaient, aux yeux de l'antiquité, pour la dernière expression du faste oriental. C'étaient, au dire des livres sacrés, d'immenses et vastes enceintes, des entassements de tours et de gradins, des terrasses à perte de vue, renfermant le travail et les efforts condensés de plusieurs millions d'esclaves et d'ouvriers.

Il est difficile d'admettre cependant que l'aspect de ce vaste ensemble de constructions artificielles, faites en matériaux dont le peu de résistance effective exigeait une grande largeur à la base et très-peu de hauteur en général, pût offrir, en réalité, un coup d'œil très-remarquable.

Les ruines informes que le temps nous en a conservées témoignent assez peu en faveur du goût artistique des peuples voisins du golfe Persique.

Placés entre l'Égypte et l'Inde, ils imitaient sans doute les monuments granitiques du Nil en se servant de matériaux impropres, et en y introduisant les formes abâtardies du Gange et de l'Indus.

Aussi l'histoire de tout leur empire ne présente qu'une suite d'excès et d'instabilités.

Le même vent qui a réduit en poussière leurs monuments, et qui a enfoui Babylone sous les sables du désert, semble avoir soufflé sur leurs lois et leurs institutions, et il faudra au génie moderne de bien énergiques efforts pour rendre la vie et la circulation à ces régions maudites, où l'on ne rencontre plus que des monceaux de décombres et des peuples sans souvenirs.

Style assyrien : 2080 av. J.-C. à 64 ap. J.-C.

D'Assur à la Conquête romaine.

On doit distinguer le style assyrien du style babylonien, parce que les produits du premier témoignent d'une instruction artistique beaucoup plus avancée que ceux du second.

Ninive, Palmyre, et toutes les villes de cette région plus élevée nous ont laissé des sculptures remarquables et des inscriptions nombreuses en caractères dits cunéiformes, parce qu'ils représentent la forme d'un clou figuré dans différentes positions.

On peut étudier plusieurs produits très-beaux de l'art assyrien et des inscriptions cunéiformes dans les musées de Paris et de Londres.

Style pélasgique : 2000 avant J.-C. à 1280 avant J.-C.

Depuis l'Invasion pélasgique jusqu'à la Guerre de Troie.

Les Pélasges paraissent être originaires des bords de la mer Caspienne, et avoir envahi, vers le xx⁺ siècle avant Jésus-Christ, l'Asie Mineure, la Macédoine, le Péloponèse, et même une partie de l'Italie.

Les monuments pélasgiques, quoique formés de grosses pierres polygonales, simplement juxtaposées, témoignent déjà, sous certains rapports, d'une intention artistique. Quelques-uns d'entre eux ont atteint un degré de perfection relative qui, développé et fécondé par les immigrations égyptiennes et phéniciennes, et surtout par la proximité des magnifiques matériaux de l'île de Paros, du Pentélique, et de tout le Péloponèse, devait donner naissance plus tard à l'art grec, dont tous les peuples européens sont encore aujourd'hui tributaires.

Au point de vue de la correspondance entre l'architecture et les mœurs, il est évident que, dans le soin rigoureux avec lequel les plus anciens constructeurs pélasgiques conservaient tous les angles naturels des matériaux, même à une époque où les procédés de main-d'œuvre étaient déjà très-avancés, il entrait beaucoup de ce préjugé qui faisait considérer aux Druides et aux Hébreux la taille, et surtout la division de la pierre comme un sacrilége et une profanation.

Ce préjugé singulier a été partagé par presque tous les peuples primitifs, et il est probable qu'il a été pour beaucoup aussi dans la prédilection de l'Égypte et de l'Inde pour les constructions monolithes.

Style celtique ou druidique : 1000 avant J.-C. à 878 après J.-C.

Depuis l'origine de la race Celtique jusqu'au règne d'Alfred le Grand.

Les peuples Celtiques occupaient, au temps de l'invasion des barbares dans l'empire Romain, tout le Nord-Ouest de l'Europe.

La Grande-Bretagne, l'Écosse, l'Irlande, l'Armorique et les îles de la mer du Nord leur appartenaient.

Quoiqu'il soit difficile d'accorder aux constructions celtiques un caractère suffisamment accusé pour constituer un style, on reconnaît cependant, dans tous les restes des rites druidiques, une remarquable unité : ce sont partout des *Men-hirs*, des *Dol-men*, des *autels*, des *alignements* et des *enceintes* de pierres vierges; partout d'immenses plaines, régulièrement semées de quartiers de roc, et qui semblent avoir servi à des rassemblements, à des dénombrements, ou bien encore à la mesure du temps.

Comme monuments plus complexes, on peut citer les cavernes formées de trois ou plusieurs pierres juxtaposées ou superposées, les roches branlantes, etc.

La rudesse des mœurs de ces peuples correspond aussi à la grossièreté de leur architecture. Des sacrifices humains ensanglantaient sans cesse les autels druidiques, et c'est tout au plus si l'on trouve, dans les tombeaux ou tumulus des tribus soumises à cette théocratie cruelle et mystérieuse, quelques ustensiles informes, et des armes, haches ou pointes de flèches, faites de pierres, de coquillages et quelquefois d'airain.

Style péruvien : 1000 avant J.-C. à 1534 après J.-C.

Depuis l'origine de la race Péruvienne jusqu'à la destruction de l'Empire des Incas par les Espagnols.

· Si nous mentionnons ici le style mexico-péruvien, c'est qu'il a une grande similitude avec le style celtique ou pélasgique, d'une part, et avec les styles phéniciens et assyriens, de l'autre.

Il ne serait pas impossible, tout en faisant la part de l'élément autochthone, d'admettre que des navigateurs égarés, Christophe-Colomb phéniciens ou celtiques, y aient apporté des formes et des éléments spéciaux.

On a dit aussi que l'Océan Atlantique était moins large à cette époque que de nos jours; que les îles du Cap Vert, les Canaries, le pic de Ténériffe, etc., n'étaient que les crêtes d'un continent disparu...

Quoi qu'il en soit, les monuments mexicains antiques sont de grandes pyramides à faces courbes, des enceintes rectangulaires à galeries sur piliers carrés ou des terrasses à gradins.

Les tombeaux sont quelquefois somptueux, mais leurs sculptures sont presque toujours bizarres et informes, et souvent sans signification apparente.

Style grec : 1635 avant J.-C. à 146 après J.-C.

De l'invasion des Hellènes à la destruction de Corinthe.

Tout a été dit sur le style grec. Nous ne le citerons donc que pour mémoire.

Style étrusque.

De l'établissement des Étrusques en Italie à la Conquête Romaine.

Les peuples de l'Étrurie (Toscane, Tyrrhénie) ont précédé les Romains et peut-être même les Grecs, dans l'art et dans la civilisation.

Le peuple étrusque a plusieurs analogies remarquables avec le peuple égyptien.

Comme lui, il honore les morts et leur bâtit de splendides nécropoles.

Comme lui, il sait allier une grande vigueur de masse à une grande pureté dans la forme et dans le détail.

Les vases et les ustensiles étrusques, dont les musées d'Italie sont remplis, témoignent tous d'un développement artistique très-avancé.

Mais le principal mérite de ces anciens peuples de l'Italie, au point de vue de l'architecture, c'est d'avoir, les premiers, fait usage de la voûte et de l'arcade, devenus si caractéristiques de l'art romain.

L'arcade est, en effet, l'élément le plus fondamental de l'architecture italienne. C'est elle qui distingue le plus nettement les œuvres classiques de l'Italie de celles de la Grèce.

Style romain : 753 ans avant J.-C. à 476 après J.-C.

De la fondation de Rome à la chute de l'Empire d'Occident.

De même que le style grec se distingue par la pureté de ses formes, le style romain se caractérise par leur force et par leur richesse.

Peuple de soldats, d'administrateurs et d'ingénieurs, les Romains ont laissé partout des traces de leurs camps, de leurs chaussées, de leurs établissements d'utilité publique.

Les formes circulaires en plan, les arcades superposées et les colonnes accolées aux arcades en élévation, tels sont les trois signes caractéristiques de l'art romain.

Les longues et inflexibles lignes droites des voies romaines montrent bien quel était le génie puissant et persévérant de ce peuple, qui ne s'effrayait devant aucune difficulté et ne s'arrêtait devant aucun obstacle. Toutes ses œuvres portent un remarquable cachet de force et de grandeur.

Il est seulement à regretter que l'harmonie des formes ne s'y allie pas toujours avec leur immensité. Il y a, dans presque toutes les créations romaines, une proportion trapue et atrophiée, avec des détails maigres et durs, qui, tout en correspondant parfaitement à l'esprit du peuple qui les enfanta, pèche contre les règles essentielles de l'art absolu, et ne satisfait pas pleinement le spectateur impartial.

Style latin : 476 après J.-C. à 1000 après J.-C.

Les basiliques de l'empire romain ont été les premières églises du christianisme. C'est de leur imitation plus ou moins éloignée que sont tirées les principales dispositions des premières nefs religieuses de l'Occident.

Comme signes caractéristiques du style latin, on peut citer les colonnades intérieures, les plafonds plats ou à charpentes apparentes, les dispositions rectangulaires en plan, les fenêtres cintrées en élévation, les grandes peintures murales à l'intérieur, les mosaïques de différentes couleurs à l'extérieur.

Le style des églises latines et de tous les monuments de cette époque qui nous ont été conservés, a quelque chose de maigre et de sec, qui répond bien à l'idée que l'on se fait de la société décrépite et cependant encore civilisée qui succéda à l'empire d'Occident.

Style byzantin : 332 à 1434.

De la construction de Sainte-Sophie à la chute de l'Empire d'Orient.

Le style byzantin tire son nom de Byzance, aujourd'hui Constantinople, où il se développa et atteignit son plus haut degré de splendeur.

Le style romain, transporté par l'empereur Constantin sur les rives du Bosphore, y prit un nouvel aspect, se para de la riche ornementation de l'Orient, et forma un ensemble d'un type tout spécial.

Sainte-Sophie de Constantinople, fondée par l'impératrice Hélène sur le plan du temple de Jérusalem, peut être regardée comme la base de l'architecture byzantine, qui se répandit dans toute l'étendue de l'Empire d'Orient, pénétra jusqu'à Venise, et fut importé par les croisades en Italie, en Allemagne et en France.

Le signe le plus caractéristique du style byzantin, c'est la coupole.

Les signes secondaires sont les assises de pierres à couleurs alternes, disposées en bandeaux ou en damiers, les riches mosaïques d'or et de pierreries, les grandes figures assises ou debout, se détachant dans les nefs sombres sur des fonds d'or mat ou guilloché.

Certains enroulements de bordures ornées sont très-caractéristiques du style byzantin.

Les dispositions byzantines en plan sont généralement carrées, en croix grecque, rondes ou polygonales.

Dans tout l'agencement de ce style, on reconnaît l'imagination vive et l'amour des couleurs et des pierreries qui distingue les peuples de l'Orient et du Midi. Les tresses, les torsades, les rangs de perles y abondent : la passementerie et la broderie avaient envahi tout à la fois les vêtements et les édifices.

Là encore, l'architecture était fidèlement conforme aux mœurs, et les coupoles éclatantes des temples byzantins représentaient aux yeux du spectateur un reflet du ciel radieux de la Grèce et de l'Asie Mineure.

Style arabe : 622 à 1031.

De Mahomet à la chute des Maures d'Espagne.

Le style arabe dérive en ligne directe du style byzantin, dont il est l'expression la plus pittoresque et la plus élégante, considérablement modifiée sous l'influence du climat africain et des prescriptions du Koran.

L'idéal arabe, dans un pays brûlant et souvent dépourvu d'eau, devait être le mélange de l'architecture, des fontaines et de la végétation.

Aussi presque toutes les constructions mauresques consistent-elles en enceintes carrées ou rectangulaires, où de nombreuses galeries couvertes procurent de l'ombre et de la fraîcheur, et au centre desquelles jaillissent des eaux vives, entourées de verdure et de fleurs.

L'imagination des peuples mahométans, plus riche encore que celle des Grecs byzantins, produisit des ouvrages admirables d'élégance et de finesse.

L'étude seule de leurs ornements, caractérisée par l'absence de formes empruntées à la nature organique, pourrait remplir des volumes, et le choix des plus remarquables d'entre eux suffirait à décorer vingt palais.

STYLE ROMAN : 1000 à 1160 après J.-C.

C'est aux Lombards qu'il faut faire remonter la création du premier style véritablement chrétien en Occident.

Ce peuple, arrivé barbare en Italie, se civilisa rapidement au contact des vaincus, et se fit remarquer aussitôt par des productions d'un goût artistique très-pur et très-élevé.

Les nefs lombardes se distinguent essentiellement des basiliques latines par la substitution des voûtes aux plafonds plats, et par le renforcement des supports, devenu nécessaire par ce fait, et par l'addition de clochers et de tourelles.

La section des piliers lombards est, en général, un carré auquel sont accolés quatre cercles engagés d'un tiers.

Le cercle tourné vers la nef principale engendre la colonnette et le rinceau de la voûte principale ; celui qui est opposé engendre l'arcade du bas côté ; et les deux autres cercles correspondent aux arcades latérales qui séparent la grande nef des galeries secondaires.

Les peuples du Nord, chez lesquels ce style pénétra avec le christianisme, lui donnèrent le nom de style romain ou *roman*, sans doute parce qu'il venait d'Italie, et c'est sous ce nom qu'il s'est développé dans la France septentrionale, dans la vallée du Rhône et sur les bords du Rhin, en donnant partout naissance à des monuments très-remarquables.

Outre les distributions en plan et la section des colonnes dont nous avons parlé, on peut citer encore, comme signes caractéristiques du style Roman, l'emploi exclusif du plein cintre pour toutes les voûtes et toutes les ouvertures, la richesse et la *variété* infinie des chapiteaux, très-rétrécis à la base et très-évasés à leur partie supérieure ; le type spécial des portes, formées par plusieurs cintres successifs en retraite les uns sur les autres, avec une colonnette d'un dessin varié dans chaque retraite, l'emploi très-fréquent de fûts en marbre, en porphyre ou en autres pierres d'un grand prix.

Enfin, comme ornements caractéristiques, on peut citer les denticules *écartés* sous les rinceaux des arcades, les modillons sculptés sous formes de figures humaines ou de têtes d'animaux, les zigzags, les pointes de diamant, les câblés, les torsades et les enroulements, empruntés au style byzantin.

La plupart des édifices du style Roman ont été construits par des Corporations religieuses.

Style ogival : 1160 à 1480.

Des dernières Croisades à la Renaissance.

Le style ogival ou gothique est la plus mystique et la plus complète expression du catholicisme chrétien.

Élancement indéfini des voûtes et des colonnades, prédominance de la ligne verticale sur la ligne horizontale, hardiesse de formes sans précédent jusqu'alors en architecture, richesse d'ornements et de sculptures symboliques; peintures, mosaïques, verreries, musique, tout est réuni dans les grandes nefs du style ogival, pour saisir l'esprit d'une sainte terreur, et pour le pénétrer d'étonnement et d'admiration.

L'ogive, considérée comme caractéristique de ce style, y a été forcément amenée par la nécessité de diminuer la poussée des voûtes à mesure que l'on augmentait leur hauteur. Elle s'est développée graduellement, par une série de transitions faciles à reconnaître dans les difices intermédiaires. On a souvent cherché qui avait découvert le premier les propriétés de l'ogive, mais cette forme a toujours existé en architecture au moyen âge, son application n'a fait que se généraliser pour le motif indiqué plus haut. A ce moment aussi elle s'est montrée simultanément en plusieurs pays.

Le perfectionnement de la peinture sur verre a conduit à la limite du développement des baies latérales et des rosaces.

Peu de tableaux, mais beaucoup de chapelles latérales, de cryptes et de tombeaux, telle est la cathédrale gothique du xiie au xve siècle.

Tout cet ensemble de formes et de moyens est bien fait pour agir sur l'imagination. Il y a un art d'équilibre infini dans ces voûtes immenses, tenues en suspens sur de grêles colonnettes, et soutenues en réalité par des contre-forts extérieurs. Mille savantes combinaisons de nombres, de formes et de couleurs y sont consacrées par la tradition. Toute la mythologie chrétienne vit et se meut dans les immenses nefs de Strasbourg, de Reims, de Cologne, d'Amiens ou de Fribourg. Tout le moyen âge s'est reflété dans ces œuvres colossales de son obéissance et de sa foi.

Les Sociétés de Francs-Maçons qui se sont constituées en même temps ont longtemps gardé le monopole des constructions dites *gothiques*. Le mot *gothique* lui-même cependant est plus moderne : c'est un terme de dédain que les Architectes de la Renaissance ont appliqué indistinctement à tout ce qui les avait précédés. Il serait plus juste de désigner ce style par sa forme de prédilection et de l'appeler style ogival.

STYLE DE LA RENAISSANCE : 1434 à 1610.

Des Médicis à Louis XIII.

Le style de la Renaissance n'est pas, à proprement parler, un style. C'est un mélange souvent bizarre, mais toujours élégant, des idées antiques avec celles du moyen âge, des formes, des chapiteaux et des colonnes grecques ou romaines, avec les proportions grêles et élancées de l'art chrétien.

Il s'est produit aussi dans plusieurs pays à la fois.

Florence, Pise, Sienne, Paris, Amboise, Fontainebleau, Anet, Chambord, Heidelberg en ont vu les principaux chefs-d'œuvre.

Les signes caractéristiques auxquels on peut reconnaître ce style sont la superposition d'étages de colonnettes de petite dimension, les incrustations de marbre et de porphyre de différentes couleurs, les édifices en miniature servant de décoration et d'ornements aux édifices proprement dits, une grande richesse de sculpture dans les lucarnes et les cheminées.

Sous les Médicis à Florence, et sous les règnes de François Ier, de Henri II, de Charles IX et de Henri III en France, les architectes des deux pays ont produit des ouvrages réellement très-remarquables.

Le goût public était alors tourné à la richesse des détails et à la finesse des ornements, qui faisait, en quelque sorte, rivaliser l'architecture avec l'orfévrerie.

C'est, en effet, par ces qualités intéressantes, sinon de premier ordre, que les monuments de cette époque se font surtout remarquer.

STYLES LOUIS XIII, LOUIS XIV, LOUIS XV, LOUIS XVI : 1610 à 1793.

Les styles architectoniques qui se sont développés sous ces quatre règnes successifs présentent chacun des caractères bien tranchés, et qui correspondent parfaitement à l'esprit de chaque cour et de chaque souverain.

Le style Louis XIII, qu'on devrait plutôt appeler le *style Richelieu* est à la fois simple, ferme et sévère. Il se caractérise surtout par le mélange de la brique apparente avec la pierre de taille à refends et à bossages.

Le style Louis XIV est opulent et majestueux, sauf les constructions, du genre dit Jésuite, qui sont trop chargées de boucles, d'S et de bouffissures. Cette variété, en Espagne et en Italie surtout, a produit des chapelles et des églises du style dit Chiruguerresque, qui sont de l'aspect le plus curviligne et le plus tourmenté possible.

Le style Louis XV, ou Rococo, est coquet et gracieux principalement pour les meubles et panneaux intérieurs; le style Louis XVI, sobre et riche, sans prétention, mais déjà un peu carré d'angles et un peu roidi par l'approche des réminiscences de Rome et de Pompéi, qui devait envahir et dénaturer complétement le goût français de 1789 à 1830.

Classification des Constructions.

Pour classer d'une manière logique tous ces produits divers de l'Art humain, on peut se placer à plusieurs points de vue :

La méthode généralement adoptée jusqu'à présent, consiste à diviser les constructions suivant les services publics dont elles dépendent (*Monuments historiques, Bâtiments Civils, Constructions Militaires, Travaux des Ponts et Chaussées, Travaux des Mines, etc.*); mais, comme les attributions de ces divers services varient d'un pays à l'autre, ou contiennent des cas mixtes très-nombreux, on ne peut établir sur cette base aucune distinction sérieuse sans s'exposer à des répétitions.

Nous suivrons donc l'ordre naturel, en considérant à la fois : 1° la forme générale des constructions en elles-mêmes ; 2° les besoins qu'elles sont appelées à desservir. Nous décomposerons ainsi tous les genres de travaux en quatre grandes divisions :

I. Les ÉDIFICES.
II. Les VOIES DE COMMUNICATION ET DE TRANSMISSION.
III. Les CONDUITES D'ALIMENTATION ET D'ASSAINISSEMENT.
IV. Les MACHINES, L'OUTILLAGE ET LE MATÉRIEL.

I. ÉDIFICES.

Les édifices, à leur tour, peuvent se diviser en *douze classes* principales, comme il suit :

A. Besoins moraux (*Vénération, Instruction, Sécurité, Plaisirs, Souvenirs*).

1. *Édifices religieux* (Temples, Cathédrales, Églises, Palais épiscopaux, Séminaires, Couvents, Abbayes, Presbytères, etc.).

2. *Édifices d'instruction publique* (Écoles primaires, Colléges et Pensionnats, Écoles spéciales, Universités, Académies et Instituts, Conservatoires, Bibliothèques, Musées, Jardins botaniques, Observatoires, etc.).

3. *Édifices administratifs* (Palais Impériaux et Royaux, Assemblées, Ministères, Préfectures et Hôtels de ville, Maisons communes, Bureaux d'étude et de surveillance, Maisons de garde, etc.).

4. *Édifices judiciaires* (Palais de justice, Tribunaux, Maisons d'arrêt, Prisons, Maisons de travail, Colonies pénitentiaires, etc.).

5. *Bâtiments militaires* (Casernes et Corps de garde, Quartiers généraux, Poudreries et Capsuleries, Arsenaux, Manufactures d'armes, Fonderies de canons et de projectiles, Manéges et Gymnases, Écoles militaires, École de régiment, Manutentions, Magasins à fourrages, Poudrières, Haras, etc. — Fortifications de ville et de campagne).

6. *Édifices de plaisirs publics* (Théâtres et Amphithéâtres, Cirques et Hippodromes, Panoramas. — Salles de bal et de concert, Salles de jeu et de conversation, Cercles, Clubs et Casinos, Cafés et Cafés-Concerts. — Gymnases, Manéges, Salles d'escrime, Établissements de bains et de natation. — Promenades et Plantations, Jardins publics, Jardins d'hiver, Serres, etc.).

7. *Monuments.* — Enfin, nous réunirons dans un même groupe tous les édifices honorifiques ou commémoratifs destinés à décorer les places publiques, à conserver le souvenir des faits importants de l'histoire, ou les restes des corps humains.

Arcs de triomphe, Statues, Colonnes, Obélisques, Fontaines monumentales, Tours et Tourelles, Croix et Symboles, Tombeaux et Mausolées, Pyramides et Collines tumulaires.

B. Besoins matériels (*Industrie, Agriculture, Commerce, Hygiène.*)

8. *Édifices d'utilité publique.* — Le nombre en est considérable, et leur importance s'accroît de jour en jour avec les développements de la civilisation moderne. Ils exigent une subdivision spéciale. Nous les distinguerons en deux genres principaux :

a) Édifices industriels (Palais d'exposition pour l'Industrie et l'Agriculture, Usines et Manufactures, Bâtiments des services d'eau et de gaz, Bains et Lavoirs publics économiques, Abattoirs et Boucheries, Magasins de force, Bureaux de renseignements, Quartiers de nuit, etc.).

b) Édifices commerciaux (Gares et Stations des chemins de fer et canaux, Entrepôts, Magasins généraux, Halles et Marchés couverts, Douanes et Octrois, Balances publiques, Comptoirs de vente, Boutiques et magasins, Bourses des valeurs, Bourses du travail, etc.).

9. *Édifices sanitaires* (Hôpitaux, Hospices et Maisons de santé, Maisons d'aliénés, Lazarets, Dépôts de secours, etc.).

10. *Établissements de bienfaisance* (Crèches et Salles d'asile, Enfants-trouvés, Maisons de retraite pour la vieillesse, Petits-Ménages, Pharmacies gratuites, Chauffoirs publics, Cuisines économiques, Boulangeries économiques, Monts-de-piété, etc.).

11. *Constructions rurales* (Maisons rurales, Fermes et Métairies, Étables et Écuries, Vacheries et Porcheries, Basses-Cours et Pigeonniers, Granges et Hangars, Réservoirs d'eau et Fosses à purin, Laiteries et Fromageries, Colonies agricoles, Écoles régionales, Fermes modèles, etc.).

C. Besoins domestiques (*Mixtes*).

12. *Constructions privées* (Maisons de ville et de campagne, Hôtels et Palais, Châteaux et Villas, Kiosques et Pavillons, Maisons mobiles, etc. — Hôtels garnis, Hôtels de société, Cités ouvrières, etc.).

Indépendamment des douze classes qui précèdent, on peut encore citer les *Constructions mixtes*, tels que les Hôtels de ville servant de

Palais de justice ou de Maison d'école, les Bibliothèques annexées aux Académies et aux Musées, etc. Mais, dans les cas dont il s'agit, la forme extérieure seule est confondue par raison d'économie. Les distributions, en plan, sont à étudier, pour chaque partie de l'édifice, comme s'il s'agissait d'un établissement entièrement séparé.

II. Voies de communication.

Parlons maintenant des principales sections à établir dans la division si importante, des *Voies de communication*. Ici, nous ne pourrons, comme pour les édifices, baser une classification détaillée sur le but auquel les constructions sont destinées, car pour toutes les voies de communication le but est le même : transporter des voyageurs ou des marchandises d'un point à un autre le plus rapidement, le plus sûrement et le plus économiquement possible.

Le véhicule et le chemin parcouru forment un système connexe, et l'un ne peut pas exister sans l'autre. Cependant nous considérerons à part, pour plus de simplicité, la partie fixe et la partie mobile de chaque voie de communication, et nous aurons plus particulièrement en vue ici la partie fixe. Les véhicules peuvent, en effet, être groupés avec les machines, l'outillage et le matériel.

Cela posé, les *voies de communication* peuvent se subdiviser en *huit classes*, comme il suit :

1. *Voies de terre* (Routes et Chemins vicinaux, Rues, Places et Avenues, Quais de halage, d'embarquement ou de débarquement, Chemins de fer, Voies ferrées économiques).

2. *Canaux et Rivières* ou Voies de navigation intérieure (Fleuves, Rivières, Canaux, Cours d'eau navigables ou flottables).

3. *Ports de mer* (Ports, Jetées, Quais, Bassins à flot, Cales de radoub et de construction, Écluses, Vannes, Rades, Mers, Océans).

4. *Ponts et Viaducs* (Franchissement des Rivières et des Vallées).

5. *Aqueducs et Siphons* (Ponts-Aqueducs, Aqueducs d'alimentation, Siphons en béton, en fonte ou en bois, etc.).

6. *Tunnels et Souterrains* (Tunnels et Souterrains, Caves, Catacombes, Mines et Carrières).

7. *Voies aériennes* (Stations de navigation aérienne, Réservoirs à gaz, Magasins de piles électriques, Fils directeurs, Estacades d'arrivée et de départ, etc).

8. *Télégraphes électriques et acoustiques.* — Nous adjoindrons les télégraphes des différents genres aux voies de communication dont ils sont, en général, des annexes.

Leur importance, quoique de premier ordre au point de vue industriel et commercial, n'est pas, à beaucoup près, aussi grande au point de vue de la construction. Les appareils qui les complètent seront d'ailleurs, comme les véhicules des voies de communication, reportés à la division des machines et du matériel. .

III. Conduites d'alimentation et d'assainissement.

Après les voies de communication viennent, par ordre d'importance, les *conduites d'alimentation et d'assainissement*.

Les constructions modernes se distinguent essentiellement de celles des anciens parce qu'elles sont parcourues dans tous les sens par un grand nombre de conduites destinées à leur éclairage, à leur chauffage, à leur ventilation, à leur alimentation d'eau chaude et froide, à l'écoulement des eaux pluviales et ménagères, à l'entraînement des déjections de la vie organique.

Autrefois, on créait des corps morts sans artères et sans vie. Aujourd'hui, les besoins de l'hygiène et du comfort moderne ont introduit partout la libre circulation des liquides et des gaz, la distribution intelligente de la chaleur et de la lumière.

Tout système de conduites d'alimentation doit être nécessairement complété par un système de conduites d'assainissement correspondant. C'est le *circulus* du corps humain, le système artériel complété par le système veineux.

Les travaux spécialement destinés à remplir ces utiles fonctions méritent, au plus haut degré, de fixer l'attention des constructeurs.

Leur étude est une science nouvelle. Leur bonne installation est une des premières conditions à remplir par toute construction bien faite.

Sans entrer dans plus de détails pour le moment, nous nous contenterons, comme pour les divisions précédentes, d'une énumération sommaire, et nous les grouperons en *huit classes*, ainsi qu'il suit :

1. Distribution d'eau.	5. Distributions de gaz.
2. Irrigations.	6. Phares et Éclairage électrique.
3. Égouts et assainissement.	7. Cheminées et Calorifères.
4. Drainage et Desséchements.	8. Ventilation.

IV. Machines, Outillage et Matériel.

Enfin, dans la division des *Machines, de l'Outillage et du Matériel*, nous distinguerons les *cinq classes* suivantes qui comprennent chacune une infinie variété d'appareils :

1re classe : *Machines motrices*. Les machines motrices se décomposent naturellement en autant de séries qu'il y a d'agents primitifs auxquels on emprunte la force :

a) La *vapeur* donne lieu aux Machines à vapeur fixes, locomotives ou locomobiles, Machines pour bateaux à vapeur, Propulseurs hélicoïdes ou coniques, Machines rotatives, à recul, à vide, à vapeur surchauffée, etc.

b) L'*eau*, considérée comme force motrice, correspond aux Roues hydrauliques en bois, en fer ou en fonte, Turbines diverses, Machines à colonne d'eau, Machines à recul, à contre-pression, à chaînes sans fin, etc.

c) L'*air* en mouvement engendre la série des Moteurs éoliques, Moulins à vent, Machines atmosphériques à axe vertical ou horizontal, etc.

d) La *force des ressorts* donne lieu aux Mouvements d'horlogerie, Pendules, Rôtissoires, Pivots animés, Lampes Carcel et modérateur, Musiques mécaniques, etc.

e) Les *poids* et la pesanteur correspondent aux Horloges de ville, Appareils des Phares, Soufflets cylindriques ou coniques, Élévateurs à contre-poids hydrauliques, Plans automoteurs, etc.

f) L'*électricité* produit les Machines électromotrices, rotatives, alternatives, à balancier, à muscles élastiques, etc.

g) Enfin les *Moteurs animés*, hommes ou animaux, font marcher les Rouets, Manéges, Manivelles, Treuils, Roues à gradins, Appareils à pédales, etc.

2ᵉ classe : *Outils et Machines-outils*. Ceux-ci doivent se diviser suivant les corps d'état qui les emploient, et suivant la matière qu'ils mettent en œuvre. On trouve ainsi :

a) L'outillage du Terrassier, du Maçon, du Tailleur de pierre, du Charpentier, du Menuisier, du Tourneur, du Serrurier-Forgeron, du Tôlier-Riveur, de l'Ajusteur, du Peintre-Vitrier, du Couvreur, etc.

b) Les Machines-Outils à travailler le bois : Scies alternatives et circulaires, Tours parallèles, Machines à percer, à mortaiser, à rainer, à faire les frises de parquets, à raboter, à faire les moulures et encadrements, etc.

c) Les Machines-Outils pour le fer et les métaux : Marteaux-Pilons à vapeur, Presses à balancier ou à levier, Machines à découper, à estamper, à aléser, à raboter le fer, à tailler les dents des engrenages, Tours parallèles et à banc rompu, Tours à roues de wagons et de locomotives, Machines à cintrer le fer et la tôle, Machines à river, à faire les rivets, les vis et les boulons, etc.

d) Machines-Outils pour la pierre et le marbre, Scies à pierre et à marbre, Tours à balustres, Machines à sculpter, à faire les vermiculures, à percer les tunnels, à découper les rochers et les bancs de houille, etc.

3ᵉ classe : *Apparaux de chantiers* (Dragues, Sonnettes à vapeur, Scies à receper les pieux, Grues à barder les matériaux, Manéges à mortier, à béton, à pouzzolane, etc., Machines d'épuisement, Grues hydrauliques, Grues pivotantes en fer et en bois, Appareils de terrassements, etc.).

4ᵉ classe : *Matériel des chemins de fer, des Routes, de la Navigation, de l'Agriculture, des Mines, de la Télégraphie électrique, des Bureaux et Ateliers.* — Wagons divers, Trucks, Wagons-lits, Wagons-salons, Wagons-Buffets, etc., — Rouleaux compresseurs, Machines à arroser, Machines à balayer, etc., — Charrues, Semoirs, Moissonneuses, Machines et outils relatifs au Drainage et aux Irrigations, Outils de grande et petite culture, etc.

Pompes d'aérage et de ventilation, Machines à charger et à décharger les minerais, Appareils de sûreté, Machines à bocarder et à laver les minerais, etc. — Télégraphes électriques, Appareils de transmission, Télégraphes sous-marins, etc.

On voit, par l'énumération qui précède, et par les innombrables intérêts auxquels touche chaque genre de construction, quelle est l'étendue du domaine de l'art, et de combien d'éléments divers il se compose.

Pour mentionner tout ce qui compose la science des constructions, indépendamment de l'étude des ouvrages eux-mêmes, il faudrait encore y ajouter la connaissance des *Éléments des Édifices*, celle des *Organes et Éléments des Machines*, et celle de la *Résistance* et des *Propriétés des matériaux naturels ou artificiels*.

L'Architecture et la Construction.

Si l'on se demande maintenant quels sont, dans le langage usuel, les termes qui correspondent à ce vaste ensemble de connaissances, on n'en trouve que deux, l'*Architecture* et la *Construction*, que l'on a quelquefois essayé de mettre en opposition, de même que l'on a tenté de diviser en deux camps les *Architectes* et les *Ingénieurs*, auxquels on les a attribués plus spécialement.

L'Architecture et la construction sont une seule et même chose.

Les Architectes et les Ingénieurs poursuivent un but identique : l'édification d'œuvres utiles, belles et durables.

Si quelquefois, par le fait, il y a entre eux une différence d'attributions, c'est que les architectes s'occupent plus particulièrement des *édifices*, et les ingénieurs des *voies de communications* et des *machines*.

On a admis que les édifices se prêtaient, plus que les voies de communication et les machines, à une décoration artistique, et par suite, on a dévolu les questions de goût aux architectes, et les questions de solidité aux ingénieurs.

Mais, en réalité, l'architecte est appelé constamment à se livrer à des calculs d'équilibre et de stabilité semblables à ceux de l'ingénieur, tandis que celui-ci, de son côté, est sans cesse obligé de tenir compte des questions d'art et de goût, pour toutes les parties apparentes des ouvrages d'art dont il est chargé. Résumons-nous en disant : Tout Architecte devrait être Ingénieur, et tout Ingénieur devrait être Architecte.

Du Beau Architectonique.

Réaliser des œuvres *utiles*, *belles* et *durables*, doit être, avons-nous dit, le but commun de tous ceux qui s'occupent de constructions.

L'utilité et la durée sont deux conditions toujours faciles à reconnaître et à réaliser par une étude approfondie du sujet, par une connaissance spéciale des propriétés de la matière.

Mais à quels signes distinguera-t-on la beauté architectonique?

Et d'abord, qu'est-ce que le beau?

Le *Beau*, dirons-nous, c'est l'*Harmonie :*

Pour que la beauté d'un objet soit complète, il faut et il suffit en effet que les trois harmonies suivantes soient réalisées à la fois :

1° Harmonie de l'objet avec son but,

2° Harmonie des différentes parties de l'objet entre elles,

3° Harmonie de l'objet avec son spectateur.

Les deux premières conditions caractérisent le beau *absolu*, celui que tout homme bien organisé, que toute intelligence juste et logique sont forcés de reconnaître.

Telle est la beauté de la nature, accessible à tous les êtres par l'évidente conformité de tous les objets avec leur but, et par l'équilibre parfait de toutes les parties de l'univers entre elles.

Mais la troisième condition correspond au beau *relatif*, au beau personnel et partial, à celui dont la reconnaissance est subordonnée au plus ou moins d'instruction, au plus ou moins de perfection des organes, aux préférences, aux idées, aux passions ou aux préjugés du spectateur.

Cette distinction des divers points de vue auxquels la beauté d'un objet peut être envisagée, rend très-simple la discussion de toutes les questions d'art et d'esthétique.

En l'appliquant au jugement des œuvres d'architecture, on trouve en effet que l'harmonie de l'objet avec son but correspond à l'utilité, à la bonne distribution, à la convenance des édifices; que l'harmonie de toutes les parties de l'objet entre elles correspond à la stabilité, à l'équilibre, aux proportions rationnelles, à la durée matérielle; et qu'enfin l'harmonie de l'objet avec son spectateur conduit à la décoration extérieure, aux ornements symboliques, historiques ou mystiques, aux inscriptions, aux accessoires scientifiques, industriels, commerciaux ou agricoles de toute nature, destinés à développer, à exprimer et à compléter l'idée générale du bâtiment.

On est conduit ainsi à conclure que la convenance et la stabilité sont des conditions aussi essentielles de la beauté architectonique que la grâce ou la richesse de l'aspect extérieur; que toute partie d'un édifice doit être rationnellement motivée pour être belle aux yeux d'un spectateur intelligent; qu'un viaduc bien fait peut être beau au même titre qu'un palais de Venise; qu'il n'est pas de bonne façade sans un bon plan, et pas de bonne décoration sans une bonne construction.

C'est ce qui va ressortir plus nettement encore de l'analyse des principes suivants :

Principes généraux de la Composition des Édifices.

Le premier soin du Constructeur, lorsqu'il veut établir un édifice, ou un ouvrage d'art quelconque, doit être d'en formuler nettement le *programme* et de s'informer en détail de toutes les conditions à remplir.

Cela fait, et lorsque, après une *instruction* multiple et consciencieuse suivie de l'*étude* indispensable sur le terrain, il s'est bien pénétré de toutes les circonstances locales, personnelles et financières; de l'origine et de la nature des matériaux, de leur prix de revient, des usages et coutumes des ouvriers et des entrepreneurs du pays, il dresse au bureau le *projet* de la construction, et s'occupe d'en déterminer successivement les plans, les élévations et les coupes.

Un *croquis* à la main, fait d'inspiration, et sans aucun secours étranger, doit précéder nécessairement toute étude à la règle et au compas. Les instruments de précision, par leurs lignes inflexibles et déterminées, faussent le jugement des proportions, et amènent souvent mécaniquement des dimensions exagérées, des proportions irrationnelles, des formes banales ou impropres.

Quand le croquis d'ensemble est terminé, on s'occupe de sa mise à l'échelle et de sa mise au net provisoire. C'est seulement alors que l'on doit en soumettre au calcul les différentes parties résistantes.

Le calcul des charges et des sections des parties essentielles est un jalon très-utile pour le jugement, et une garantie de sécurité pour l'avenir.

Mais, si le calcul n'est pas précédé et guidé par le sentiment supérieur des formes et des proportions générales, il fonctionne à vide, et les résultats qu'il donne peuvent tout aussi bien être absurdes ou exagérés.

Lorsque l'on a ainsi, par voie synthétique d'une part, et par le contrôle analytique du calcul de l'autre, arrêté l'ensemble du projet, on s'occupe d'en *étudier* les détails d'exécution, d'en chercher la décomposition prévue en pièces de commerce, les principaux assemblages et la décoration.

Le *Plan des Chantiers* et l'*Ordre des Travaux* doivent suivre l'étude du Projet de l'édifice, et précéder immédiatement l'acquisition des terrains, leur clôture, les approvisionnements de matériaux et le tracé de leurs dépôts, l'organisation du personnel et l'ouverture des travaux.

Règles générales de la Construction.

Dans la construction proprement dite, d'autres règles sont à observer.

On ne saurait jamais trop apporter de soins aux *fondations* et aux *contreventements.* Une construction bien fondée est à moitié achevée, et l'on peut doubler la résistance d'une pièce par des contreventements bien combinés.

Il faut cintrer et surélever légèrement la flèche de toutes les parties horizontales à grande portée.

La *continuité des ossatures* et la *correspondance des parties résistantes* est une autre règle essentielle à observer. Dans la construction des édifices proprement dits, il faut s'occuper très-attentivement des chaînages en fer et de la suite dans les grandes lignes.

L'homogénéité des matériaux et la régularisation des tassements par des assises générales d'une même nature de matériaux, sont également des conditions importantes à remplir.

Enfin, pour la conservation ultérieure des ouvrages, il est indispensable d'étudier avec le plus grand soin les questions d'écoulement des eaux, de dégagement ou d'arrêt de l'humidité, d'aérage et de ventilation.

Inutile d'ajouter que, dans toute espèce de construction, un bon choix de matériaux est de première nécessité : il faut vérifier avec soin si les pierres que l'on veut employer ne sont pas gélives, si les chaux n'ont pas trop de temps de magasin, si les mortiers ont bien l'hydraulicité voulue, si les bois n'ont pas de nœuds cariés, si les fers n'ont pas de soufflures, de gerçures, de sections pailletées ou cristallisées, si l'on n'a pas dissimulé des défauts au moyen de peintures, de mastics, de cales, de chevilles ou de recollages au ciment.

Pour peu que l'on ait des doutes, il faut faire des expériences directes et personnelles. Il est évident qu'il vaut mieux dépenser 200 ou 300 fr. pour un appareil d'essai des fers, des bois ou des pierres, que de perdre 30 ou 40,000 fr. par des tassements ou des ruptures, auxquels il faudra ensuite remédier après coup.

Quand on n'est pas libre de faire usage d'autres matériaux que de ceux que l'on a sous la main, il faut *forcer les épaisseurs* et *diminuer les portées*, car une augmentation d'un quart, ou même d'un tiers du cube total d'une forme déterminée est loin de se traduire par une augmentation proportionnelle de la dépense, une fois que les frais généraux d'installation et de mise en œuvre sont couverts.

Règles générales de la Décoration.

La décoration peut-elle avoir des règles ?

L'art peut-il admettre une analyse et un contrôle ?

Telle est la question que vous adressent tous les artistes quand on parle de préciser quoi que ce soit en matière de goût.

Et cependant, en vertu des lois immuables de l'harmonie, on ne peut méconnaître l'existence de certains faits généraux toujours les mêmes, dont l'observation constante suffit pour établir un certain nombre de règles et créer des principes utiles à formuler.

Nous dirons donc que la première loi à observer, en matière de décoration, c'est l'*indication du but de l'édifice* et de sa distribution générale par des signes extérieurs expressifs et spéciaux dans l'ordre des façades, par des entre-axes et des saillies motivées, par la dimension et la distribution des baies, par les hauteurs relatives des parties essentielles, par la combinaison générale des toitures.

La *mise en évidence du système de la construction* et de la nature des matériaux est une autre ressource, éminemment rationnelle, et qui découle du même principe de vérité que l'expression du but de l'édifice et de sa distribution intérieure.

L'imitation de matériaux plus perfectionnés, au moyen de peintures, moulures, refends et bossages, stucages, papiers, etc., est encore un moyen très-fréquemment usité pour décorer les édifices.

Enfin, en ce qui concerne la décoration proprement dite, *l'ornementation*, il faut choisir, pour compléter l'expression artistique d'une œuvre, des *formes*, des *nombres* et des *couleurs* qui aient une signification caractéristique en harmonie avec le but de l'ouvrage, et dont les proportions concordent avec celles de l'ensemble de la construction.

L'addition de *hors-d'œuvre* sculptés, gravés ou coloriés, qui viennent, après coup, compléter le sens et enrichir l'aspect d'un bâtiment, relève de tous les *arts acccesoires* de la construction, tels que :

1. La Sculpture,	6. La Mosaïque,
2. La Céramique,	7. La Verrerie,
3. L'Orfévrerie,	8. La Marbrerie,
4. La Peinture,	9. L'Horticulture,
5. La Polychromie,	10. L'Hydraulique décorative, etc.

Au point de vue de la *nature des objets* représentés, on peut classer tous les ornements en quatre genres distincts :

1. Les *Ornements architectoniques*, empruntés aux données mêmes de la construction, tels que les Refends, Bossages, Indications de matériaux, les Moulures, les Corniches, les Denticules, les Modillons, les Bases, les Chapiteaux, etc.

2. Les *Ornements imitatifs*, empruntés à l'imitation des formes de la nature, tels que les Feuilles d'acanthe, les Feuilles d'eau, les Oves, les Tiges et les Enroulements, les Calices, les Fleurons, les Têtes, les Pattes, les Ailes, les Griffes, etc.

3. Les *Ornements géométriques*, tels que les Mosaïques, les Entrelacs, les Grecques, les Zigzags, les Panneaux découpés, les Ajours, etc.

4. Les *Ornements symboliques ou historiques*, au nombre desquels il faut mettre les Armoiries, les Blasons, les Bas-reliefs, les Dates, les Initiales, les Couronnes, les Inscriptions désignatives, poétiques, philosophiques, morales, religieuses, mystiques, commémoratives, etc.

Enfin, au point de vue de la position et du groupement des parties ornées, on peut encore résumer comme il suit les principales observations faites sur les bons modèles :

La Décoration des *points saillants*, des *centres*, des *croisements* et des *changements de direction*.

La Continuité dans les lignes principales.

L'Alternance dans les détails, pour éviter la monotonie.

L'Intersécance, ou recoupement des lignes, pour le même objet.

La Symétrie dans l'ensemble avec variété dans les détails.

La Dissymétrie pittoresque, motivée par les données de la construction.

L'Art de Profiler.

Les moulures, qui sont l'ornement architectonique le plus répandu, parce qu'il est à la fois le plus simple, le plus économique et le plus facile à imaginer, demandent une mention spéciale, car il est d'autant plus indispensable de les faire avec soin et avec mesure, que l'on peut être plus porté à les négliger ou à en abuser.

1re *règle*. — Observer, dans tout l'ensemble du profil, un mouvement déterminé, une intention arrêtée, qui en détermine la saillie générale par rapport au reste de l'édifice, et la nature particulière de ses formes élémentaires.

2e *règle*. — Ne jamais faire succéder l'une à l'autre deux moulures du même genre. Faire succéder des parties courtes à des parties longues, des parties planes à des parties courbes.

3e *règle*. — Reporter le moulures les plus importantes aux bases, aux chapiteaux et aux corniches.

4e *règle*.—Décorer alternativement certaines parties plus apparentes, de manière à jeter de la variété dans l'ensemble, sans l'écraser par une richesse exagérée et inutile.

On peut encore ajouter à ces règles générales, comme observation de détail, de ne jamais profiler les moulures à la règle ou au compas, mais de les ébaucher exclusivement *à la main*, car la main seule peut traduire fidèlement l'intention et la pensée qui indiquent à l'imagination un galbe déterminé.

Quoi qu'il en soit, les moulures, les ornements architectoniques et surtout les ornements géométriques (*ronds*) jouent aujourd'hui, dans la construction, un rôle beaucoup trop grand, au détriment des formes imitatives, historiques ou symboliques.

Les belles époques de l'art se sont toujours distinguées par la prééminence de la pensée figurée sur la pensée chiffrée; de l'ornement concret et significatif sur l'ornement abstrait et banal, tel qu'on le voit pratiquer de nos jours.

Du Style moderne.

Maintenant que nous avons énuméré et analysé tous les styles anciens et les éléments dont ils se composent, il s'agirait de créer aussi un style moderne, et de traduire, *dans chaque pays*, les données artistiques du temps présent par des *plans*, des *élévations*, des *formes élémentaires*, combinées de manière à constituer divers *ordres* nouveaux.

En se conformant aux principes exposés plus haut, on sera conduit d'abord à adopter, pour des besoins, sans précédent avant l'invention des chemins de fer, des *matériaux*, des *proportions* et des *ornements* entièrement nouveaux.

La grande erreur de beaucoup d'Architectes consiste à croire qu'il suffit d'altérer arbitrairement les routines des styles anciens, d'inventer quelques chapiteaux de colonnes, quelques formes de baies bizarres pour constituer un style nouveau : il y a même, en ce moment, toute une école, qui menace de gagner les provinces, et qui croit naïvement faire du style moderne en alourdissant les formes grecques. — C'est l'école dite *Néo-Étrusque*.

Mais c'est seulement avec des éléments nouveaux que l'on créera un style nouveau.

Or ce qui caractérise surtout en ce moment les travaux modernes, c'est l'emploi du *fer* et de la *fonte* pour franchir les grandes portées ou résister aux chocs violents; c'est l'application du *zinc*, du *verre* ou des *matériaux artificiels* perfectionnés, aux couvertures, aux façades et à la décoration intérieure; c'est la *hardiesse* et l'*élancement* de toutes les formes, résultant de la connaissance plus approfondie de la résistance des matériaux; c'est enfin une certaine élégance sobre, qui a sa source dans la nécessité impérieuse d'économie, imposée à tous les Architectes, à tous les Ingénieurs du temps actuel, mais qui ne doit pas exclure l'ornementation ni même la richesse, la variété et la signification intelligente des détails.

Ce qu'il faudrait faire, c'est composer, de toutes pièces, comme l'ont fait les Architectes anciens, des *types* complets pour chaque genre d'édifices modernes.

Nous essayerons de réaliser dans la mesure de nos forces cette tâche difficile, et nous développerons nos idées à ce sujet dans un ouvrage spécial qui sera intitulé : *Essai sur la création d'un style moderne.*

Des Ordres.

On appelle *ordre*, dans un style architectonique quelconque, tout système de formes élémentaires qui se reproduit avec une certaine similitude d'aspect et de proportions, dans une série d'œuvres semblables.

Chaque fois qu'un édifice remarquable a été construit, ses dispositions principales, ses détails caractéristiques, ont effectivement été imités dans une foule d'édifices analogues ou contemporains.

Toute la science de certains architectes consiste à étudier et à reproduire le plus fidèlement possible les proportions des colonnes ou des arcades qui ont été trouvées belles, il y a deux mille ans, dans des édifices qui n'ont aucune raison d'être aujourd'hui. Le culte invétéré de l'ordre Dorique, de l'ordre Ionique et de l'ordre Corinthien est malheureusement un écueil inséparable de l'étude trop exclusive des chefs-d'œuvre de l'Art ancien.

Tout en respectant et en analysant avec soin les monuments des autres âges, il faut avant tout *être de son époque*, et nous avons aujourd'hui, comme nous le disions plus haut, des matériaux, des procédés, des besoins et des idées qui ne sont plus ceux du Siècle d'Auguste ni du Siècle de Périclès.

Des Constructions économiques.

L'économie est une des conditions les plus essentielles à remplir dans les constructions modernes.

Il est tout une classe d'ouvrages, les constructions industrielles, agricoles et commerciales, qui ne sont considérées aujourd'hui que comme des instruments de production.

A ce point de vue, leur édification doit permettre de réaliser et d'organiser le plus rapidement possible les exploitations dont elles sont les organes, sauf à consacrer l'économie réalisée et une partie du capital gagné par leur moyen, à l'entretien, au renouvellement et à l'agrandissement des premiers ouvrages établis.

Il ne faudrait pas se laisser aller cependant à la tentation de tout sacrifier à l'utilité matérielle et à la réalisation immédiate.

L'économie bien entendue, c'est l'art de bien faire.

Tout ce qui est mauvais est anti-économique.

C'est sur le *mode* et le *système* des ouvrages que les économies doivent surtout porter; c'est par une distribution plus judicieuse de la matière, et non par l'emploi de matériaux de mauvaise qualité, que l'on arrivera le plus sûrement aux résultats économiques désirés.

L'ordre et une bonne division du travail, l'emploi du plus petit nombre possible de modèles différents, l'utilisation des formes existant dans le commerce, l'application des machines à la construction, le perfectionnement des engins destinés à réaliser les principaux travaux élémentaires que comporte l'art de bâtir, sont les principes les plus importants à suivre, pour réaliser des économies considérables sans porter aucun préjudice à la bonne exécution des ouvrages.

Les avantages de la rapidité du travail et de la régularité des produits, la possibilité d'avoir toujours en magasin les pièces nécessaires à la réparation des édifices composés avec des éléments semblables, sont des conséquences de premier ordre du principe des constructions économiques.

De l'application des Machines à la Construction.

La Construction économique à la machine est l'imprimerie de la construction :

De même que la presse reproduit et tire à mille exemplaires, en un

instant, une forme quelconque de la pensée, de même la machine-outil
taille et fournit, par quantités indéfinies, en peu de jours, les éléments
pour lesquels on l'a faite. — Dans notre siècle de création et d'activité,
c'est la véritable solution de l'art de bâtir.

L'uniformité d'aspect qui en résulte peut être facilement corrigée
par la variété des ornements, d'une part, et par l'introduction de saillies horizontales ou verticales, comme balcons, appuis de fenêtres, pignons, miradors, terrasses, tourelles ou étages supplémentaires.

Les tourelles, trop négligées aujourd'hui comme moyen décoratif,
seraient, dans ce cas, un puissant élément de variété.

En introduisant, dans les parties les plus apparentes, des *ornements*
de l'ordre *symbolique* ou *historique*, des *armoiries*, des *inscriptions*,
des *dates*, des *bas-reliefs* rappelant des faits intéressants à un point de
vue général ou personnel, on produira, sans grande dépense, des constructions qui auront autant d'intérêt que des œuvres d'art, et l'on aura
remédié aux inconvénients des constructions economiques, par la pratique intelligente de *l'art à bon marché*.

Essai sur la Composition des Villes modernes.

Pour résumer l'ensemble des idées émises dans ce qui précède, cher-
chons à fixer les conditions principales à remplir, pour créer de nos
jours, et avec les moyens actuels, une ville nouvelle, ou pour améliorer
progressivement les conditions d'une cité déjà existante :

Situation. — La meilleure situation, pour une ville, est d'être construite en pentes faibles et sur un cours d'eau navigable, de manière à
être aisément accessible à tous les genres de voies de communication,
à pouvoir puiser son eau potable à l'amont, et écouler ses imondices à
l'aval par des égouts latéraux ou de ceinture.

A défaut de cette situation, qui doit être préférée à toute autre, il
faut chercher l'embouchure d'une rivière, dans une baie assez profonde
pour pouvoir être transformée en port au moyen de jetées artificielles
s'il y a lieu, ou bien encore un isthme, un détroit ou bassin métallurgique, le confluent de deux cours d'eau, le point de croisement de plusieurs voies de communication, mais toujours à la condition d'être *à la
proximité d'un cours d'eau potable*, assez abondant pour défrayer les
besoins de la vie domestique, de la salubrité et de l'industrie.

,Enfin, il faudra chercher aussi le voisinage de carrières et de matériaux de construction de bonne qualité.

Exposition. — Toutes choses égales d'ailleurs, les principales rues
de la ville devront être tracées de l'Est à l'Ouest, et les plus beaux
quartiers exposés *à l'Ouest*, car le soleil couchant est plus chaud que le
soleil levant, et dissipe plus facilement les miasmes impurs.

A Paris, à Londres, à Vienne, à Bruxelles, à Florence, à Naples, à
Madrid, les beaux quartiers, les demeures de la classe riche et les palais
des souverains sont invariablement situés à l'Ouest.

Les quartiers industriels, au contraire, doivent être rejetés à l'Est autant que possible.

Plan général. — Toute ville bien distribuée doit comprendre trois enceintes successives, à savoir :

1° La *ville* intérieure ou cité;

2° Les *faubourgs*, séparés de la ville par un large boulevard de ceinture;

3° La *banlieue* ou campagne, séparée de la ville par une série de promenades ou plantations, par un mur d'octroi, une grille de défense, un fossé de ceinture, ou une ligne de fortifications, s'il y a lieu.

Tracé. — Indépendamment des grandes artères tracées de l'Est à l'Ouest, il devra en être créé d'autres, allant du Nord au Midi, et la ville devra être divisée aussi, suivant les accidents du terrain, en plusieurs régions dans chacune desquelles les rues se couperont *à peu près* à angle droit, sans cependant exagérer cette disposition rectangulaire qui, à côté de grands avantages pour la facilité de la construction et des distributions d'intérieur, offre de sérieux inconvénients au point de vue du coup d'œil et de la viabilité.

Si toutes les rues d'une ville se coupaient rigoureusement à angle droit, il est évident que, pour aller d'un point à un autre, diagonalement opposé, il faudrait décrire une série de zigzags dont la somme, au lieu d'être la plus courte possible, serait toujours égale aux deux côtés d'un triangle rectangle ayant pour hypoténuse la distance mesurée à vol d'oiseau.

Au point de vue de la viabilité, aussi bien qu'à celui de l'art et du goût, les villes d'une régularité exagérée, comme Carlsruhe, Mannheim, Nancy, Philadelphie, Turin, sont des villes mal bâties et extrêmement ennuyeuses à habiter.

Il est donc désirable que des quais suivant la courbe de la rivière, des rues diagonales ou rayonnantes viennent rompre l'uniformité des plans rectangulaires ; que chaque quartier soit différemment orienté, et que de nombreux passages soient ménagés aux piétons à travers les îlots de maisons principaux, afin d'augmenter le développement des magasins, d'abréger les distances, et de procurer des couverts en cas de mauvais temps.

Aérage. — En ce qui concerne la proportion à établir entre les pleins et les vides, la ville intérieure devrait présenter, en cours, rues, quais, places, chaussées ou squares, un développement total de surface libre à peu près égal au quart de celui des bâtiments.

Les faubourgs devraient avoir un développement libre d'un quart à un tiers.

La banlieue avec ses jardins et ses promenades peut avoir un développement indéterminé.

Pour l'aérage et l'éclairage des rues, leur largeur devra être au moins égale aux 2/3 de la hauteur des maisons, et, pour les voies principales, elle devra être les 3/5 au moins.

Des règlements de police spéciaux fixeront d'ailleurs dans chaque ville la corrélation entre la largeur des rues et la hauteur *maxima* des maisons.

Rues à Trottoirs couverts, Ponts couverts, Galeries couvertes.

Les principales rues et boulevards devront avoir leurs trottoirs couverts au moyen de marquises ou galeries vitrées, à colonnettes en fonte servant en même temps de supports pour les conduites à gaz, et de tuyaux d'écoulement pour les eaux pluviales.

On pourrait remplacer avantageusement les arcades en pierre par des colonnettes en fer, avec arcs surbaissés ou poutrelles américaines.

Dans les villes du Midi, des toiles rayées pourront être tendues d'une maison à l'autre pour garantir du soleil les magasins et les piétons.

De même que l'on couvrirait les principaux trottoirs de la ville par des toits en verre, larges de 3 à 4 mètres, on protégerait les ponts à piétons au moyen de galeries vitrées à supports métalliques, aérés par les côtés au moyen de fenêtres alternées. En les garnissant de verres de couleur, d'arbustes en caisse, de fontaines et de fleurs, on obtiendrait un coup d'œil très-agréable.

Division de la ville en quartiers spéciaux.

Une ville quelconque doit toujours se diviser, pour la commodité des habitants et des voyageurs, en plusieurs quartiers, dans chacun desquels se localise un genre spécial d'occupations ou d'industrie.

1. Quartier de la Cathédrale et des Édifices religieux.
2. Quartier des Palais ou de l'Hôtel de Ville.
3. Quartiers des Banques et de la Bourse.
4. Quartier de la Justice et des Prisons.
5. Quartier des Écoles.
6. Quartiers de l'Industrie.
7. Quartiers du Commerce.
8. Quartier des Halles et Marchés.
9. Quartier des Théâtres.
10. Quartier des Hôpitaux.
11. Quartier Militaire.
12. Quartier des Cimetières.

Il résultera de ce groupement une grande facilité pour tous les genres de transaction, et une grande économie de temps pour l'homme d'affaires, pour l'acheteur, pour le vendeur, pour le fabricant, pour l'ouvrier.

Le groupement, dont il s'agit ici *en principe*, n'empêchera pas d'ailleurs certains commerces et certaines industries d'une utilité générale de se disséminer, soit par des magasins de vente, soit par des dépôts nombreux sur tous les points de la ville qui sont à desservir.

Etablissements nouveaux à créer.

Les principaux établissements nouveaux à créer dans les villes modernes, ou qui ne sont pas encore assez répandus, sont :

Les *Distributions d'eau et de Gaz.*

Les *Bains et Lavoirs publics économiques.*

Les *Entrepôts, Halles et Marchés couverts.*

Les *Abattoirs, Boucheries et Boulangeries économiques.*

Les *Chauffoirs publics* et *Cuisines économiques* où le pauvre trouverait un abri en hiver, et les ménagères de classes peu aisées des fours communs pour cuire à peu de frais les aliments de la famille.

Les *Quartiers de nuit*, comprenant toutes les industries qui veillent, telles que les imprimeries, boulangeries, manutentions, etc., et tous les magasins, tels que pharmacies, papeteries, librairies, cabinets de lecture et de musique, hôtels garnis, marchands de comestibles, etc., dont on peut avoir besoin la nuit ou le dimanche.

Les *Magasins de force motrice*, où l'on tiendrait à la disposition de l'industrie tous les genres moteurs dont elle peut avoir besoin.

Les *Bureaux de renseignements*, où, moyennant une faible rétribution, l'étranger ou même l'habitant de la ville serait renseigné sur tous les faits industriels, administratifs ou commerciaux qui peuvent l'intéresser.

Les *Hôtels de famille*, où l'on jouirait des avantages de l'association pour les principaux services généraux, tels que le chauffage, l'éclairage, l'alimentation d'eau, le lessivage, la cuisine, etc.

Les *Bourses du travail*, où l'ouvrier, l'employé et le savant qui veulent s'occuper utilement pour gagner leur vie, trouveraient réunis tous les bureaux d'engagement, toutes les demandes de bras et d'intelligences, faites par les grandes industries et les grandes administrations, par le commerce et par les particuliers.

Tous ces établissements pourraient être aisément entrepris d'abord à petite échelle, et par l'initiative privée.

Il ne s'agirait souvent que de régulariser un ordre de choses déjà existant.

Monuments publics. — Décoration de la ville.

En ce qui concerne la position des principaux monuments publics, elle se trouve naturellement indiquée par la division en quartiers dont il a été question plus haut, et par les grandes places, points d'entrecroisement des chaussées principales.

En principe, il est désirable que les édifices publics de chaque quartier soient groupés tout autour d'une même grande place, centre de réunion et de promenade de ce quartier.

Aucun bâtiment, d'une grande étendue, ne doit venir interrompre la circulation et forcer à des détours.

Il est bon toutefois, pour la décoration des villes, de placer certains monuments dans l'axe des chaussées principales ou secondaires, surtout quand ils sont peu étendus à la base, comme les statues, les obélisques, les colonnes, les fontaines, les arcs de triomphe, les monuments commémoratifs ou symboliques.

Mais chaque fois qu'un monument se trouvera ainsi faire face à une rue, ou sur l'axe même d'un chemin public, il sera de toute nécessité de l'entourer d'un grand espace libre, et de ménager à droite et à gauche de larges et spacieux dégagements. Si c'est un palais ou un édifice public, il devra comporter des passages ouverts jour et nuit pour les piétons et les voitures.

En ce qui concerne la nature et la quantité des ornements à appliquer aux maisons des villes, elle devra être d'autant plus grande et plus choisie que l'on s'approchera davantage de la cité et des places centrales.

On devra encourager par des facilités spéciales, les propriétaires des plus beaux quartiers à construire des maisons isolées, des hôtels précédés de cours et de jardins. Des terrasses avec fleurs et marquises ornées, des cache-stores à jour, des fenêtres garnies de jardinières et de *tendidos*, des *serres*-annexes, des *miradors*, des *tourelles* et des balustrades en fonte et en cristal, contribueront puissamment à l'embellissement et à la décoration des villes modernes.

Promenades. — Plantations. — Extérieur de la ville. — Usines.

Enfin, à l'intérieur comme à l'extérieur de la ville, de nombreuses plantations d'arbres, des *squares* à grilles bronzées et dorées, des jardins et des promenades étudiées avec soin devront entretenir la fraîcheur et l'ombre, et assainir l'atmosphère viciée par les émanations de la vie organique et industrielle.

D'un côté de la ville, à l'Est, de longues avenues de cheminées, de nombreuses habitations d'ouvriers entremêlées aussi de promenades et de squares, des usines, des fabriques, des manufactures, des bains et lavoirs publics, des machines de toute espèce ; et, de l'autre, à l'Ouest, les principales promenades, les principaux cafés et restaurants de la ville, les habitations de luxe et les résidences d'été.

Telles sont, en résumé, les conditions essentielles à remplir dans toute ville moderne bien organisée.

Suivant les circonstances locales, on s'y conformera plus ou moins, car, dans une question aussi complexe que celle de la création d'un grand centre de population, il ne peut y avoir, bien moins encore que dans tout autre, de principe absolu, de règle sans exception.

Essai sur l'Organisation des Colonies ou Pays modernes.

Terminons cette étude par quelques mots sur les principes à suivre dans l'application de l'industrie humaine à une colonie, à un pays nouveau, à un continent encore barbare comme l'Australie et l'Afrique.

La création de villages destinés à devenir des villes aux principaux points de débarquement et dans les différentes positions indiquées par les considérations métallurgiques, agricoles ou stratégiques, sera la première chose dont on aura à se préoccuper.

En même temps que l'on fondera les villes et les colonies principales, on créera les voies de communication destinées à les réunir.

Il devra y avoir des voies de rayonnement et des voies transversales ou de ceinture.

Suivant les lignes du grand trafic, toutes les espèces de voies de communication devront être *concomitantes*, et longer parallèlement les mêmes vallées. Les routes, les Chemins de fer, les Canaux, les Télégraphes électriques, les conduites d'eau ou de gaz devront se suppléer l'un à l'autre, et se diviser le travail du déplacement dans une proportion rationnelle, suivant la nature des objets à transporter.

Lorsqu'il s'agira au contraire de lignes de trafic plus secondaires, il n'y aura lieu d'établir qu'une seule espèce de voie, un chemin de fer, une voie ferrée économique, une route ou un canal.

Les voies ferrées économiques à petites machines ou à traction de chevaux devront être perpendiculaires aux grands chemins de fer, et en desservir toutes les *correspondances*.

Les routes départementales et les chemins vicinaux devront relier, à leur tour, les stations des chemins de fer. Ainsi, dans un arbre la séve circule d'abord dans le tronc, et se répand de là dans les branches et les rameaux pour s'y élaborer, y déposer ses principes vitaux, et redescendre parallèlement par des voies analogues pour y développer et y porter incessamment la vie et la prospérité.

Du Présent et de l'Avenir au point de vue des constructions.

Si l'on jette maintenant un coup d'œil général sur les bienfaits déjà réalisés par la construction, et sur ceux qu'elle est appelée à procurer encore, on ne peut être que vivement frappé de l'importance de cet art, et de la haute mission qui lui est réservée.

Autrefois, la civilisation marchait pas à pas, de proche en proche, d'Orient en Occident, à mesure qu'un nouvel horizon, conquis par force, s'ouvrait aux yeux des peuples étonnés.

Aujourd'hui, grâce aux progrès de la construction et des industries qui en dépendent, le monde moderne a connu les chemins de fer, la navigation à vapeur et la télégraphie électrique; et l'intelligence, secondée par ces puissants moyens d'action, procède par un rayonnement réciproque de tous les points civilisés à la fois.

A ce point de vue, la construction est plus qu'un art, plus qu'une science: c'est le plus puissant et le plus indispensable auxiliaire du progrès.

C'est à elle qu'il appartient de réaliser, sous une forme matérielle et tangible, toutes les grandes idées du présent, toutes les grandes espérances de l'avenir.

La navigation aérienne.

L'application économique de l'Électricité aux machines.

L'application de la vapeur et de l'Électricité à l'agriculture.

L'organisation des Communautés agricoles.

Le percement de l'isthme de Suez et de l'isthme de Panama.

Le Tunnel des Alpes et le Passage du Pas-de-Calais.

Les Télégraphes transatlantiques.

La création de Ports artificiels sur toutes les côtes de l'Océan.

L'établissement de Chemins de fer et de Télégraphes électriques dans tous les pays du monde.

La création de Voies ferrées économiques pour l'Agriculture et l'Industrie.

La reconstruction et l'assainissement des villes anciennes par le renouvellement de la viabilité, et par les constructions d'utilité publique.

L'organisation de tous les services généraux que peut comporter la vie publique dans les centres de population et de production :

Tels sont les résultats multiples que le constructeur doit poursuivre aujourd'hui de tous ses efforts.

Puis un jour, quand tous les besoins matériels de l'homme auront successivement été satisfaits, quand son intelligence, avide de connaître, aura parcouru le cercle entier des principes et des lois physiques, pour exploiter toutes les propriétés des corps, tous les mouvements visibles ou invisibles de la matière, il arrivera un moment où l'industrie, poussée jusqu'à ses dernières limites, ramènera forcément l'homme au sentiment et à l'appréciation des arts, trop négligés aujourd'hui.

Alors la vie sociale sera complète.

Alors on verra que l'Art et l'Industrie ne sont pas incompatibles, mais complémentaires; et l'on reconnaîtra, par la renaissance générale de toutes les nobles occupations de l'esprit, qu'elles sont toutes également indispensables au développement normal de l'humanité.

C. A. OPPERMANN.

Paris. — 1er Janvier 1857.

PROJETS ET PROPOSITIONS

UTILES

I. — ORGANISATION GÉNÉRALE DE LA CONSTRUCTION, PERSONNEL, BUREAUX, ATELIERS CENTRAUX.

1. Compagnie générale d'Entreprise

DES CONSTRUCTIONS ÉCONOMIQUES.

Exécution à forfait de Travaux publics et privés, d'Établissements industriels et agricoles.

La première mesure à prendre pour réaliser facilement et rapidement toute espèce de travaux, serait de créer une société d'Ingénieurs, d'Architectes, d'Artistes, d'une part, de Fournisseurs, d'Entrepreneurs et d'Ouvriers, d'autre part, pouvant se charger à forfait, dans tous les pays, de l'exécution des ouvrages à établir dans les meilleures conditions possibles pour chaque localité.

Réunir en un seul lieu toutes ces volontés diverses serait matériellement impossible. Mais on peut essayer de créer un centre actif, répondant à une certaine communauté d'idées et d'intérêts, et d'organiser une correspondance générale, périodique, avec une ou plusieurs personnes dans chaque ville principale, dans chaque centre industriel important.

Alors l'association existerait de fait.

Un Conseil de direction composé de douze chefs spéciaux, se réunissant périodiquement ou par convocations avec programme, suffirait pour centraliser l'initiative de la société et pour éclairer l'action commune.

Les publications périodiques ont cet avantage qu'elles peuvent être tout à la fois d'une utilité immédiate pour les souscripteurs isolés, en même temps qu'un véhicule naturel des idées générales, et un moyen de connaître les personnes qui, par leur position ou par leurs intérêts, pourraient coopérer utilement à une œuvre de ce genre.

Nous avons cherché, en fondant *les Nouvelles Annales de la Construction*, à poser les premières bases d'une communauté intellectuelle de ce genre entre toutes les personnes qui s'occupent de constructions. Elle aurait tous ses avantages pratiques le jour où chaque correspondant voudrait bien prendre à cœur de proposer, de son côté, les *idées utiles* à réaliser, les *projets* et *entreprises* à faire dans son cercle d'action, afin de trouver, avec l'aide de la Société elle-même, les *voies et moyens* d'exécution matérielle.

Paris. — 1ᵉʳ Janvier 1855.

2. Création d'un bureau central de Projets
et de *Renseignements techniques.*

Ce qui manque le plus aux *Architectes,* aux *Ingénieurs,* aux *Agents-voyers,* aux *Constructeurs* libres résidant dans les villes secondaires des départements ou de l'étranger, ce sont les bons modèles, les renseignements généraux qu'il est facile de se procurer à Paris, et dans les grands centres de population.

Il en résulte que beaucoup d'entre eux sont obligés d'acquérir, à leurs frais et dépens, une expérience souvent coûteuse, ou de retrouver avec perte de temps et chance d'erreurs, des combinaisons déjà connues.

Il en résulte, en outre, qu'un grand nombre de travaux publics, d'édifices municipaux ou vicinaux portent le cachet de ces tâtonnements ou d'idées un peu trop spéciales à leurs auteurs. De là un défaut d'unité et d'harmonie très-regrettable au point de vue de l'économie et de la bonne administration.

Pour faire profiter nos correspondants des avantages que peut procurer la possession des nombreux documents originaux qui sont à notre disposition, nous avons l'intention d'établir, au bureau même de nos quatre Publications (rue des Beaux-Arts, nº 11), un service régulier de *Projets* et de *Renseignements techniques* qui seraient relatifs surtout aux travaux suivants :

1. Routes économiques et Chemins vicinaux.
2. Chemins de fer Économiques.
3. Ponts et Passerelles.
4. Canaux.
5. Irrigations.
6. Distribution d'eau et de gaz.
7. Égouts et assainissements.
8. Ports de mer.
9. Hôtels de ville et Préfectures.
10. Mairies et Maisons d'école.
11. Palais de justice et Tribunaux.
12. Halles aux grains.
13. Marchés couverts.
14. Abattoirs.
15. Poissonneries.
16. Bains et Lavoirs publics.

17. Fontaines.
18. Hôpitaux et Salles d'asile.
19. Gendarmeries.
20. Prisons.
21. Maisons de Ville économiques.
22. Maisons de Campagne.
23. Hôtels et Palais.
24. Usines et Manufactures.
25. Ateliers et installations diverses.
26. Constructions provisoires de toute espèce.

Nous nous chargerions de faire exécuter sous notre direction, et suivant les indications détaillées qui nous seraient transmises, tous les projets sommaires concernant les objets ci-dessus.

Chaque projet comprendrait les *Dessins* (élévations, plans et coupes dans les formats et aux échelles réglementaires), les *Cahiers des charges*, les *Descriptions* et *Devis* nécessaires pour l'approbation administrative.

Toutes les pièces seraient prêtes à être signées pour perdre le moins de temps possible.

Une rémunération de 1 p. 100 environ du montant des estimations pour les avant-projets et de 2 p. 100 pour les projets définitifs, serait la règle générale à adopter pour compenser les frais matériels de dessin, copies et démarches relatives aux travaux dont il s'agit.

Une telle organisation permettrait, en même temps, d'occuper utilement beaucoup de jeunes gens capables qui se trouvent à Paris sans position fixe, ou qui appartiennent à des administrations en qualité d'architectes, d'ingénieurs ou de chefs de service, et qui auraient des loisirs à consacrer utilement à ce genre de travaux.

Paris. — 1ᵉʳ Août 1860.

3. Création d'un Bureau central du Personnel
pour les Travaux publics, l'Industrie et l'Agriculture.

La question la plus importante de toutes pour le projet comme pour l'exécution des travaux, c'est une *bonne organisation du personnel.*

Tout est cependant encore à faire à ce point de vue.

Tous les jours des jeunes gens habiles et munis des meilleurs diplômes ou certificats perdent un temps précieux en démarches infructueuses parce qu'ils ne sont pas régulièrement informés des emplois vacants ou des administrations disposées à les accueillir. D'un autre côté, les chefs de service qui ont besoin d'hommes exercés pour un travail spécial, demandent de bons dessinateurs, de bons chefs de travaux, et ne savent où trouver, en cas d'urgence, ceux qui conviendraient le mieux aux fonctions qu'ils voudraient leur confier.

En province et à l'étranger, ce fait est encore bien plus sensible qu'à Paris.

Tous les jours nous recevons de nos correspondants, architectes, ingénieurs ou directeurs d'usines, des demandes d'employés capables accompagnées de plaintes sur la difficulté que l'on a d'en trouver de tels; et cependant, dans les départements plus encore qu'à Paris, des personnes d'un mérite incontestable restent sans occupation, faute de savoir où s'adresser en temps opportun.

Nous savons que ce serait entreprendre une mission souvent pénible et toujours délicate que de nous proposer, par le seul désir de réaliser une chose utile, d'être l'intermédiaire gratuit de l'*offre* et de la *demande* dans ce cas.

Ce serait cependant le seul moyen de résoudre la difficulté, qu'une personne ayant assez de relations dans l'industrie et dans la construction, et assez de compétence technique pour juger les capacités voulues, puisse se charger, dans l'intérêt de tous, de recevoir les communications dont il s'agirait, et de mettre en rapport les personnes intéressées.

Il suffirait alors que les chefs ou directeurs d'administration ayant besoin d'ingénieurs, d'architectes, de dessinateurs, de chefs de travaux, d'expéditionnaires, de surveillants, etc., fissent part au bureau central des conditions à remplir, et aussitôt le bureau leur répondrait par une liste d'adresses, avec état personnel des employés dont il aurait reçu des offres sérieuses, et qui lui paraîtraient pouvoir le mieux convenir aux fonctions indiquées.

Paris. — 1er Août 1860.

4. Installation d'ateliers centraux pour la fabrication

DES DIVERS TYPES DE CONSTRUCTIONS ÉCONOMIQUES.

Il y aurait grande utilité à créer, pour chaque genre de constructions industrielles ou agricoles, et même pour les habitations privées, une série de *Types* spéciaux, nettement définis, composés avec les matériaux du pays où l'on se trouve, et pouvant être construits à forfait, dans très-peu de temps, aux conditions les plus économiques.

En présence de la quantité considérable de travaux de toute espèce qui restent à exécuter, aussi bien dans les pays déjà civilisés, que dans les États nouveaux, il est indispensable de chercher à réduire le plus possible les frais de premier établissement de ces instruments matériels du progrès.

La création d'*ateliers centraux* pourvus de tous les moyens mécaniques les plus perfectionnés, pour débiter et façonner avec précision les pièces élémentaires de chaque type, serait incontestablement la meilleure solution de la question.

On aurait ainsi des *Constructions Rurales* perfectionnées, des *Ponts et travaux en fer* économiques, des *Bains et lavoirs publics* de différentes grandeurs, des *Hangars et charpentes* de différentes ouvertures, des *Maisons de ville et de campagne*, à un, deux ou plusieurs étages, à deux, trois ou un plus grand nombre de fenêtres de façade, sans autre peine que de formuler un programme au constructeur, et de s'entendre avec lui sur le prix total à forfait et sur le mode de payement.

Les avantages de ce système sont évidents.

Indépendamment de la rapidité et de l'économie, on obtiendrait une exactitude parfaite dans les assemblages, et un soin tout spécial dans la forme des pièces qui seraient faites à la machine, par grandes quantités à la fois.

En cas de réparations, il y aurait toujours d'avance en magasin des pièces de rechange qui permettraient de remplacer immédiatement les parties détériorées.

Si l'on voulait agrandir les bâtiments, il suffirait d'y ajouter quelques travées semblables que l'on pourrait obtenir de suite, toutes prêtes à poser. En un mot, pour le constructeur comme pour le propriétaire, il y aurait avantages certains.

La seule objection que l'on pourrait faire au système des *constructions économiques* consisterait dans l'uniformité présumée des aspects que de telles constructions présenteraient aux yeux du spectateur.

Mais en créant un nombre assez grand de *types* de chaque espèce pour répondre à tous les genres de besoins, en combinant les éléments de ces divers types fondamentaux entre eux de toutes les manières possibles, en semant, dans les ensembles, des détails ornés, des emblèmes, des armoiries, des inscriptions, des maximes, des éléments décorés, des clefs de voûte sculptées, des cheminées à jour, des tourelles, des balcons, de la verdure et des fleurs, et en variant les couleurs ou la nature des matériaux dans les façades, on peut produire les résultats les plus variés avec les ressources les plus élémentaires.

C'est ce que nous avons tâché de faire ressortir dans l'*Album pratique de l'Art industriel*, qui contient des modèles nombreux d'ornements et d'accessoires décoratifs modernes composés à ce point de vue.

En résumé, la nature elle-même ne procède pas autrement que par types uniformes et par éléments invariables. Elle répète des millions de fois en un seul jour, non-seulement les mêmes charpentes et les mêmes ossatures, mais jusqu'aux plus petits détails d'ornementation et de coloris. Son aspect est-il pour cela plus monotone? Ses moyens d'expression sont-ils plus limités? C'est qu'on y trouve à chaque pas, comme on doit aussi le trouver dans les œuvres de l'homme, l'éternelle variété que l'intelligence et la vie peuvent donner aux formes les plus banales, aux objets les plus connus.

Paris. — 1er Février 1859.

5. Création d'un atelier central

pour la fabrication et la location du Matériel des Travaux publics.

Nous devons aussi appeler l'attention sur l'utilité qu'il y aurait de créer des *Ateliers Centraux*, pour la fabrication des principaux types du matériel des travaux publics, tels que Brouettes, Camions, Tombereaux, Manéges à mortier, Malaxeurs à ciment, Grues, Dragues, Chemins de fer de service, Pompes, Chèvres, Sonnettes à bras, à Treuil ou à vapeur, etc.

Il n'existe pas, en fait, d'atelier *spécial* où l'on fabrique les engins, si nombreux et si variés, nécessaires à l'établissement rapide des grands chantiers de travaux publics.

Lorsque l'on a besoin d'appareils de ce genre, on est obligé de les fabriquer soi-même ou de les acheter d'occasion et presque hors de service, chez des constructeurs qui les ont fabriqués ou qui les louent à des prix exorbitants.

C'est à peine si telles ou telles spécialités d'appareils (forges volantes, pompes élévatoires, wagons de terrassement, rouleaux compresseurs) sont desservies par quelques maisons de confiance dont les prix· sont d'ailleurs généralement élevés. Encore ne faut-il leur demander que certains types spéciaux et certains systèmes particuliers.

Nous croyons que l'établissement d'un *Atelier central des Machines et du Matériel des Travaux publics* serait, dans chaque pays, d'une utilité incontestable, et nous sommes convaincus qu'il trouverait, dans de nombreuses commandes, un élément rapide de succès.

Paris, — 1er Janvier 1801.

6. Adoption de types uniformes pour les principaux
ORGANES DES MACHINES.

M. Ch. Callon, Président de la Société des Ingénieurs civils, a appelé l'attention de cette Société, dans la séance du 16 Octobre 1857, sur les avantages qu'offrirait à l'industrie l'adoption de *Types* uniformes, procédant par *numéros* d'une signification identique pour tous les fabricants, dans l'exécution et dans les proportions des principaux organes des machines.

Déjà divers industriels spéciaux, notamment MM. Cail et C°, constructeurs de locomotives, et Piat, constructeur d'engrenages, ont pris l'initiative d'une mesure de ce genre, dans le classement des produits de leurs ateliers.

MM. Calla, de Paris, et Fenay, d'Essonne, ont également publié des tableaux imprimés de leurs modèles.

M. Armengaud aîné a soumis au calcul, et a cherché à définir, d'une manière à la fois scientifique et pratique, les proportions et les dimensions des boulons, rivets, bielles et balanciers des machines.

La réalisation de ce but, si éminemment utile, est donc un des premiers faits qui doivent être inscrits au programme des arts mécaniques.

Faire connaître en détail ce qui a déjà été obtenu, citer les usines qui ont créé des types, en définir et en discuter les proportions, afin d'éviter tous les doubles emplois qui sont le principal inconvénient de l'état de choses actuel, tel sera l'objet d'une série d'études que nous commencerons prochainement dans le *Portefeuille économique des Machines*.

Pour fixer les idées, voici les principaux produits et organes sur lesquels porteront d'abord nos recherches :

1. Engrenages.
2. Rivets.
3. Vis et boulons.
4. Clous et pointes.
5. Épaisseurs de tôle.
6. Épaisseurs de zinc, de cuivre, etc. •
7. Épaisseurs des fils et des câbles métalliques.
8. Dimensions des fers en barre et en tige.
9. Dimensions des fers spéciaux.
10. Dimensions des tubes en fer, en cuivre et en fonte.
11. Proportions des chaînes.
12. Pistons à vapeur.
13. Bielles et manivelles.
14. Balanciers.
15. Poulies.
16. Courroies.
17. Paliers-graisseurs.
18. Ressorts à lames et à boudins, etc.

Tous les Ingénieurs qui voudront bien apporter le concours de leurs notes et de leurs recherches à l'achèvement de ce travail d'utilité générale sont invités à vouloir bien nous les communiquer.

Nous faisons surtout appel aux constructeurs spéciaux qui auraient déjà adopté des *types* pour les organes ou éléments énumérés ci-dessus, car la marche que nous devrions suivre ici de préférence serait de *faire connaître* sans innover, de *compléter* sans supprimer.

Paris. — 1ᵉʳ Janvier 1858.

7. Utilité d'une circulaire ministérielle pour prescrire

l'emploi des dimensions du commerce *dans les projets*
des Ponts et Chaussées, du Génie militaire, de l'Architecture municipale
et des Constructions navales.

Puisqu'il appartient aux divers Ministères de réglementer les questions de détail pour le plus grand bien et la plus grande facilité des constructions, nous proposerions l'adoption d'une mesure que l'expérience de tous les constructeurs a certainement fait reconnaître comme très-désirable à tous les points de vue.

Trop souvent, en effet, il arrive que les projets élaborés dans les bureaux des services publics, et même dans les cabinets des Constructeurs privés, ne tiennent pas assez compte, dans leurs dispositions de détail, des *usages du commerce* et des *dimensions élémentaires usuelles* pour les diverses espèces de matériaux ou de produits fabriqués.

Ainsi, on indique des équarrissages de bois insolite, 10/18, 20/35, etc., des dimensions de fer qui ne sont pas dans les tarifs des usines, lesquels sont, comme on sait, gradués de 2 en 2 millimètres, des espacements d'axe en axe des grandeurs de carreaux qui obligent à perdre sur chaque pièce de bois, de fer, de verre ou de zinc un cinquième ou un huitième de leurs dimensions ordinaires. Il arrive alors que l'entrepreneur, pour répondre aux prescriptions des cahiers des charges, est obligé d'acheter plus cher des pièces plus grandes, et de dépenser encore, en outre, des frais de main-d'œuvre pour les réduire après coup aux formes voulues.

Une circulaire ministérielle, accompagnée d'un tableau, donnant pour les divers genres de matériaux l'indication des dimensions les plus courantes du commerce, serait, tout à la fois, une recommandation nécessaire et un renseignement utile.

Pour répondre d'avance au désir de nos lecteurs, nous nous occupons en ce moment de réunir les éléments de cette statistique spéciale, et nous en publierons les résultats dans les plus prochaines livraisons des *Nouvelles Annales de la Construction.*

Paris. — 1ᵉʳ Décembre 1861.

8. Conférences périodiques entre les **Ingénieurs en chef**
des différents Chemins de fer, Canaux, Ports de mer, Services municipaux, etc., pour les améliorations à introduire dans la construction et l'exploitation des lignes, la correspondance entre la marche des convois, le perfectionnement du matériel, l'exploitation à bon marché, l'abaissement graduel des Tarifs, etc.

La *spécialité* des objets à traiter est une des conditions fondamentales de l'utilité des réunions techniques.

L'opinion d'un collègue est toujours plus intéressante pour un praticien quelconque que les idées d'une personne étrangère dont les occupations ne sont pas les mêmes, et qui n'a pas la connaissance préliminaire des faits de détail.

Aussi arrive-t-il souvent, lorsque les réunions savantes sont trop nombreuses, ou composées de spécialités trop diverses, que la discussion s'égare, et qu'une partie du temps est consacrée à des réfutations d'idées fausses, qui ne seraient pas venues à un homme réellement compétent, ou bien encore à la mention de faits déjà bien connus de tous ceux qu'ils intéressent directement.

La réunion périodique des ingénieurs en chef des différents chemins de fer et autres services analogues aurait, par exemple, pour résultat certain, *surtout si elle était internationale,* le rapide progrès des questions qui intéressent ces importantes industries.

L'estime réciproque déjà établie entre des hommes qui, presque tous, se connaissent d'avance par leurs œuvres ou par leurs écrits, donnerait aux discussions un intérêt et une élévation d'un grand attrait.

L'accord entre tous assurerait d'une manière certaine le succès de la mesure discutée, car ils joindraient à la compétence théorique le pouvoir effectif de l'application.

Paris. — 1er Juillet 1863.

9. Établissement de Cours spéciaux

pour les ouvriers Charpentiers, Maçons, Menuisiers, Couvreurs, Plombiers, Peintres, Doreurs, Terrassiers, etc., et Création de Réunions Amicales avec bibliothèque, salles de dessin et de musique pour les soirées et jours de fête.

Une des œuvres les plus utiles qui aient été suivies dans ces derniers temps, et même patronnée par l'initiative officielle, a été celle des écoles du soir, *Cours d'adultes* ou *Conférences* de diverses natures pour éclairer les classes moyennes et surtout les classes ouvrières.

Mais, dans ces réunions, la personne qui parle ou qui fait travailler par écrit s'adresse en général à des ouvriers de spécialités très-diverses.

Ce que nous voudrions, pour le plus grand avantage de chaque corps d'état, ce sont des réunions *spéciales*, des cours et des conférences professés uniquement, exclusivement au point de vue de *telle* ou *telle* profession, afin qu'il en résulte une instruction plus directe et plus pratique, un *maximum d'utilité*, si l'on peut s'exprimer ainsi.

Déjà il existe à Paris, ainsi que dans plusieurs grandes villes de province ou de l'étranger, des cours spéciaux de ce genre, mais ils sont en bien petit nombre relativement aux cours encyclopédiques et aux conférences, où le choix des sujets est plutôt guidé par l'actualité politique ou littéraire — question de succès immédiat — que par le désir de produire un résultat durable et matériellement utile dans l'esprit des auditeurs.

Les cours des Conservatoires et des Académies sont presque toujours plutôt destinés à un public mixte, partie ouvriers, partie candidats à diverses écoles, auditeurs oisifs, promeneurs sans but, étrangers curieux, dames ou jeunes filles se destinant à l'enseignement, etc.

Ce n'est pas là, nous le répétons, que l'ouvrier sérieux pourra trouver, d'une manière intéressante pour lui, à résoudre les difficultés de détail, et à améliorer les procédés manuels journaliers de sa profession. Ce n'est pas là qu'il apprendra à en faire les estimations et à en dresser les mémoires.

Ce n'est pas là non plus qu'il pourra en apprendre l'histoire détaillée et les progrès incessants, car on lui répétera pour la centième fois des banalités rebattues, des anecdotes classiques, plus ou moins inventées

4

par les historiens de chaque siècle, et racontées chaque année à la même époque par des hommes qui n'ont presque jamais pratiqué l'art ou le métier dont ils parlent.

Pour bien faire, il faudrait prendre le programme de chaque cours tel que nous l'indiquons plus haut; choisir un professeur compétent, ancien ouvrier ou exerçant lui-même, et pouvant raisonner avec autorité l'historique, le progrès de détail, l'explication physique, chimique ou mécanique de chaque procédé élémentaire; faire passer sous les yeux des auditeurs beaucoup de spécimens et d'échantillons réels, beaucoup de dessins et de modèles nouveaux, avec des vues photographiques ou coloriées d'outils perfectionnés, recueillies récemment en Angleterre, en Belgique, en Allemagne, en Amérique, — dans tous les pays actifs en un mot. Il faudrait y joindre aussi une série d'exercices manuels et de démonstrations sur place au moyen de visites faites dans divers ateliers ou chantiers : c'est alors seulement qu'on aura des résultats effectifs, et que les cours de ce genre ne seront pas seulement des cours d'amateurs.

Paris. — 1er Avril 1858.

Paris. — 1er Avril 1858.

II. — CHEMINS DE FER. — TRACÉS. — LIGNES NOUVELLES. RÉSEAUX ÉCONOMIQUES.

10. Établissement de chemins de fer Départementaux [1].

La construction des lignes principales de chemins de fer exige des dépenses dont le chiffre est souvent difficile à concilier avec les résultats du trafic. Aussi, malgré les efforts du gouvernement pour en développer le réseau, toutes les localités qui sentent la nécessité d'une jonction avec les voies déjà concédées, ne peuvent cependant pas espérer d'être satisfaites dans un avenir prochain.

Le désir de jouir le plus tôt possible des nombreux avantages assurés par les communications rapides, a fait naître plusieurs systèmes secondaires, ayant pour but de procurer des économies notables, soit sur les frais de premier établissement, soit sur les frais de traction.

Le système à proposer est celui d'un réseau de chemins de fer à locomotives de petite vitesse, qui seraient appelés provisoirement *Chemins de fer Départementaux*, parce que, considérés comme chemins de grande

---

(1) Cette proposition, datant de 1859, est antérieure à la loi sur les chemins de fer d'intérêt local, et à la formation des premières sociétés de chemins de fer départementaux.

communication, ils seraient exécutés principalement au moyen des ressources du service Départemental.

Ils seraient toutefois affermés à des Compagnies, qui prendraient à leur compte l'établissement de la voie ferrée, la fourniture du matériel roulant, l'entretien des ouvrages d'art de toute nature et les frais d'exploitation, et qui percevraient les produits d'après un tarif et pendant une période de temps à déterminer.

Les chemins de fer départementaux ou vicinaux se distingueraient surtout des autres chemins de fer, par le système financier concernant l'achat des terrains, l'exécution des terrassements, des ouvrages d'art et des stations :

Le Département jouerait dans cette combinaison le rôle de l'État, défini par la loi du 11 Juillet 1842, pour les chemins de fer à grande vitesse.

Il serait *indispensable* d'ailleurs de rendre *beaucoup* moins lourdes les dépenses d'établissement du chemin de fer, en le faisant à une seule voie et en bannissant le luxe, sans en exclure la solidité et la convenance.

Pour les mêmes motifs, le rayon maximum de courbure pourrait être réduit à 100 mètres et le maximum des pentes fixé à $0^m.025$ par mètre, en ne perdant pas de vue toutefois qu'il serait préférable de les réduire à $0^m.01$ pour éviter l'emploi de machines trop lourdes.

Les espaces nécessaires pour la pose des voies accessoires servant au croisement des trains seraient prévus à toutes les stations sur une longueur de 200 mètres. En outre, aux stations extrêmes, sur quelques points spéciaux, devant les usines, des places seraient réservées pour les voies de remisage et de chargement.

Les stations devraient être de deux classes seulement, selon qu'elles correspondraient à une circulation plus ou moins active, soit de voyageurs, soit de marchandises. Les stations principales seraient composées d'un bâtiment pour les voyageurs, d'un pavillon de latrines, d'une clôture et de rigoles pavées, d'un hangar à marchandises, d'une remise de voitures et de locomotives, et d'un réservoir d'eau. On peut évaluer à 50,000 fr. le prix de revient d'une telle station.

Les stations secondaires auraient simplement un couvert pour les voyageurs, un pavillon de latrines, une clôture et des rigoles. Leur prix de revient serait de 15,000 fr. environ.

On dispenserait les Compagnies départementales de la sujétion et de la dépense des clôtures courantes tout le long de la ligne.

Les voitures enfin seraient aussi simplifiées : elles seraient mixtes ou de deux classes seulement.

Système financier proposé pour l'établissement des chemins de fer vicinaux. — Le département devant surtout profiter de ces travaux, il paraît naturel de l'appeler à y concourir par une subvention.

Pour déterminer les communes intéressées, et calculer leur contingent, on pourrait les diviser en trois catégories suivant les avantages qu'elles retireraient des voies nouvelles :

1° Les communes dont le territoire est traversé par la ligne ;

2° Les communes non traversées, mais qui se trouvent dans un rayon de 5 kilomètres d'une station pouvant les desservir ;

3° Les communes non traversées, se trouvant dans un rayon supérieur à 5 kilomètres, mais devant faire usage du nouveau chemin de fer.

Comme base d'appréciation du contingent à fournir par chaque commune, on pourrait se baser sur les données suivantes :

La population ;

La largeur du chemin projeté, dont la commune se servira le plus fréquemment ;

Les ressources de la commune légalement exigibles pour la grande vicinalité ;

Le trafic probable des voyageurs et des marchandises sur le territoire de la commune ;

Enfin les sujétions locales provenant de la configuration du sol.

Dans la plupart des cas les ressources des communes et les subventions départementales suffiront pour remédier à tous les obstacles financiers ; cependant on pourrait encore demander une subvention à l'État, en basant cette demande sur cette considération, que la somme ainsi fournie équivaudrait à la capitalisation de l'économie annuelle à réaliser sur l'entretien des routes impériales, dont les nouvelles voies absorberaient la majorité des transports.

On devrait aussi admettre en principe la concession gratuite, faite par l'État aux compagnies, du droit de s'établir sur l'excédant de largeur des Routes Impériales.

Dans ces conditions on pourrait espérer de voir les réseaux ferrés s'étendre sur tous les points du territoire, et répandre dans tout le pays les bienfaits qu'ils procurent.

Paris. — 1er Juin 1859.

11. Locomotion à vapeur sur les routes
et dans les Rues des villes.

On ne saurait trop insister sur la nécessité de faire entrer dans le domaine de la pratique les expériences qui se font tous les jours en Angleterre, en Amérique et même en France, pour l'application des moteurs à vapeur à la traction ordinaire sur les routes et dans les rues des villes.

Tous les trois mois on annonce qu'une voiture à vapeur a fonctionné dans telle ou telle ville, et a donné des résultats très-satisfaisants. Cependant rien ne se fait, et le public n'est pas admis à profiter des améliorations qui pourraient en résulter pour la circulation générale.

A quoi tient l'apparente stérilité des tentatives faites dans ce sens? Est-ce le danger de voir les véhicules à vapeur, fonctionnant sans rails, dévier de l'axe des routes et descendre sur les bas côtés ? Mais ne pourrait-on pas imaginer une sorte de Conducteur-automoteur qui, par le seul fait de l'*inclinaison* de la locomotive et par un effet de *pendule pesant*, agirait, par retour, sur la barre du gouvernail de l'avant-train, ramènerait cet avant-train vers la droite lorsque la voiture pencherait vers la gauche, et le dirigerait au contraire vers la gauche chaque fois que la locomotive commencerait à pencher vers la droite?

Ce serait un moyen très-simple de forcer le moteur à rester de lui-même et sans surveillance en quelque sorte, sur le point culminant de la route, ou, s'il en déviait un moment, il serait obligé d'y revenir par une série de serpentements horizontaux de plus en plus insensibles. En géométrie on appellerait cette courbe une Sinusoïde asymptotique, ayant pour asymptote l'axe droit ou courbe de la route.

Il est évident que cette régularisation automotrice ne dispenserait pas de l'action générale d'un conducteur surveillant, qui tiendrait le gouvernail en main pour rectifier et régulariser la marche de la machine dans son retour permanent à l'axe, et aussi pour la forcer à s'en écarter au besoin, dans le cas de la rencontre de deux trains circulant en sens inverse.

Mais quelle que soit la suite à donner à cette idée, il n'en est pas moins vrai que le problème de la locomotive à vapeur sur les routes n'est pas encore résolu, et c'est le devoir de tout ingénieur de chercher à en proposer une solution.

Paris. — 1er Janvier 1863.

12. Achèvement du réseau des chemins de fer Français,
au moyen de lignes économiques à une seule voie.

Nous parlions tout à l'heure de chemins de fer Départementaux à petite vitesse; mais même pour les chemins de fer *à grande vitesse* il y aurait aussi nécessité de restreindre à un *minimum* la dépense nécessaire pour l'achèvement du réseau des chemins français.

L'abaissement du revenu des chemins de fer anglais à 3 pour 100, 2 pour 100, et même 1 pour 100, par suite de la trop grande multiplication des lignes, et aussi par suite de leur mauvaise administration, est un enseignement qui ne doit pas être perdu.

Citons ci-après, pour mémoire, les principales lignes dont la construction a été réclamée récemment avec le plus d'insistance par les conseils généraux des départements, dans la session de 1859 :

Aube. — Prolongement du chemin de fer projeté de Troyes à Bar-sur-Seine, jusqu'à la ligne de Paris à Lyon. par Châtillon et Montbard.

Doubs. — Chemin de fer de Bourg à Besançon.

Chemin de fer de Gray en Suisse, par Besançon et Pontarlier.

Isère. — Chemin de fer de Rives à Bourgoin, avec raccordement sur la Tour-du-Pin.

Aude. — Chemin de fer d'embranchement du chemin de fer du Midi à Castres, par Castelnaudary.

Dordogne. — Chemin de fer de la vallée de la Dordogne.

Haute-Vienne, Charente, Charente-Inférieure. — Chemin de fer de Limoges à Rochefort, par Angoulême.

Finistère. — Chemin de fer du littoral Sud de la Bretagne, pour desservir les départements traversés, ainsi que les arsenaux de Brest et de Lorient.

Paris. — 1er Janvier 1860.

13. Établissement d'un chemin de fer transversal
de *Tours à Vierzon.*

(Ligne directe de Nantes à Lyon et Marseille.)

Pour qu'un pays soit aussi complétement doté que possible de toutes les lignes de chemins de fer dont il a besoin, il faut que son réseau se compose d'une série de lignes rayonnant du centre à la circonférence, et que ces lignes soient coupées transversalement par une deuxième série de *chemins de fer concentriques*, permettant de passer aisément d'un point quelconque d'une ligne rayonnante à une autre.

Le chemin de fer de ceinture de Paris forme, en France, la première et la plus essentielle des lignes concentriques, car il relie les uns aux autres, dès leur origine, tous les chemins actuellement exécutés.

La deuxième ligne concentrique serait, au sud de Paris, celle de Chartres à Montereau (à construire), de Montereau à Troyes (exécutée), de Troyes à Bar-le-Duc (à construire). Au nord, les lignes transversales de Beauvais à Creil, de Creil à Soissons, et de Soissons à Reims, devraient être complétées par la ligne de Rouen à Beauvais (à construire).

Enfin, comme ligne plus importante encore, parce qu'elle compléterait la grande artère directe à créer entre Nantes et Lyon, nous citerons le chemin de Tours à Vierzon, suivant la vallée du Cher.

On sait que c'est la limite de la région dite de la Sologne, et au point de la mise en valeur, tant désirée, de ce pays, la création d'un chemin de fer, ne fût-il qu'à une voie, serait certainement la mesure la plus efficace de toutes.

Tours. — 1er Novembre 1860.

14. Établissement d'un Chemin de fer
entre *Philippeville et Constantine.*

L'attention publique se fixe en ce moment sur l'Algérie, et spécialement sur la construction du réseau des chemins de fer destinés à relier entre elles les principales localités et les centres producteurs.

La province de Constantine est celle où les voies ferrées seront, sans contredit, les plus difficiles à établir. Les abords de Constantine même sont tout à fait exceptionnels, et il paraît douteux que l'on puisse jamais arriver économiquement avec des locomotives dans la ville proprement dite.

Il n'en est pas moins utile de rechercher tous les moyens de relier le principal port de cette belle province avec sa métropole naturelle.

Des études ont été faites. Si elles donnent des résultats trop onéreux pour le prix total de premier établissement, qu'on les reprenne à un autre point de vue, en se bornant à aborder au pied du rocher où la ville se trouve établie. Ce sera déjà un grand progrès réalisé, et rien n'empêchera d'installer des appareils élevatoires spéciaux pour faire franchir aux marchandises surtout, la différence de niveau qui existerait entre la gare et le centre de la ville.

Alger. — 1er Mars 1860.

15. Création d'un premier chemin de fer
de Pékin à Tien-Tsin.

La circulation extraordinaire de voyageurs et de véhicules qui a lieu chaque année entre la capitale de la Chine et les principales localités environnantes, est digne de fixer au plus haut degré l'attention des Européens.

On pourrait y trouver les éléments de diverses entreprises des plus avantageuses au point de vue des résultats industriels et commerciaux.

Déjà aujourd'hui, par les voies ordinaires, il y a un mouvement de plusieurs millions de voyageurs par an entre les deux points dont il s'agit, et, certains jours, les routes sont tellement encombrées qu'il est impossible d'avancer sur plusieurs lieues de longueur.

Il est évident que si jamais un mode de transport rapide et économique, approprié au mouvement alternatif de grandes foules, a été nécessaire, c'est au centre de l'empire le plus populeux du globe, au sein de la nation où l'économie de temps et d'argent est plus indispensable que chez tout autre, vu le bas prix de la main-d'œuvre et du travail.

Immédiatement après le chemin de fer de Pékin à Tien-Tsin, qui serait, en quelque sorte, le chemin de fer de Paris au Havre de la Chine, on devra s'occuper de l'établissement d'une autre ligne, non moins importante au point de vue européen, celle de *Shang-Haï* à *Fou-Tschéou*.

La principale difficulté matérielle de l'établissement des chemins de fer en Chine serait la grande multiplicité des canaux et les priviléges antiques de la navigation intérieure à respecter, mais on pourrait vaincre ces obstacles :

1° En établissant les chemins de fer sur les digues mêmes des canaux, ou parallèlement à leurs cours, et en prenant les remblais dans le canal, ce qui ne pourrait qu'en améliorer les conditions.

2° En traversant les canaux au moyen de ponts tournants en fer, dont l'état normal serait d'être ouverts, et qui seraient manœuvrés, pour leur fermeture, au moyen d'une détente électrique ou mécanique à 1,000 mètres, et d'une machine à vapeur fixe ouvrant le pont instantanément, au passage même du convoi.

Paris. — 1er Septembre 1859.

——∞•⊗•∞——

III. — PONTS ET VIADUCS.

16. Substitution de ponts fixes en fer laminé
aux ponts en bois et aux ponts suspendus.

Les ponts suspendus, outre l'inconvénient de leur élasticité et de leur extrême mobilité, exposent les véhicules et les piétons aux plus grands dangers aussitôt que leurs câbles d'amarre ont été attaqués par la rouille. Le vent peut emporter leurs tabliers, à cause des oscillations violentes qui favorisent son action dans les tempêtes. Leur entretien est très-onéreux, parce qu'il faut renouveler, dans un délai assez court, non-seulement les superstructures en bois, mais encore les câbles et les faisceaux de suspension.

Enfin, leur construction même n'est pas réellement économique, eu égard à la dépense considérable qu'entraînent toujours les culées d'amarre et les galeries de visite que l'on est obligé d'y pratiquer.

Frappée de ces nombreux inconvénients et avertie par les désastres successifs d'Angers, de la Roche-Bernard, de Tournon (Ardèche), etc., l'administration des Ponts et Chaussées s'est montrée depuis quelques temps, et avec raison, très-opposée à l'adoption des ponts suspendus.

Chaque fois que des ponts fixes ont pu leur être substitués sans trop de difficultés, ces ponts ont été prescrits par les cahiers des charges des plus récentes concessions.

On est conduit à se demander. d'après ces précédents, quel est le système le plus économique à substituer aux ponts suspendus ?

Les ponts fixes en bois sont la première solution qui se présente. Mais, là encore, de nombreux inconvénients viennent s'opposer à l'adoption du système : épaisseur considérable à la clef, pourriture des bois, entretien plus dispendieux encore et durée souvent plus limitée que celle des ponts suspendus.

Les ponts en pierre sont très-coûteux, exigent aussi une forte épaisseur à la clef, ne permettent pas de franchir économiquement de grandes portées et obstruent le débouché des eaux par la largeur et le nombre des piles en lit de rivière.

Il faut donc nécessairement recourir à l'emploi du fer ou de la fonte.

La substitution du fer rigide aux câbles de suspension et aux arcs en bois paraît la solution la plus convenable pour les ponts fixes à grandes ouvertures et à faible épaisseur à la clef.

Emploiera-t-on des ponts en arc, des ponts américains ou des ponts de quelque autre système nouveau ?

Au point de vue économique et au point de vue de l'aspect, les ponts en arc sont préférables aux ponts américains autant que les portées peuvent le comporter. A charge d'épreuve égale, l'expérience nous a démontré qu'il fallait moins de fer pour un pont en arc *bien contreventé* que pour un pont américain également résistant.

Mais d'un autre côté, lorsqu'on voudra donner à la navigation et aux inondations la plus grande hauteur libre et le plus large débouché possible, il sera préférable d'adopter le système américain, à poutres droites, ou le système mixte, partie en tôle pleine et partie en treillis américain.

En tous cas, le système auquel nous proposerions de s'arrêter, quant à présent, pour les points fixes économiques consisterait à employer des arcs et des longerons continus en fer à T, fer double T, ou tôle et cornières, amarrés sur la tête des piles et des culées, avec plusieurs systèmes de contreventements différents, et remplissage des tympans par des X ou par un treillage américain plus ou moins espacé.

Cette solution peut s'appliquer avec succès à des portées variables depuis 10 mètres jusqu'à 50 mètres d'ouverture.

Pour des portées supérieures, et eu égard à la nécessité de ménager le débouché et l'ouverture libre de la navigation, il serait préférable d'avoir recours au système américain, convenablement modifié, ou au système des *arcs inverses*, avec suspension rigide dont nous allons parler.

Paris. — 4 Janvier 1858.

17. Construction de Ponts rigides en arc inverse,
pour le franchissement économique des grandes portées.

Nous proposerons d'établir, dans certains cas, un nouveau système de ponts en fer rigides, dits *en arc inverse*, qui seraient destinés surtout à franchir les ravins larges et profonds de l'Algérie, les cours d'eau torrentiels et les fleuves très-larges où il serait difficile et toujours coûteux d'établir des piles en lit de rivière.

Ce système consisterait à employer l'arc en fer forgé retourné, au-dessus du tablier, comme un câble de pont suspendu, avec cette différence qu'il est indéformable, et que les parties comprises entre l'arc et le tablier, au lieu d'être occupées par des tiges verticales et flexibles, seraient remplies par un système de treillage américain en fer plat, en fer à cornière ou en fer à T, contribuant à la rigidité du système, comme dans les ponts en arc ordinaire où il remplit les tympans.

Les avantages des points rigides *en arc inverse* seraient surtout de dégager le dessous du pont pour la navigation, d'économiser les supports en lit de rivière, ainsi que les pièces de contreventement, et de réaliser même une certaine économie sur les arcs et les longerons. Ils seraient surtout à proposer pour le cas de plusieurs travées successives, se portant l'une l'autre.

Dans ce cas, la meilleure combinaison consisterait à composer le pont d'un certain nombre de travées entières se relevant sur les piles comme dans les ponts suspendus, et de deux demi-travées de rive s'amarrant horizontalement au contact du quai (pour réduire le coefficient de traction) et s'enfonçant ensuite à 60 degrés environ dans les massifs des deux rives.

Paris. — 1er Avril 1860.

18. Adoption d'un coefficient de résistance de 8 kilog.
par millimètre carré de section, pour les fers spéciaux des Ponts-routes et des Ponts-vicinaux économiques.

La substitution du fer au bois et à la pierre, pour les points fixes économiques, conduit naturellement à la question suivante :

Quel doit être le coefficient de résistance adopté pour les fers dans les ponts de cette espèce?

Doit-il être le même que celui employé pour les ponts de chemins de fer?

Rappelons d'abord les faits :

La résistance *extrême* du fer à la rupture varie de 40 à 60 kilogrammes par millimètre carré. Cette limite suppose que la charge a été peu prolongée, et qu'elle a augmenté rapidement et sans secousses depuis son origine.

Mais, sous une charge permanente, le fer ne résiste qu'à une *tension-limite* de 25 à 35 kilogrammes, eu égard aux effets des chocs et des trépidations qui s'ajoutent aux charges visibles du pont, et y développent une série de forces vives ($mv^2 + m'v'^2 + m''v''^2 + \ldots$) qui sont proportionnelles à la masse du pont, à celle des véhicules qui le traversent, et aux carrés des vitesses des oscillations du pont et des véhicules.

Dans les ponts des chemins de fer, les chocs des véhicules sont violents, tant contre les joints des rails, dans le sens de l'axe du pont, que latéralement, par l'effet des mouvements de lacet.

En outre, les pièces sont généralement grosses, les tôles épaisses, et les fers d'une fabrication difficile, qui produit des inégalité sensibles dans la cohésion de la masse métallique.

Il peut donc être nécessaire, et il est prudent, en effet, d'abaisser jusqu'à 6 kilogrammes, c'est-à-dire de réduire au septième ou au dixième seulement de la charge-limite de rupture, le coefficient de la charge permanente pour les ponts des chemins de fer. Il n'y a rien à objecter à cette prescription. Elle doit être adoptée en vue d'une plus complète sécurité, même dans le calcul des ponts destinés à l'étranger, et où elle ne serait pas obligatoire.

Mais dans les *Ponts vicinaux*, les *Ponts départementaux*, les *Ponts fixes économiques*, les *Passerelles* que les municipalités font construire pour remplacer les ponts en bois et les ponts suspendus, il existe de nombreux motifs pour ne pas s'imposer un coefficient aussi bas, et qui conduit à une augmentation alors inutile de la dépense :

1° La masse des ponts est beaucoup moindre que celle des ponts de chemin de fer (moitié, tiers, quart).

2° La masse des véhicules est bien inférieure aussi à celle des locomotives (Engerth, 56,000 k.) et des convois de marchandises (50 wagons de 10 tonnes chacun, soit 500,000 kil.), cinquième, dixième, cinquantième.

3° La vitesse des véhicules est bien moindre aussi que sur les chemins de fer (tiers, quart, cinquième).

4° La *vitesse* des oscillations des ponts est sensiblement la même quand l'ouverture est la même, et que les arcs sont convenablement rigides; et, en ce qui concerne leur *amplitude*, la rigidité des tympans, la continuité des longrines, la solidité des amarrages et les nombreux systèmes de contreventement adoptés dans les types bien étudiés de ce genre de ponts, peuvent circonscrire les oscillations extrêmes dans des limites très-réduites. La bonne disposition des contreventements s'oppose d'ailleurs, en même temps, à toute flexion et à toute déformation dans le sens horizontal.

5° Enfin, et ceci est très-important, les sections des fers étant, en général, moindres dans les ponts fixes économiques que dans les ponts des chemins de fer, les pièces sont laminées ou forgées sur une surface *relative* bien plus grande, et l'épaisseur de la couche *corroyée* atteint presque le centre de la pièce, tandis que, dans les fers ou fontes à gros poids et à grosse section que l'on est obligé d'employer pour les ponts des chemins de fer, le centre peut rester tout à fait grenu et pailleté, et la résistance *moyenne* sur laquelle on doit compter avec sécurité est en effet beaucoup plus faible.

Nous proposons donc d'adopter pour les ponts fixes économiques le coefficient de 8 kilogrammes par millimètre carré de section, qui nous semble parfaitement suffisant pour obtenir une sécurité égale à celle des meilleurs ponts de chemin de fer.

L'économie qui en résultera ne sera sans doute pas dans la proportion de 3 à 4, mais il y aura toujours diminution de dépense, et, par suite, plus grande facilité pour le payement et pour l'exécution.

Paris. — 1ᵉʳ Février 1858.

19. Adoption de la charge d'épreuve minima
de 200 kilog. par mètre carré, pour les Ponts fixes économiques.

Pour encourager et développer la substitution économique des ponts fixes aux ponts suspendus, il est essentiel aussi de ne pas imposer aux premiers des conditions beaucoup plus onéreuses qu'aux seconds. Nous venons de démontrer que, pour les tôles et fers laminés et ordinaires, la charge *de rupture* par millimètre carré est généralement supérieure à 40 kilogrammes, et que le coefficient de 6 kilogrammes par millimètre carré (1/7 de la charge de rupture), admis par la plupart des Cahiers des charges de l'administration, pourrait être porté sans inconvénient à 8 et même à 10 kilogrammes, surtout pour les ponts des routes impériales et départementales.

Pour les mêmes raisons, on doit admettre que la charge d'épreuve de 200 kilogrammes par mètre carré, qui a toujours été imposée jusqu'à présent pour les ponts suspendus et pour les ponts fixes économiques, peut être maintenue comme limite inférieure des épreuves à faire subir à ce genre de ponts. Un pont métallique qui porte 200 kilog. de charge d'épreuve (au coefficient de 8 kilog. par millimètre) peut supporter 1,000 kilog. par mètre carré avant de se rompre.

Cela est plus que suffisant dans tous les cas, car la plus grande foule qui puisse s'amasser sur un pont ne représente guère que trois personnes par mètre carré, c'est-à-dire 180 kilogrammes de charge accidentelle.

En outre, les ponts fixes, en tôle ou en fer forgé, sont loin d'être exposés aux mêmes causes de destruction que les câbles des ponts suspendus.

On peut repeindre et entretenir la surface d'une pièce de fer pleine. On ne peut pas pénétrer dans l'intérieur d'un câble, ni surtout en remplacer les fils, sans démolir toute la construction.

On peut admettre toutefois, pour graduer les conditions et les proportionner aux ressources financières, que : pour des ponts de route impériale, la charge d'épreuve par mètre carré soit de 400 kilog. ; mais, pour les routes départementales 300 kilog., et pour les chemins vicinaux, 200 kilog. sont plus que suffisants.

Paris. — 1er Octobre 1859.

20. Avantages des ponts métalliques dans les terrains
mobiles ou compressibles.

Les ponts en fer et en tôle, par leur élasticité naturelle, peuvent se prêter, bien mieux que les ponts en maçonnerie, aux effets de torsion, de flexion ou de tension que peuvent occasionner les tassements inégaux des terrains ou l'affouillement des piles en lit de rivière.

Aussi, indépendamment des autres motifs qui doivent faire préférer les ponts métalliques pour toutes les applications à grande portée ou à faible épaisseur à la clef, il est bon d'avoir égard à celui qui précède, dans le cas particulier des terrains compressibles, et pour les ouvrages exposés aux chocs, aux déplacements ou aux affouillements.

Paris. — 1ᵉʳ Juillet 1859.

21. Application des pieux à vis à base large
aux fondations en lit de rivière.

Nous avons vivement insisté, dès la première année de la publication des *Annales de la Construction* (1855), sur les avantages spéciaux des pieux à vis, et sur les nombreuses et ingénieuses applications qu'on en avait faites en Angleterre.

Aujourd'hui que la question des inondations a introduit, dans les cahiers des charges des travaux hydrauliques, des exigences nouvelles au sujet des débouchés à donner entre les supports en lits de rivière, il est bon de rappeler l'attention des constructeurs sur la facilité que donneraient les pieux à vis, pour résoudre un grand nombre de difficultés de cet ordre.

La plupart des rivières sont à fond de vase, de sable, de gravier ou d'argile compacte. Or toutes ces natures de terrains se prêtent parfaitement à l'enfoncement de pièces hélicoïdales.

Il serait à souhaiter que quelques ingénieurs prissent l'initiative d'applications pratiques de ce genre, car il est certain que bientôt on n'hésiterait plus à remplacer beaucoup de piles en maçonnerie par des piles composées de supports métalliques entretoisés.

Paris. — 1ᵉʳ Juillet 1859.

22. Avantages des fondations tubulaires
dans les terrains affouillables (Ports de mer, Loire, Rhin, Rhône, Danube, etc.).

Par les mêmes raisons qui rendent préférables les pieux à vis pour fondations en lit de rivière, nous citerons encore les piles tubulaires en fonte creuse, comme pouvant faciliter et simplifier considérablement les plus difficiles problèmes de fondation.

Les ponts de Rochester et de Saltash, en Angleterre, ont fourni récemment des exemples très-remarquables de ce genre de fondations.

En France, le pont sur la Saône à Lyon, le nouveau pont de Bordeaux, le pont de Kehl sur le Rhin, le pont sur l'Allier à Moulins, le pont sur l'Allier à Saint-Germain-des-Fossés, ont donné la mesure des avantages qu'on pouvait attendre de cet ingénieux et expéditif moyen de construction.

Ainsi, 1° possibilité d'atteindre aisément aux plus grandes profondeurs, et d'aller chercher le sol résistant sous une couche d'épaisseur quelconque, de terrain mobile ou affouillable; 2° réduction de l'épaisseur des piles à la moitié, au tiers ou au quart, par le fait de l'emploi du métal; 3° facilité et rapidité de la construction; 4° réduction considérable de la dépense au point de la réduire quelquefois *au tiers* de ce qu'ont coûté les fondations en maçonnerie d'autres ponts voisins sur la même rivière (pont de Moulins) : tels sont les principaux résultats obtenus.

Paris. — 1ᵉʳ Juillet 1859.

23. Substitution de culées tubulaires aux culées
en maçonnerie des ponts en fer à poutres droites.

Une des plus grandes difficultés que l'on rencontre dans l'établissement des ponts tubulaires n'est pas le fonçage des piles, car aujourd'hui ce procédé est bien connu, et une fois que les chantiers sont organisés et que les ouvriers ont mis en place un tube ou deux, le reste n'est plus qu'une question de temps que l'on peut calculer exactement d'avance.

Ce qui donne lieu aux plus grandes dépenses, aux plus difficiles travaux d'épuisement et de fondation, c'est généralement la construction des culées en maçonnerie.

En effet, le motif qui fait que l'on se décide à choisir le mode de fondation tubulaire de préférence à tout autre est la nature inconsistante et mobile du sol du fleuve; c'est l'impossibilité de fonder, en lit de rivière, des piles ordinaires en maçonnerie.

Or, pour les culées, la nature du sol est en général la même; leur surface et leur poids sont bien plus considérables que celui d'une pile, et de là une mise de fonds double, triple et quelquefois plus encore, de celle qu'il faudrait pour établir au même endroit une pile métallique. Sans compter les frais d'épuisement qui sont quelquefois énormes. Et ce n'est pas seulement la dépense qui est l'inconvénient des culées en maçonneries, c'est aussi le retard que leur inachèvement peut causer pour tout le reste du travail, si les pierres de taille ne sont pas prêtes en temps utile, si les crues ou les froids surviennent et empêchent la continuation du travail des maçonneries.

Aussi proposerions-nous, pour remédier à tous ces inconvénients, de supprimer à l'avenir tout travail de maçonnerie proprement dite dans les ouvrages de ce genre : faire des piles-culées en métal, et les enfoncer simplement assez avant dans la rive ou dans le remblai pour que leur pied soit garanti par une file de pieux, soutenant un perré conique à l'amont et à l'aval.

Dans le pont établi sur le Guadalète (Espagne) par M. VILDOSOLA, ancien Ingénieur en chef du chemin de fer de Séville à Cadix, ce système a été adopté, et l'on s'en est bien trouvé. On fera aussi des culées purement métalliques sur les ponts définitifs du chemin de fer de Naples à Rome (pont du Tibre, etc., construits par la Cᵉ SALAMANCA). C'est évidemment un excellent parti à prendre, car une fois la fabrication et la pose des tubes organisée, il en coûte vraiment très-peu, et l'on peut même faire des conditions spéciales plus réduites pour fournir et mettre en place quatre ou six tubes de plus, au lieu de deux lourdes culées en maçonnerie.

Paris. — 1er Août 1863.

24. Tabliers de Ponts avec petites voûtes

en béton-ciment pour supporter les chaussées d'empierrement ou de bitume.

On a beaucoup discuté la question de savoir quelle était la meilleure manière de disposer les tabliers des ponts, pour supporter, d'une manière désirable, et sans entretien trop onéreux, les chaussées macadamisées que les cahiers des charges exigent maintenant sur la plupart des ponts à grande et à moyenne circulation.

Dans les ponts en pierre ou en briques, la question est très-simple : on remplit les creux des tympans avec de la maçonnerie légère (quelquefois creusée par des galeries ou contre-voûtes et, par-dessus, on répand l'empierrement que l'on tasse et agglomère comme sur les routes ordinaires. Les eaux s'écoulent par des gargouilles pratiquées sur les deux côtés des piles, ou sur le sommet des voûtes. Dans ce dernier cas elles y arrivent au moyen de chapes en bitume ou en ciment.

Mais dans les ponts métalliques, il faut éviter une trop grande épaisseur à la clef, une trop forte surcharge au point de vue de l'économie, et ménager l'écoulement des eaux avec d'autant plus de soin qu'elles sont, pour les fers, une cause permanente de destruction : on a donc employé d'abord les madriers en bois de chêne goudronné, puis, voyant qu'il fallait les renouveler trop souvent, et que l'eau suintait de partout, on a employé les tôles ondulées, peintes au minium et goudronnées. Puis ces tôles, à leur tour, ayant paru suspectes au point de vue de la durée et de l'irrégulier écoulement des eaux, on en est venu aux petites voûtes en briques, longitudinales ou transversales, retombant sur des fers à T, ou, plus récemment, sur des fers en V retourné, inventés spécialement pour cet usage.

Mais ces petites voûtes sont encore très-lourdes, et les nombreux joints des briques sont aussi une cause de fissures et de suintements : la brique ne peut pas faire corps avec le macadam qui vient par-dessus, et alors il faut, au-dessus du sommet des voûtes, encore une assez forte couche d'empierrement (10 à 15 centimètres) pour qu'elles ne soient pas entamées directement par les roues des véhicules.

Nous proposerions de simplifier la question en substituant aux voûtes en briques de petites voûtes monolithes en ciment, béton-ciment, ou ciment à l'éponge de fer. Cette matière pourrait, graduellement, se relier avec le macadam, dûment mêlé de ciment et de lait de chaux. Tout l'ensemble du tablier formerait alors une masse à peu près homogène et imperméable. L'écoulement des eaux aurait lieu par des tuyaux de drainage ménagés dans le creux des retombées, et l'on pourrait certainement économiser :

1° De l'épaisseur à la clef ;

2° De la surcharge permanente,

3° par suite de la moindre charge, réduire le poids du métal et le cube de la maçonnerie pour tout l'ensemble de la construction.

Paris. — 30 Décembre 1865.

25. Avantage des ponts treillis pour le passage

des fleuves à lit mobile.

La trop grande poussée des ponts en arc sous le passage des lourds convois et des locomotives à marchandises de 56,000 kilogrammes (et il y a aujourd'hui des machines de 80,000 kilogr. : Type PÉTIET), cause, sur les piles de ce genre de ponts, des pressions latérales qui sont de nature à en compromettre sérieusement la stabilité lorsque le terrain n'est pas très-résistant.

Cet inconvénient est surtout sensible lorsque l'on emploie des piles en fonte du système tubulaire, combinées avec des arcs métalliques à grande portée. (Système du pont de Szegedin, en Hongrie.)

Les ponts-treillis à poutres droites ont l'avantage de n'exercer sur les piles que des pressions verticales, et, par suite, ils conviennent beaucoup mieux pour le cas des fondations dont il s'agit.

De plus, les mouvements et les tassements éventuels des piles ne causent pas autant de danger dans une série de pièces droites continues que dans une collection d'arcs successifs et isolés. Aussi, en général, le système tubulaire a-t-il toujours été accompagné du système des poutres droites, pleines ou en treillis.

Paris. — 1ᵉʳ Décembre 1859.

26. Les ponts en acier fondu.

A mesure que la matière première se perfectionne et devient plus homogène, il est possible d'augmenter les dimensions générales des ouvrages d'art, tout en réduisant la section relative des pièces, de telle sorte que la matière travaille sous une charge d'un plus grand nombre de kilogrammes par millimètre superficiel.

La fonte, matière peu homogène, ne peut être admise avec sécurité pour les ponts de chemins de fer, qu'en réduisant la charge élémentaire à 4 ou 5 kilogrammes par millimètre superficiel.

Le fer forgé et la tôle permettent d'atteindre facilement une charge normale d'épreuve de 6 à 8 kilogrammes pour les ponts de chemins de fer, et de 8 à 10 kilogrammes pour les ponts de routes, soumis à de moins énergiques vibrations.

L'acier fondu, qui résiste dans les mêmes conditions à une charge normale d'épreuve de 15 à 20 kilogrammes, permettrait de franchir, soit au moyen de tenseurs, soit au moyen d'arcs dûment contreventés, des espaces bien plus grands encore avec un moindre poids de matière.

Depuis quelques années, la fabrication de l'acier fondu a pris une extension toute spéciale. Des usines considérables ont été créées pour cet objet, tant en Angleterre que sur les bords du Rhin, et en France même. Mais les bandages des roues, les essieux, les axes d'arbres moteurs, les tiges des pompes et mines, les canons et quelques autres applications très-peu nombreuses ont été jusqu'à ce jour les seuls produits que l'on ait fabriqués couramment.

Pourquoi ne tenterait-on pas l'exécution de *ponts* ou de *charpentes à grande portée* en acier fondu? On a bien construit déjà des coques de navires et des bâtis de machines à vapeur en pièces d'acier. En fait de progrès, il n'y a que le premier pas qui coûte. Lorsqu'une application en aura été faite, il est plus que probable que son succès en amènera d'autres, et alors on verra bientôt, pour le franchissement des fleuves, des vallées, des bras de mer, exécuter des ouvrages d'art bien plus gigantesques et plus hardis encore que ceux connus jusqu'à présent. Des portées de 200 ou 300 mètres deviendront ordinaires, et elles ne présenteront plus d'autre difficulté que celle du montage.

Mais on procédera alors par voie de suspension progressive, et l'on posera les pièces au moyen de câbles en fer, d'estacades en fonte, et de cintres suspendus au-dessus des plus grandes hauteurs.

Paris. — 1er Février 1861.

27. Possibilité de la construction d'un pont
en acier fondu sur le Pas-de-Calais ou d'autres bras de mer.

(Voir aussi, *Proposition* 31, la possibilité d'un *Tunnel*.)

Au moment où le traité de commerce avec l'Angleterre vient de donner une impulsion nouvelle aux transactions de la Grande-Bretagne avec le Continent, la question, souvent agitée déjà, d'un passage direct entre la France et les Iles Britanniques, revient naturellement à l'ordre du jour.

Beaucoup de personnes, en lisant la présente proposition, penseront tout d'abord qu'il y a impossibilité *matérielle*.

Le Pas-de-Calais n'a cependant que 67 mètres de profondeur au point le plus bas, et si Notre-Dame de Paris traversait la Manche, un drapeau planté sur les tours resterait toujours visible au-dessus de l'eau.

D'un autre côté, on connaît des viaducs à piles en fonte qui ont une hauteur égale ou plus grande que celle indiquée ci-dessus (viaduc de Crumlin, en Angleterre; viaduc sur le Sitter, en Suisse, etc.).

L'Angleterre et l'Amérique ont établi, en pleine mer, des phares nombreux sur pieux à vis en fer et bâtis à claire-voie.

Enfin il est facile de démontrer que, par l'emploi de tenseurs rigides en acier fondu, on pourra franchir des portées 5 ou 6 fois plus grandes que les portées actuellement admises pour les ponts en tôle, puisque la résistance de l'acier fondu est 5 ou 6 fois plus grande que celle du fer.

En combinant ces diverses idées, et en réfléchissant aux voies et moyens d'exécution, on arriverait au programme suivant, que nous proposerions naturellement sous toutes réserves :

1° Franchir les 32 kilomètres qui composent la distance de Calais à Douvres au moyen d'un pont en acier fondu, décomposé en travées de 400 à 500 mètres chacune;

2° Établir ce pont sur des piles en fonte, à montants tubulaires, assemblés à claire-voie, pour ne pas donner prise aux vagues, et suivant un canevas rectangulaire ou hexagonal;

3° Enfoncer les piles dans l'eau au moyen de deux grands navires en fer, solidement reliés l'un à l'autre, et dont la charge même contribuerait à la stabilité;

4° Descendre ces piles, entre les deux navires, en assemblant successivement les étages superposés de chaque pile;

5° Laisser les tubes composant les piles, d'abord vides et bouchés par le bas, pour en diminuer le poids, puis y laisser pénétrer l'eau et remplir l'intérieur avec du béton hydraulique, du granit et des lingots de fonte à la base;

6° Établir progressivement, en partant d'une rive pour arriver à 'autre, et en se guidant sur un phare électrique spécial pour repère, les tenseurs en acier fondu, portés sur des navires couplés, espacés convenablement, et monter les pièces de ces tenseurs au moyen de câbles en fer ordinaires, préalablement tendus d'une pile à l'autre et ancrés au delà;

7° Monter enfin, au moyen de treuils en acier fondu, les parties successives du treillage et du tablier, afin de constituer finalement un pont rigide, composé de tenseurs en acier, d'arcs de soulagement en acier, de treillages diagonaux en fer forgé, reliant les arcs aux tenseurs, et d'une superstructure transversale en poutrelles de tôle, assemblées à leurs extrémités dans deux ceintures ou joues pleines, celles-ci serrant, dans toute leur longueur, les parties moyennes des treillages.

Si ce programme n'est pas immédiatement exécutable pour le Pas-de-Calais, il pourrait l'être pour d'autres bras de mer moins larges, pour le *Bosphore,* qui n'a que 600 mètres, pour les Dardanelles, pour le phare de Messine, pour le détroit de Gibraltar, pour le Douro à Oporto, ou pour tel grand fleuve que l'on voudrait.

La dépense, évaluée par approximation, pourrait être de 160 millions pour le Pas-de-Calais.

En présence des économies considérables que réaliserait une voie de communication permettant de transporter, *sans rompre charge,* les marchandises de l'Angleterre sur le continent, et de là dans le monde entier, on peut dire que ce n'est pas pour une telle somme qu'il faudrait prononcer le mot *impossible.*

Il y a plus, nous croyons que si la dépense pouvait atteindre même un chiffre supérieur à la somme indiquée, il y aurait encore économie commerciale et avantage financier à établir le transport direct.

Paris. — 1er Septembre 1861.

28. Suppression des trottoirs sur les Ponts vicinaux
afin d'utiliser la pleine largeur du tablier pour le passage des voitures.

Il ne passe pas un projet de pont vicinal à l'approbation de l'administration supérieure, sans que la largeur entre les garde-corps ou la largeur entre les trottoirs ne soient l'objet de discussions et de corrections, tendant à obtenir une limite plus ou moins réduite, car les dimensions réglementaires sont toujours trouvées trop dispendieuses par les communes ou par les concessionnaires, et, d'un autre côté, la sécurité du passage exige cependant que l'on ne descende pas au-dessous d'un certain minimum.

Mais est-il bien nécessaire d'avoir des trottoirs sur tous les ponts vicinaux? La question est douteuse, et, en la résolvant par la négative, on la simplifierait beaucoup.

De simples chasse-roues en bois ou en fonte suffiraient parfaitement pour empêcher que les moyeux des roues ne puissent endommager les garde-corps. Les piétons des campagnes ne sont pas tellement distraits ni tellement négligents qu'ils ne puissent pas s'apercevoir si un véhicule vient sur eux pour s'en garer, car la plupart du temps ils passent simplement au milieu du pont, en laissant les trottoirs se couvrir de poussière, d'herbes ou de moisissures, et c'est une dépense bien gratuite que d'élargir le pont de 1 mètre, par exemple, pour créer deux trottoirs de 0ᵐ.50 dont on ne se servira jamais.

En résumé, nous croyons qu'il serait facile, en supprimant complétement les trottoirs, de réduire de 0ᵐ.50, 0ᵐ.75 ou 1 mètre même la largeur réglementaire des divers ponts secondaires. Leur construction serait dégrevée de 10 p. 100, 15 p. 100 ou 20 p. 100; le service n'en serait pas plus mauvais et l'entretien plus simple et moins coûteux.

Nous rappellerons, à cette occasion, une proposition antérieure relative au remplacement des parapets en pierre de taille par des garde-corps en fer ou en fonte. On gagnerait encore par ce moyen 0ᵐ.40 à 0ᵐ.50 de largeur sur chaque côté du pont. En réduisant l'épaisseur totale de l'ouvrage, dans le sens du courant, on économiserait tout à la fois un important cube de maçonnerie, et, quelquefois, de grandes difficultés de fondation.

Paris. — 1er Novembre 1862.

29. Substitution de pans coupés biais aux angles
saillants des culées des ponts.

Une autre amélioration de détail, qui n'a d'ailleurs d'importance que par suite du nombre considérable de fois qu'elle pourrait se répéter, consisterait dans la suppression des coins saillants rectangulaires qui se trouvent ordinairement à droite et à gauche de l'entrée de tous les ponts en pierre.

Ces coins, qui sont des réceptacles d'immondices, causes d'une insalubrité permanente, ont en outre l'inconvénient d'opposer une arête vive au choc des eaux qui se jettent souvent sur les rives au moment des inondations, et dont les remous et les rétrécissements brusques causent alors des dommages très-considérables aux abords des ouvrages d'art ainsi construits.

Il serait bien plus rationnel et aussi plus économique de passer de la largeur courante du profil de la route à la largeur plus réduite du pont, par les deux lignes convergentes à 45 degrés par exemple.

On aurait, tout à la fois, un moindre cube de maçonnerie, et on réduirait le développement de surface parementée, le volume des remblais et la poussée intérieure. Enfin on créerait une sorte de guide incliné pour le mouvement des eaux, venant le long de la berge, pour passer sous la première arche du pont.

Cette mesure serait d'autant plus pratique que les chemins de halage qui passent sous les voûtes de rive ont eux-mêmes, en général, une direction oblique avant et après la rencontre du pont.

C'est une amélioration de détail sur laquelle il est bon d'appeler l'attention des ingénieurs, des agents voyers, et aussi des agents du service de la navigation, et du service spécial des inondations.

Paris. — 1er Février 1863.

30 [1]. Établissement d'un nouveau pont sur la Seine,
à Paris, entre la rue Bellechasse et la rue de la Paix.

Un des projets les plus utiles à exécuter pour l'amélioration et le complément de la viabilité de Paris, serait l'établissement d'un nouveau pont fixe sur la Seine, entre le débouché de la rue Bellechasse (rive gauche) et l'avenue transversale des Tuileries qui conduit à la place Vendôme et de là aux boulevards.

Un passage, surmonté d'une passerelle en fer serait établi sous la terrasse des Tuileries et conduirait dans le centre même du jardin.

Le pont dont il s'agit diviserait en deux parties à peu près égales l'espace compris entre le pont Royal et le pont de la Concorde.

---

(1) Cette proposition était antérieure à l'exécution du Pont de Solférino.

Il établirait une gradation régulière et continue entre les distances successives des différents ponts de Paris, depuis la Cité jusqu'au pont de Grenelle.

Il constituerait le chemin le plus court entre le point le plus animé des boulevards et le quartier le plus désert et le plus silencieux du faubourg Saint-Germain, dont il augmenterait considérablement la valeur locative et immobilière.

Le système à adopter de préférence pour la construction de ce pont serait celui de trois arches en fer forgé avec tympans à treillage américain.

Les piles seraient en pierre et le tablier en tôle ondulée ou en voûteaux de ciment recouverts de béton bitumé ou de lave fusible, afin d'éviter les réparations incessantes auxquelles donnent lieu les tabliers en bois (celui du pont des Arts, par exemple).

Ce système serait bien préférable à celui d'un pont avec arcs en fonte, parce que la fonte exige une bien plus grande masse de métal pour franchir de moindres espaces, et qu'il est impossible d'obtenir par son moyen des épaisseurs à la clef aussi réduites qu'avec du fer forgé.

Le pont pourrait d'ailleurs servir indifféremment à la circulation des piétons ou à celle des voitures, et ne coûterait que la moitié environ du prix d'un pont en pierre.

Paris. — 1er Juin 1858.

IV. — TUNNELS.

31. Tunnel du Pas-de-Calais. — État de la question.

Programme.

L'opinion publique se préoccupe depuis quelque temps d'un projet de tunnel sous-marin à établir entre la France et l'Angleterre, et dont les études ont été faites avec beaucoup de détails géologiques et graphiques par M. Thomé de Gamond, Ingénieur français.

On comprend en effet qu'un passage de ce genre, supprimant les transbordements onéreux qui ont lieu actuellement pour toutes les marchandises qui s'échangent entre l'Angleterre et le continent, réaliserait pour le commerce général une économie considérable, et permettrait, par exemple, à une pièce de machine forgée à Newcastle, d'arriver à pied d'œuvre en France, en Allemagne, en Russie, et au besoin jusqu'à l'extrémité du continent asiatique, sans changer une seule fois de wagon, lorsque les ponts sur le Rhin, les tunnels de la Suisse, et les chemins de fer Russes seront entièrement achevés.

L'économie deviendra plus grande encore lorsque l'abaissement progressif des tarifs douaniers aura doublé ou triplé les transactions entre la Grande-Bretagne et le continent.

Désireux de comparer ce projet avec celui d'un tunnel continu que nous avions étudié nous mêmes, nous nous sommes livrés à un examen attentif de la question, et les conclusions qui nous semblent pouvoir en être tirées sont les suivantes :

Au point de vue technique, le tunnel du Pas-de-Calais paraît possible et réalisable, mais à la condition de faire d'imposants changements au projet de M. Thomé de Gamond.

Les treize îlots artificiels (dont une station avec une grande place centrale elliptique, une rampe en spirale permettant aux wagons de monter à ciel ouvert, etc.) que cet ingénieur veut créer dans le milieu même du détroit, c'est-à-dire dans un des passages les plus orageux et les plus agités des mers occidentales, constitueraient treize écueils pour les navires et treize difficultés inutiles au point de vue de la construction :

Nous regrettons d'être obligé de nous prononcer aussi explicitement sur ce point, mais il est impossible d'admettre que l'on puisse se rendre maître, en pleine mer, des infiltrations torrentielles qui auraient nécessairement lieu dans des puits percés au centre d'îlots artificiels, et dans les tronçons de galerie du tunnel creusés par leur moyen, sans autre débouché pour les eaux et pour les déblais que les puits eux-mêmes.

L'auteur paraît s'être fait illusion sur l'énergie formidable des pressions sous-marines se transmettant par siphonnement à travers les moindres fissures (surtout dans des massifs faits de main d'homme), et allant accompagner les travaux de percement des puits depuis le niveau de l'eau jusqu'à l'arrivée au tunnel, situé à 75 mètres au-dessous du fond de la mer.

La seule manière d'exécuter un tunnel de ce genre avec quelques chances de succès, serait de l'attaquer par les deux bouts à une profondeur suffisante pour que, dès l'origine, on n'ait pas à redouter les infiltrations à travers les terrains ordinaires, et au moyen de deux machines à percer et à déblayer, plus ou moins analogues à celles que l'on applique en ce moment même au percement du tunnel du mont Cenis.

Les eaux seraient retirées aussi par les deux extrémités.

La difficulté principale du travail serait le franchissement des dangereuses couches aquifères qui plongent obliquement sous la côte d'Angleterre, en affleurant le fond de la mer à quelques kilomètres des falaises de Douvres.

Mais en avançant le revêtement du tunnel au fur et à mesure et en traversant au besoin cette partie au moyen d'une série d'anneaux métalliques, on n'aurait à épuiser de chaque côté que les eaux venant d'une seule section transversale ouverte au fond du tunnel, et c'est là une difficulté qu'en définitive on pourrait espérer vaincre avec de l'argent, en employant au besoin des machines à vapeur de plusieurs centaines de chevaux.

Admettons donc la possibilité *technique* du passage, par les voies et moyens que nous venons d'indiquer en peu de mots, et que nous nous réserverions de développer plus complétement s'il y avait lieu.

Il reste à savoir si, industriellement et commercialement, le percement du tunnel dont il s'agit serait une opération fructueuse pour les capitaux engagés.

Nous n'avons pas à nous occuper ici en détail de cette question, mais nous pouvons, sans sortir de notre cadre, citer : 1° le chiffre de la dépense trouvée par M. Thomé de Gamond ; 2° le chiffre que nous supposerions comme une limite inférieure en tout état de cause, et mettre en regard de ces deux chiffres l'intérêt annuel du capital à garantir et à amortir, ainsi que le rendement nécessaire du passage, en vue de cette dépense forcée.

Or la dépense estimée par M. Thomé de Gamond n'est pas inférieure à 500 millions de francs.

Cette somme exigerait, dans les conditions actuelles de l'industrie, une rentrée annuelle de 50 millions environ, c'est-à-dire supérieure de plusieurs millions à la recette brute annuelle du réseau des chemins de fer d'Orléans (46 millions environ).

Il faudrait arriver à couvrir ce chiffre par les produits d'un *péage* perçu sur une longueur de 28 kilomètres seulement.

En admettant que la dépense puisse être réduite à 250 millions au lieu de 500, par des voies et moyens plus efficaces et plus pratiques que ceux de M. Thomé de Gamond, on devrait recevoir encore annuellement 25 millions de péage.

On voit donc qu'à ce point de vue, non moins important que le point de vue de la construction pure, le passage ne pourrait devenir possible qu'à la condition d'une large et généreuse intervention des différents États auxquels profiterait plus ou moins directement l'économie des frais de transbordement actuels entre l'Angleterre et le continent.

Quoi qu'il en soit, le projet de M. Thomé de Gamond paraissant, malgré ses imperfections, plus sérieusement étudié que les divers autres systèmes présentés jusqu'à ce jour, l'administration supérieure a nommé une Commission officielle d'inspecteurs généraux des Ponts et Chaussées et des Mines, et d'ingénieurs hydrographes (MM. Élie de Beaumont, Combes, Mallet, Renaud, Keller) pour étudier la question.

Cette Commission ne se propose provisoirement que de vérifier les assertions de M. Thomé de Gamond, relatives à la nature géologique du terrain noyé sous le Pas-de-Calais, au moyen de deux puits extrêmes et de galeries d'essai, puis de faire des expériences de machines à perforer et à déblayer.

Elle a conclu à la nécessité d'un crédit spécial de 500,000 francs pour ces vérifications, et a émis le vœu que l'Angleterre fût consultée sur la part qu'elle consentirait à prendre dans ces travaux préliminaires.

Paris. — 1er Février 1858.

V. — GARES ET STATIONS. — MARQUISES. — CLOTURES.

39. L'Architecture des chemins de fer.

Les chemins de fer n'ont pas seulement contribué au progrès industriel et commercial des peuples. Ils ont aussi été de puissants instruments de perfectionnement dans la voie architectonique et surtout dans la pratique de la construction.

Dans tous les pays où des chemins de fer ont été établis, les architectes des gares et des stations, tout en se conformant d'une manière générale au style régnant des provinces qu'ils traversaient, ou aux types imposés par la Compagnie se sont appliqués à perfectionner le plus possible des méthodes locales et à en tirer le meilleur parti, soit au point de vue de l'économie, soit au point de vue de la bonne mise en œuvre des matériaux.

De ce fait est née ce qu'on pourrait appeler *l'Architecture des chemins de fer.*

Les stations, qui d'abord avaient imité les constructions locales dans le choix et la disposition de leurs matériaux, sont à leur tour devenues des types et des modèles. Les maisons, qui se sont élevées à leur côté, par raison d'industrie ou pour tout autre motif, ont tiré parti des dispositions d'ensemble ou de détails, des ossatures, des façades et de la décoration.

Dans quelques cas cependant, et sur quelques lignes où un esprit d'uniformité et de centralisation trop absolu l'a emporté, on a établi avec perte d'argent et rupture d'harmonie des constructions conformes à un seul type de façade élaboré dans le bureau central de la ligne. Quand les bâtiments sont tous dans une même province ou dans une même région géologique, cela n'a pas d'inconvénients; mais il en est autrement quand le réseau a une étendue de 400 ou 500 kilomètres. Ce sont alors des fautes de construction en même temps que des fautes d'administration.

Il est évident que les dispositions générales des *plans* de chaque station du même ordre et d'une destination analogue doivent être semblables, puisque le service y est à peu près identique, mais il doit en être autrement des façades, de la nature des matériaux et des détails de l'ornementation.

Ceux qui ne conforment pas le style de leurs édifices aux usages traditionnels, économiques et légitimes des provinces et des vallées qu'ils traversent, ne sont plus architectes, et sont encore moins administrateurs, car tout homme intelligent choisira de préférence la brique, la pierre ou le moellon pour composer les parties essentielles de son bâtiment, suivant qu'il se trouvera dans un pays où l'une ou l'autre de ces matières sera l'élément principal.

De même les détails d'ornementation, les épaisseurs des murs et le système de la construction devraient toujours être des modèles d'architecture locale dans chaque cas particulier.

Bologne. — 1er Avril 1858.

33. Développement des marquises et voies couvertes
dans les Gares secondaires des chemins de fer.

Dans un grand nombre de stations de deuxième et de troisième ordre, il n'existe pas de marquises, ni surtout de voies couvertes pour abriter les voyageurs à leur arrivée ou à leur départ.

En temps de pluie et dans certains pays où il pleut presque la moitié de l'année, on ressent vivement les inconvénients de cet état de choses, et il serait très-désirable d'y porter remède en adoptant des modes de couverture simples et économiques en zinc plein ou avec surfaces vitrées, pour éviter l'obscurité dans les pièces du rez-de-chaussée des gares.

Il se fait aujourd'hui des marquises très-élégantes en fer et en zinc ondulé de 0^m,80, posé sur volige espacée, avec lambrequins en zinc découpé, ne coûtant pas plus de 20 à 25 fr. par mètre superficiel.

On peut exécuter des voies couvertes de 16 mètres de portée, en fer, en zinc et en vitrerie à raison de 30 à 35 fr. le mètre superficiel.

Ce n'est donc pas une dépense bien considérable qu'il s'agirait de faire pour donner aux voyageurs tout le confortable et les soins qu'ils sont en droit d'attendre.

Saint-Étienne. — 1er Octobre 1859.

34. Établissement de stations à toutes les bifurcations
des chemins de fer pour éviter les accidents.

L'accident déplorable qui a eu lieu récemment sur le chemin de fer du Nord, à l'embranchement de la ligne de Soissons, et qui a consisté dans le passage d'un convoi à travers un autre, donne un intérêt spécial à la proposition suivante:

« Établir une station principale ou secondaire à toutes les bifurcations « des chemins de fer, et, en tout cas, y ordonner le ralentissement du « train à la vitesse des manœuvres de gare. »

Il est évident que l'accident dont il s'agit n'aurait pas eu lieu si les deux convois, obligés de traverser la même voie, avaient dû stationner, l'un attendant le passage de l'autre. Les cinq voitures brisées, les nombreuses personnes tuées, et les 30 ou 40 voyageurs contusionnés, se reproduiront encore souvent, non-seulement en France, mais dans tous les pays où il existe des chemins de fer, si l'on n'adopte pas la mesure ci-dessus.

Les arrêts aux embranchements ont d'ailleurs un intérêt particulier pour ceux des voyageurs qui ont à passer directement de l'une des lignes sur l'autre, et pour lesquels il y a perte de temps à se rendre d'abord à une station plus éloignée.

Ainsi les voyageurs qui se rendent directement à Soissons, en venant du Nord, n'ont que faire d'entrer d'abord en gare de Paris, où les manœuvres de gare, le contrôle des billets, les changements de côté dans la station, prennent plus de temps que partout ailleurs. On peut citer aussi, en ce genre, l'embranchement du chemin de fer de Paris à Mulhouse (ligne de Paris à Strasbourg), qui est trop éloigné de la station de Noisy-le-Sec.

Enfin, à défaut de gare, nous le répétons, il serait indispensable que les trains *express* et les trains *directs* fussent forcés, comme les autres, à s'arrêter aux embranchements. Cet état de choses existe sur le chemin de fer de l'Est où l'express s'arrête en faisant trois sifflements avant la station de Noisy, jusqu'à ce que le disque soit tourné; mais sur le chemin de fer du Nord on « brûle les embranchements, » et c'est précisément à cause de cela que l'accident est arrivé.

Paris. — 1er Novembre 1861.

35. Suppression des clôtures courantes
sur les Chemins de fer.

La nécessité d'établir et d'entretenir des clôtures le long de tous les chemins de fer français constitue une grande sujétion pour les compagnies, sans aucun avantage sérieux pour le public.

En définitive, on sait bien que ce ne sont pas les minces et fragiles barrières tolérées actuellement et presque toujours mal entretenues, qui empêcheront les hommes ou les animaux de traverser la voie.

En Amérique, en Espagne et dans beaucoup d'autres pays on a jugé avec raison, que les chemins de fer pouvaient se passer de ces sortes de lisières, qui augmentent les charges et frais de premier établissement, déjà trop onéreux sur toutes nos lignes.

Si, par hasard, quelques bestiaux viennent à se trouver sur le passage d'un convoi, l'expérience a démontré que jamais le train ne déraillait pour ce fait, mais que l'animal, rejeté de côté, ou coupé en deux par les roues, était toujours la seule victime de l'accident. Or une tête de bétail ne coûte que quelques centaines de francs au plus, et les clôtures coûtent des centaines de mille francs.

D'ailleurs, très-généralement, la ligne est en remblai ou en déblai d'au moins 50 centimètres, ce qui suffit pour empêcher un passage trop facile.

Si l'on objecte que les barrières ont surtout pour but de délimiter nettement la propriété du chemin de fer, une simple rigole, faite à la charrue, suffirait pour établir une démarcation apparente.

Paris. — 1er Octobre 1860.

VI. — ROUTES ET CHEMINS VICINAUX.

36. Les routes en empierrement sur fond de sable.

On a établi avec succès, dans plusieurs Départements et notamment en Algérie, des routes en empierrement sur fond de sable de $0^m.20$ environ d'épaisseur.

La couche d'empierrement superposée à ce lit de sable présente une épaisseur de $0^m.15$ environ.

Pour qu'une telle route réussisse bien, il faut que le sable soit emprisonné dans une forme, limitée aux deux côtés de la route par des banquettes en terre ou par des trottoirs. Sans cela les eaux pourraient en entraîner une partie, et des tassements inégaux (flaches) pourraient se produire sur les côtés de la chaussée.

Mais quand le sable est bien enfermé entre l'empierrement, le sous-sol et les deux côtés du chemin, il forme une base excellente qui répartit la pression des roues et du pied des chevaux *coniquement* sur une assez grande surface, et l'on a constaté que l'usure de ce genre de chaussée était beaucoup moins rapide, et leur entretien moins onéreux que celui des routes à empierrement directement posé sur un sol peu résistant.

Melun. — 1er Septembre 1858.

37. Création de Routes agricoles aux frais de l'État
dans les Départements les moins favorisés.

La première et la plus importante amélioration à introduire dans certains départements serait l'établissement de *Routes agricoles* qui puissent, tout à la fois, faciliter l'exportation des produits du sol, l'importation des engrais et amendements, les relations entre les différentes localités et les chefs-lieux d'Arrondissement, et l'assainissement général du pays par les fossés latéraux des routes et par les plantations et les assainissements qui devraient en être le complément.

Déjà, dans les landes de la Gascogne, un *réseau des Routes agricoles* a été décrété par l'État, et sera exécuté concurremment par lui et par la Compagnie du chemin de fer du Midi.

Le Loiret (Sologne), la Vendée, le Finistère, les Hautes-Alpes, la Creuse, l'Aveyron, le Cantal, et plusieurs autres Départements mériteraient des encouragements analogues.

Le programme publié par l'Empereur le 5 Janvier dernier mentionne, au premier rang des travaux d'utilité publique, l'extension et l'achèvement des voies de communication. C'est assez dire que les projets du genre de ceux dont nous parlons trouveraient, de la part de l'État, un concours plus favorable qu'en toute autre circonstance, et l'on ne saurait trop appeler l'attention sur des mesures qui sont le point de départ indispensable de tout progrès ultérieur dans un grand nombre de localités.

. Paris. — 1er Mars 1860.

38. Adoption du mode des marchés à forfait
pour les Constructions municipales et vicinales.

L'exécution des travaux du service vicinal suivant des *Types uniformes,* bien étudiés et leur entreprise à forfait, de gré à gré, par des constructeurs spéciaux, agissant à la fois pour plusieurs départements voisins, serait la solution la plus rationnelle et la plus efficace pour arriver au maximum d'économie et de rapidité dans les travaux, au meilleur aspect possible, et à la plus grande garantie de sécurité.

Nous n'ignorons pas que les règlements actuels du service vicinal prescrivent de préférence l'entreprise sur séries de prix, d'après des plans et devis variables suivant les départements, et en adoptant le mode de l'adjudication publique au rabais.

Ce mode éloigne beaucoup de constructeurs spéciaux qui pourraient rendre les plus grands services au développement des formes et des solutions nouvelles, à l'adoption des systèmes nouveaux, souvent brevetés, ou *propriétés d'auteur,* qui évidemment ne peuvent donner lieu à adjudication publique, puisque le système n'est pas dans le domaine public.

Le mode d'adjudication sur séries de prix a d'ailleurs, en outre, les inconvénients bien connus d'encourager certains entrepreneurs à augmenter inutilement les dimensions essentielles ou les travaux supplémentaires. Il conduit aussi souvent à donner aveuglément la préférence à des personnes dont la solvabilité est douteuse, et qui ne peuvent achever les travaux sans mise en régie onéreuse pour l'Administration.

Pour concilier le bien des travaux avec ce que les règlements actuels peuvent avoir de trop absolu, le meilleur parti à prendre serait de diviser les entreprises, en en donnant une première partie, soit les fouilles,

les terrassements, et quelquefois les maçonneries des ponts, par exemple, à l'adjudication sur séries de prix, puis de conclure des marchés à forfait et de gré à gré pour les superstructures en fer ou en charpente, pour les bâtiments, et en général pour toutes les parties où les constructeurs spéciaux donneront le meilleur travail.

Des exemples récents de ce mode de procéder ont été approuvés par l'Administration, et il serait à désirer qu'il devienne la règle générale.

Mieux encore serait d'autoriser d'une manière formelle et explicite les marchés à forfait pour toutes les constructions conformes à des types bien arrêtés d'avance, et présentés dans leur ensemble avec épreuves préalables et garanties suivant les formalités ordinaires.

Fontainebleau. — 1er Août 1859.

39. Établissement de trottoirs de refuge au croisement
des principales Voies de communication dans les grandes villes.

Il existe à Londres, à la traversée des places et des carrefours les plus fréquentés, des points de refuge intermédiaires (*Crossings*) autour desquels tournent les voitures et où les piutons peuvent trouver un abri en attendant l'occasion favorable pour franchir le reste de la chaussée.

En présence des 46,000 voitures de tout genre et des 56,000 chevaux qui existent en ce moment dans Paris, on ne saurait trop recommander l'adoption de ces trottoirs intermédiaires qui, décorés au moyen de candélabres, de bancs, et au besoin de statues ou de fontaines, pourraient contribuer, pour leur part, à l'embellissement et à la sécurité de la viabilité de toutes les grandes villes.

Paris. — 1er Septembre 1860.

40. Achèvement du réseau des routes ordinaires
en Algérie.

En même temps que l'on s'occupe de l'achèvement des premiers chemins de fer en Algérie, il serait *indispensable* de songer aussi à la création des routes et chemins vicinaux destinés à pénétrer plus avant dans l'intérieur des régions agricoles.

La difficulté des transports immédiats, du lieu de production au marché, et du marché à l'entrepôt, est la principale cause du renchérissement des denrées.

Déjà les routes d'Alger à Laghouat, d'Oran à Tlemcen, de Stora à Biskra, toutes trois perpendiculaires à la mer, ont été ouvertes sur la totalité de leur longueur, à peu près; mais on ne saurait les laisser inachevées: elles réclament des crédits extraordinaires pour être mises promptement en état de rendre des services.

Il en est de même de la route d'Alger à Constantine par Sétif, laquelle n'est qu'ébauchée entre Constantine et Sétif. Il est indispensable de l'achever, car elle enceindra la Kabylie, traversera de fertiles contrées et réunira des chefs-lieux entre lesquels il n'y a de communication possible aujourd'hui que par mer.

Enfin, des chemins vicinaux et des chemins de grande communication seraient à établir, entre les points principaux des routes dont il s'agit plus haut, et toutes les localités secondaires qui en seraient plus ou moins éloignées.

Paris. — 1er Juin 1860.

41. Création d'un réseau de routes dans le Monténégro.

Si l'on veut civiliser le Monténégro (Provinces Danubiennes), il faut y établir, avant toute autre chose, un réseau de routes, et y organiser un service régulier de transports et de dépêches.

On sait l'effet produit par les routes stratégiques de la Vendée et les routes forestières de la Corse. Il y a là un enseignement à étudier et un exemple à suivre.

Paris. — 1er Novembre 1858.

42. Création d'un réseau de routes dans le Caucase.

La même observation est à faire pour le Caucase.

Si la Russie veut éviter les frais annuels d'une guerre onéreuse, qu'elle emploie à faire les chemins de grande communication les sommes qu'elle dépense pour l'entretien de ses soldats ; qu'elle occupe ces soldats eux-mêmes à frayer des routes au lieu de tuer des hommes, à porter la vie dans les belles vallées de la Circassie et de l'Arménie, au lieu d'y porter la mort. Elle recueillerait bientôt les fruits de ces mesures plus conformes à l'intelligence moderne, et elle aurait, du même coup, diminué ses dépenses militaires, et augmenté ses ressources commerciales et agricoles.

Paris. — 1er Novembre 1858.

43. Moyen d'empêcher le ravinement des Talus
et gazonnements, pendant la construction des travaux publics.

Toute personne qui a visité, quelque temps après un orage, un chemin de fer en construction ou un talus récemment planté, a pu remarquer les dégâts que peut causer l'afflux désordonné des eaux sur des ouvrages de ce genre. Les ravins suivis d'éboulements qui en résultent ont souvent $0^m.50$, $0^m.60$ et quelquefois 1 mètre de profondeur.

Sans doute il est difficile de se prémunir entièrement contre les intempéries de l'air. Ces travaux d'une surface toujours considérable, par leur récente exécution même, manquent entièrement de stabilité ; mais on peut, tout au moins, circonscrire ou réduire le mal à son moindre effet possible. Parmi les moyens à proposer à cet effet, nous avons vu employer avec succès le procédé suivant :

Tout le long de la crête des talus à protéger on établit un petit remblai de 0^m.30 de hauteur, et l'on interrompt cette levée de terre de 10 en 10 mètres par des ouvertures, formant déversoir, à partir desquelles on pose sur le talus des planches, ou une série de tuiles creuses, en se contentant ainsi de rendre les ravinements plus réguliers et plus faciles à réparer.

C'est surtout lors de la plantation des gazons que cette mesure peut être utile, car il y a quelquefois des surfaces énormes entièrement enlevées par la pluie, et ces surfaces sont payées très-cher quand le gazon est rare dans les environs.

Il est certainement plus économique, en ce cas, d'avoir à prévenir le mal que d'avoir à le réparer, et les accidents de ce genre sont presque inévitables dans la saison du printemps, où se font, en général, les gazonnements et les plantations.

Paris. — 1er Juillet 1863.

—————

VII. — CANAUX ET NAVIGATION MARITIME.

44[1]. Programme pour le percement de l'Isthme de Suez.

La dépense relative au percement de l'isthme de Suez a été évaluée par M. Ferdinand DE LESSEPS à la somme totale de 200 millions environ.

Partant de ce chiffre, M. DE LESSEPS a calculé, en s'appuyant sur une statistique approximative du trafic entre l'Europe, les Indes, la Chine et l'Australie, que les intérêts et l'amortissement du capital seraient suffisamment couverts par les produits du péage du canal.

C'est le côté financier de la question. Nous n'avons pas à nous en occuper pour le moment.

Mais ce qui aura certainement frappé tous les ingénieurs, dans l'étude de l'ensemble des projets présentés pour l'exécution de ce grand œuvre de l'industrie moderne, c'est l'absence presque complète de propositions concernant les *voies et moyens techniques* proprement dits.

Nulle part il n'a été question de machines ou d'appareils spéciaux pour accélérer le travail et remédier à l'insalubrité dangereuse du climat.

---

(1) Cette proposition est antérieure à l'organisation de l'Entreprise générale du canal. Il y a eu concordance sur beaucoup de points entre nos idées et celles qui ont été appliquées en exécution.

Très-peu de combinaisons efficaces ont été mises en avant pour réduire à un minimum la dépense en argent et en vies humaines, pour améliorer le plus possible la position faite aux Capitaux engagés.

Toute la question est là, cependant. Quand on ne peut pas compter économiquement sur la main de l'homme, on est naturellement conduit à employer les machines.

Si, avec une dépense de 200 millions, le percement de l'isthme est une opération avantageuse et offre des chances de réussite, il est évident qu'il sera deux fois plus avantageux et, par suite, aura deux fois plus de certitude d'être exécuté prochainement, si la dépense est réduite du tiers ou de la moitié.

Ne serait-il donc pas bien désirable que tous les ingénieurs qui se sont déjà occupés de cette importante question y revinssent encore, non plus pour discuter les avantages généraux de tel ou tel tracé, mais pour imaginer des appareils destinés à vaincre les difficultés naturelles et matérielles du travail ?

Nous ne voudrions prendre aucune initiative dans une question aussi délicate, et cependant il faut bien que les idées se fixent sur les principaux points à examiner.

Nous proposerions donc d'appeler l'attention de tous les inventeurs et constructeurs sur la solution des dix questions suivantes :

1° Projeter un grand appareil de terrassement, pour travailler dans une terre sèche, sableuse et argileuse, sans parties résistantes et qui soit disposé de manière à fonctionner et à s'avancer par l'action de la vapeur seule, sans demander à l'homme aucun autre effort qu'un travail de direction facile et peu fatigant.

L'appareil pourrait comprendre, par exemple, un bâti roulant à treillage américain, portant les moteurs. Ceux-ci agiraient sur des pelloirs ou hottes de dragage découpant et détachant la terre pour l'élever verticalement ; puis deux plans inclinés, mobiles, disposés en sens inverse à partir de l'axe du canal, et exécutés en tôle articulée, reprendraient la terre élevée par les hottes ou pelloirs, pour la transporter latéralement et la rejeter à droite et à gauche sur les digues ou talus de dépôt.

2° Projeter un deuxième appareil de dragage devant fonctionner au-dessus d'un terrain marécageux et à demi noyé sous l'eau, pour les parties du canal où l'on trouvera l'eau à une petite profondeur sous la surface du sol.

3° Établir, pour la partie entièrement couverte par la Méditerranée, et pour l'approfondissement de certaines parties des ports extrêmes, un système spécial de dragues qu'on pourrait appeler *dragues sous-marines*, et dans lesquelles on se proposerait pour but d'enlever seulement la terre à une petite hauteur au-dessus du fond de l'eau, pour la transporter ensuite au lieu de décharge *sous l'eau même*, afin de ne pas faire monter inutilement au-dessus de la surface une quantité considérable de sable ou de gravier que l'on serait obligé de faire retomber ensuite à droite ou à gauche du canal, aux lieux désignés pour les dépôts, après y avoir perdu beaucoup de temps et de charbon. Des balises à pavillons et des pieux à vis pourront servir de repères et tracer la marche à suivre sous les eaux. Les mêmes dragues sous-marines pourraient ensuite servir au *curage permanent* et à l'entretien de la profondeur voulue dans le canal et dans les deux ports extrêmes, une fois livrés à la circulation.

4° Organiser un service régulier et accéléré de transports, au moyen d'une voie ferrée économique mobile, parcourue par de petites locomotives de service de huit à dix chevaux. L'appliquer surtout au transport des hommes et du charbon, à l'approvisionnement d'eau potable et d'aliments salubres et surveillés.

5° Établir un télégraphe électrique de service, destiné à faire communiquer ensemble tous les ateliers et chantiers de l'entreprise, et à transmettre instantanément les ordres de la direction générale sur tous les points où il y aura lieu.

6° Ouvrir les travaux sur plusieurs points à la fois, afin que chaque appareil n'ait que peu de kilomètres à creuser. Approfondir et élargir successivement la section du canal, comme cela a lieu dans le percement des tunnels, et prévoir, par exemple, trois sections successives, qui seraient substituées l'une à l'autre, au fur et à mesure de l'avancement des travaux.

7° Installer des abris légers, économiques et hygiéniques, où les hommes, groupés par petits nombres réunis, puissent se reposer à l'ombre et à l'abri des insectes et des vents du désert.

8° Appliquer la force de la vapeur au rafraîchissement de l'eau, au moyen d'alcarazas rotatifs et cylindriques de grande dimension, où l'évaporation serait accélérée à la fois par la force centrifuge du liquide, suintant à travers les pores du vase, et par le courant d'air produit au moyen d'une rotation très-rapide. De cette manière les hommes et les animaux employés aux travaux et au transport des matériaux, trouveraient toujours en abondance de l'eau fraîche pour se désaltérer, et de l'air en mouvement pour reprendre haleine.

9° Organiser le service de santé de la manière la plus parfaite possible en résumant toutes les expériences acquises à cet égard sur les principaux chantiers de travaux publics, au Camp de Chalons, et dans la dernière campagne de Crimée.

10° Enfin concentrer tout le commandement dans une seule main, et organiser la discipline par un règlement très-sévère, de manière à ce que chaque chef et chaque ouvrier ait sa tâche nettement définie, et à ce que toute insubordination soit rigoureusement et immédiatement réprimée.

11° On pourrait comprendre aussi, dans l'organisation du personnel, la distribution de récompenses pécuniaires et de pensions de retraite aux agents qui se seraient le plus distingués par leur zèle et leur bonne volonté.

12° On pourrait enfin frapper une médaille commémorative spéciale, à laquelle auraient droit tous ceux qui auraient pris part à l'entreprise sur le terrain, et qui lui seraient restés fidèles depuis l'ouverture des chantiers jusqu'à l'inauguration du canal.

Tels sont, en résumé, les principaux points qui paraissent pouvoir être prévus dès à présent.

Paris. — 1er Janvier 1858.

45. Percement de l'Isthme de Panama.

Une autre entreprise, d'un ordre tout à fait analogue, va appeler sur elle l'attention du monde industriel :

C'est le percement de l'isthme de Panama, ou plutôt la coupure de l'Amérique centrale par un canal maritime destiné aux navires de tout tonnage, qui leur permettrait, en évitant l'immense circuit du cap Horn, d'arriver directement de l'océan Atlantique à l'océan Pacifique. Ce que l'ouverture du canal de Suez est appelée à faire pour la navigation par le cap de Bonne-Espérance, l'établissement du canal maritime à travers le continent de l'Amérique le fera pour la navigation de l'Océan Pacifique.

Nous allons essayer de faire connaître l'état de la question et les différents projets présentés successivement pour mener cette entreprise à bonne fin :

HISTORIQUE. — *Projet de* FERNAND CORTEZ, 1528.

La première idée du percement de l'isthme de Panama est, en quelque sorte, contemporaine de la découverte de l'Amérique elle-même.

Le conquérant du Mexique, FERNAND CORTEZ, avait à peine fait la découverte de l'océan Pacifique, qu'il fut frappe de la possibi-ité et de l'utilité d'une communication entre les deux mers. Il espéra longtemps que cette communication aurait été créée par la nature, et la fit chercher depuis la frontière du Mexique, à Tehuantepec. jusqu'à Panama. L'inutilité de ces recherches ayant été reconnue, l'illustre navigateur s'occupa, dès lors, des moyens de réaliser artificiellement une communication maritime à travers l'isthme.

En 1528. dix ans à peine après la prise de Mexico, CORTEZ adressait au roi d'Espagne le premier plan qui ait été conçu sur cette matière, et qui devait en provoquer depuis tant d'autres.

C'est au fond du Mexique, à Tehuantepec, qu'il avait songé à établir la voie de communication maritime : l'Espagne, malheureusement, prêta peu d'attention à ses vues, et négligea de même les autres projets qui lui furent adressés pendant trois siècles consécutifs, sur un objet qui se liait intimement à ses intérêts les plus puissants.

Expédition anglaise de NELSON, 1780.

En 1780, une expédition anglaise dirigée par un jeune officier qui devait être plus tard l'amiral NELSON, entrait dans les eaux du fleuve Saint-Jean pour réprimer une insurrection suscitée, dit-on, par une femme, l'aïeule du général MARTINEZ, aujourd'hui Président de la République de Nicaragua. L'Angleterre s'occupa, à cette occasion, de la question du percement de l'isthme, et le ministre PITT l'avait comprise dans ses plans généraux pour l'agrandissement politique et commercial de l'Angleterre.

Tracés de M. DE HUMBOLDT *en* 1804.

Malgré les efforts des ingénieurs Espagnols et Anglais, les projets conçus jusqu'à l'origine de notre siècle n'avaient pas cependant réuni la précision d'études nécessaires pour un travail de ce genre. C'est en 1804 que les conditions rigoureuses de la solution de ce problème scientifique furent posées par M. DE HUMBOLDT, qui, après son mémorable voyage à travers les Cordillères, fit connaître le résultat de ses observations (*Essai politique sur la Nouvelle-Espagne*), et présenta cinq projets différents pour la coupure du continent américain.

En se prononçant de préférence pour le vaste bassin que présente le lac de Nicaragua, M. DE HUMBOLDT avait touché juste. Les travaux plus récents ont confirmé l'exactitude de ses vues.

*Projet d'*ANTONIO DE LA CERDA, 1821.

En 1821, une révolution politique s'accomplit dans l'Amérique Centrale, qui se détacha de la monarchie espagnole, et conquit son indépendance, qu'elle a toujours conservé depuis.

En 1823, la première assemblée constituante du Nicaragua était à peine réunie, qu'un des membres de cette assemblée, don ANTONIO DE LA CERDA, prit l'initiative d'une proposition tendant à faire décréter la coupure de l'isthme.

En même temps plusieurs compagnies américaines se présentèrent pour l'exécution des travaux. Leurs propositions ayant été accueillies, le gouvernement local, au mois de Juin 1825, fit connaître les principes sur lesquels la concession devait reposer, et, le 14 Juin 1826, une Société de New-York, sous la direction de M PALMER, obtint le premier traité qui ait été consenti à cet égard avec le gouvernement américain. Malheureusement cette Compagnie échoua, et la position redevint libre.

Projet de GUILLAUME I", *roi de Hollande,* 1828.

Deux ans après, le roi de Hollande GUILLAUME I", l'un des hommes les plus instruits de son temps, en même temps qu'un des souverains les plus riches de l'Europe et à qui la Hollande doit de nombreuses créations de premier ordre, prit l'initiative de cette entreprise dont il avait calculé tous les résultats, et n'hésita pas à consacrer une partie de sa fortune à cette œuvre exceptionnelle.

Un plénipotentiaire, le général Nerveer, fut envoyé spécialement à Guatémala pour traiter des conditions de l'entreprise ; mais la révolution de 1830, qui éclata à Bruxelles, et amena la disjonction de la Belgique et du royaume des Pays-Bas, absorba bientôt toute l'attention du roi, dont les préoccupations politiques durent l'emporter sur ses projets d'entreprises financières à l'étranger.

Projet du prince Louis-Napoléon Bonaparte, *1846.*

L'Europe avait de nouveau oublié la question, et aucune des combinaisons pour la résoudre ne paraissait pouvoir aboutir, lorsqu'elle eut en Angleterre et en France un retentissement et une popularité inattendus.

Un projet complet et approfondi parut à Londres en 1846 : c'était le travail le plus remarquable que ce grand intérêt social eût encore inspiré. L'auteur de cette brochure était le prince Louis-Napoléon, le captif de Ham, celui qui devait être plus tard Napoléon III.

En créant le canal maritime de Nicaragua, l'auteur proposait en même temps de fonder dans l'Amérique Centrale une grande puissance maritime et indépendante. Il songeait à créer la Constantinople future du Nouveau-Monde sur un point du littoral placé entre les deux grands lacs de Nicaragua et de Managua, qu'il appelait avec raison « deux grands havres naturels. »

Projet de M. Napoléon Garella, *1842.*

A la même époque où l'Amérique Centrale commençait à se préoccuper du projet du prince Louis-Napoléon, M. Guizot, Ministre des Affaires Étrangères, confia à un ingénieur français, M. Garella, le soin d'étudier la même question. Le projet de M. Garella diffère complétement de celui du prince Louis-Napoléon. Il renonce aux facilités du passage par les lacs, et propose de creuser le canal tout entier de main d'homme, dans le point le plus rétréci de l'isthme, près de Panama, en franchissant directement les Cordillères, qui présentent en ce point 140 mètres de hauteur.

Projet Louis-Napoléon *modifié, 1858.*

Douze ans s'étaient passés depuis la publication de M. Garella, lorsqu'un ingénieur français, M. Félix Belly, reprit sur les lieux ce projet, en suivant les idées émises par le prince Louis-Napoléon.

Une convention solennelle intervint en juillet 1858, sous le nom de *Convention de Rivas,* entre la Compagnie française, représentée par

M. Félix Belly, et les deux présidents de *Costarica* et de *Nicaragua*, MM. Morra et Martinez.

L'ingénieur de la Compagnie, M. Thomé de Gamond, donna un corps précis au projet modifié.

Le projet adopté par la Compagnie Belly ne diffère de celui du prince Louis-Napoléon que par le franchissement direct de la partie qui sépare le lac de Nicaragua de l'océan Atlantique au moyen d'un canal coudé, présentant dans sa partie déclive, vers l'océan Pacifique, six écluses superposées, au lieu de prendre le tracé par le lac de Managua, et de franchir ensuite la partie qui sépare ce lac de la mer.

Des terrains considérables et d'une grande fertilité seraient concédés à la Compagnie, indépendamment du droit de perception d'un péage pour la navigation du canal.

Enfin, en ce qui concerne les prix de revient, la Compagnie espère que 120 millions et quatre années pourront suffire pour l'exécution de l'ensemble du projet.

Nous ne pouvons que souhaiter à ce dernier projet les meilleures chances possibles. Il a été consciencieusement étudié, et, sauf certaines parties dont l'exécution paraît difficile, il constituerait aussi, jusqu'à présent, une solution relativement économique.

Paris. — 1er Janvier 1859.

VIII. — NAVIGATION INTÉRIEURE. — CANAUX ET RIVIÈRES.

46. Achèvement du réseau des canaux Français
et Européens.

En présence de la concurrence tous les jours plus active que les chemins de fer font à la navigation intérieure, il est de la plus haute importance de rechercher tous les moyens possibles d'améliorer la condition faite aux voies navigables.

Le premier besoin de tous est l'établissement d'un réseau de canaux assez complet pour que l'on puisse passer d'un point quelconque du pays à un autre, sans jamais effectuer de transbordement onéreux, sans jamais sortir des conditions d'une navigation facile et régulière.

Il est évident que, du jour où l'ensemble du réseau des voies navigables sera aussi continu que l'est actuellement le réseau des chemins de fer, il y aura un grand pas de fait dans la voie du progrès des transports par eau, et que les tarifs différentiels, l'unification progressive du matériel, l'application de la vapeur aux véhicules flottants, la suppression graduelle des entraves administratives, seront les conséquences forcées de la fusion des différentes lignes entre elles.

C'est ce qui nous conduit aujourd'hui à enregistrer ceux des vœux des Conseils généraux qui tendent à ce but éminemment désirable.

Le Conseil général de la Meuse renouvelle les vœux :

1° De voir, dans un avenir prochain, s'exécuter le projet d'établissement du canal des Houillères et de la Sarre (Meuse, Haute-Marne et Bas-Rhin);

2° De voir se terminer le canal de l'Aisne à la Marne ;

3° Que le gouvernement fixe son attention sur l'état d'impasse du canal de la Marne au Rhin à Cunières, et que, pour remédier à cet état de choses, il veuille bien affecter 10 millions de francs à l'amélioration de la Marne, afin que les bateaux du canal puissent arriver sans transbordement à Paris.

Haut Rhin. Le Conseil émet les vœux :

1° Que le gouvernement ordonne la construction immédiate du canal d'embranchement devant relier le canal de la Marne au Rhin à Saarbruck ;

2° Que la construction d'un canal d'embranchement de Colmar à celui du Rhône au Rhin, vers Neuf Brisach, soit ordonnée simultanément avec celle du canal d'embranchement de la Sarre.

Drôme. Le Conseil renouvelle le vœu que le gouvernement prenne promptement tous les moyens nécessaires pour venir en aide à la batellerie du Rhône, notamment en faisant exécuter le canal Saint-Louis, destiné à relier le Rhône, au-dessus de ses embouchures, avec la mer Méditerranée.

Hérault. Le Conseil réitère le vœu, constamment émis dans ses précédentes sessions, pour la jonction du canal des Étangs; et il espère que l'Administration, qui est nantie du projet, n'en ajournera pas la réalisation.

Loire. Le Conseil général appuie le vœu du Conseil d'arrondissement de Roanne, tendant à ce que le canal de Roanne à Digoin soit relié au chemin de fer.

Allier. Le Conseil exprime le vœu que le bassin du commerce, à Montluçon (canal du Berri), soit agrandi, et mis en rapport convenable avec la gare du chemin de fer en exécution.

Paris. — 1er Novembre 1859.

47. Unification du Réseau des canaux Français
*et de leur matériel fixe et mobile, pour obtenir l'économie
de la construction et des transports.*

Depuis longtemps on s'occupe des moyens de mettre la navigation intérieure en mesure de lutter contre la concurrence des chemins de fer. Bien des projets partiels ont été proposés par les Conseils généraux pour arriver à compléter le réseau des canaux et pour obtenir des abaissements de tarifs par la fusion des Compagnies et par l'unification de leur matériel.

Il ne nous appartient pas de discuter ici le côté purement financier de la question; mais, au point de vue technique, elle a déjà bien assez d'importance pour prendre place au premier rang parmi celles que les constructeurs peuvent chercher à résoudre, et nous ne croyons pouvoir mieux faire, que d'appeler l'attention de nos lecteurs sur un sujet dont dépend l'économie des bois, des fers, des charbons, des matériaux de construction, et de presque toutes les matières premières de l'industrie moderne.

Le programme du 5 janvier 1861, dans lequel l'Empereur prescrivait, sur toutes choses, le prompt achèvement des voies de communication, conduit tout d'abord à mettre en état de service régulier la grande ligne de la Seine au Rhône, par l'Yonne et la Saône, et à relier ainsi le Havre à Marseille.

D'un autre côté, la jonction de la mer de Nantes avec le Rhône, par le prolongement du canal latéral à la Loire, de Combleux (près d'Orléans) à Angers, est aussi de première nécessité.

Ceci pour le fait général de l'achèvement du réseau. Mais ce n'est pas tout; une fois le réseau achevé, il faudrait qu'il n'existât plus, entre les diverses Compagnies qui se partagent actuellement les services de la navigation intérieure, ces rivalités fâcheuses, et ces différences de matériel, de longueurs et de largeurs d'écluses, de règlements d'exploitation, de péages variables, etc., qui sont un perpétuel obstacle au parcours rapide du réseau.

Faut-il que l'État rachète les fermes ou priviléges de tous les canaux, pour arriver au parcours gratuit comme sur les routes? Faut-il qu'une seule Compagnie centralise tous les services, comme la Compagnie des Messageries Impériales le fait pour certains parcours sur mer? Faut-il simplement imposer aux Compagnies (moyennant des indemnités et des compensations fixées par une sorte d'expropriation pour cause d'utilité publique), la renonciation à tout ce qui n'est pas uniforme, la suppression de tout ce qui n'est pas rationnel dans le mode présent?

Nous le répétons, nous ne voulons aujourd'hui que poser la question; mais, entre ces trois modes, il faut que l'avenir se prononce.

Il est évident que le seul moyen d'obtenir une économie réelle dans les transports des canaux, c'est d'en réduire les frais de construction et d'exploitation. Or la solution de ces divers problèmes n'est que dans l'*unification* telle que nous l'avons fait entrevoir. Il faut qu'un même bateau puisse se rendre d'un point quelconque du réseau à un autre, avec la même facilité qu'un wagon sur un chemin de fer. Alors seulement ils pourront faire, à leur tour, concurrence aux chemins de fer, et une concurrence d'autant plus avantageuse que la navigation à vapeur y sera établie avec de moindres frais de traction.

Paris. — 1er Janvier 1862.

48. Application de la vapeur à l'ouverture
et à la fermeture des ponts tournants.

Qui n'a été frappé bien des fois, en passant auprès d'un pont tournant quelconque, des ennuis et de la gêne qui résultent pour le public de la fréquente interruption du passage, et de la lenteur avec laquelle les manœuvres d'ouverture ou de fermeture sont généralement exécutées?

Les anciens ponts du canal Saint-Martin, à Paris, causaient du matin au soir des embarras de voitures sur les quais et des pertes de temps préjudiciables aux voyageurs.

Si l'on appliquait à la mise en mouvement de ce genre de ponts de petites machines à vapeur fixes ou locomobiles de deux ou trois chevaux, on obtiendrait évidemment une grande amélioration dans le service.

La même observation peut s'appliquer à tous les principaux ponts tournants des ports de mer, par exemple au pont tournant de la Joliette à Marseille, à celui du bassin de l'Eure au Havre, à celui du bassin à flot de Morlaix, à ceux du canal de Caen à la mer, etc.

Nous appelons l'attention des Ingénieurs des ports de mer et de la viabilité urbaine sur ce détail qui peut avoir son utilité.

C'est tout à la fois un progrès à réaliser au point de vue de la navigation, et un service à rendre au public.

Paris. — 1er Avril 1858.

49. Adoption d'un système combiné de digues
longitudinales et de digues transversales pour contenir et régulariser
les inondations.

On a déjà oublié, au moins dans le public, les désastres produits par les inondations de 1856, et les nombreux moyens proposés à cette époque pour y remédier de la manière la plus efficace.

Nous rappellerons, de temps en temps, qu'il est *urgent* de s'opposer d'avance à de nouveaux ravages des cours d'eau par des moyens préventifs énergiques, et nous citerons comme mesures indispensables :

1° Un système complet et raisonné de digues longitudinales, suivant parallèlement les principales sinuosités du *Thalweg*, et convenablement défendues et surhaussées dans les *coudes* et concavités où les eaux tendent à se jeter avec le plus de violence en temps de crue;

2° Par une série de digues transversales, venant *recouper* et *dépasser* les premières à angle droit, suivant les courbes horizontales du terrain de la vallée, de manière à former une série successive de *bassins de réserve* et de retenue, pouvant emmagasiner pendant un certain temps les eaux excédantes, et les rendre à l'aval, à leur lit naturel, par l'ouverture d'écluses ou de *vannes de décharge automobiles*, servant de régulateurs naturels aux trop-pleins accumulés.

Tous les autres moyens, tels que les *reboisements*, les *gazonnements*, les *fascinages*, les *oseraies* doivent être employés en même temps, mais les digues, soit submersibles, soit insubmersibles, *seront .toujours* de première nécessité, et on n'obtiendra pas, de bien longtemps, d'effet sensible par les moyens agricoles seulement.

Orléans. — 1er Avril 1858.

50. Organisation d'un service régulier de transmission
des Dépêches en temps de crue dans les vallées des principaux fleuves.

L'électricité a déjà été appliquée avec succès à l'établissement de la sécurité sur les chemins de fer.

Nous citerons notamment le nouveau système d'avertisseurs proposé par M. Manqvoy, et les timbres d'arrivée et de départ qui sont installés depuis nombre d'années déjà, sur les principaux chemins de fer d'Allemagne et de Suisse pour prévenir les agents de surveillance des stations des heures réelles de l'arrivée et du départ des convois, du nombre des wagons, etc.

Il serait utile d'appliquer un semblable service de dépêches pour donner la connaissance exacte des variations de niveau de tous les principaux fleuves en temps de crue.

Aussitôt que l'on s'apercevrait, dans une localité, que les eaux commencent à monter au-dessus de leur niveau ordinaire, une série de dépêches devrait être envoyée à toutes les villes situées à l'aval pour indiquer aux autorités locales :

1° L'heure de l'observation ;

2° La hauteur des eaux au-dessus de l'étiage ;

3° Le plus ou moins de rapidité du mouvement de croissance ou de décroissance des eaux, les craintes ou espérances sur sa progression et toutes les autres circonstances, accidents, débordements, ruptures de digues, etc., qui pourraient éclairer sur l'imminence du danger, ou sur le plus ou moins de violence du fléau.

De cette manière, les ingénieurs, prévenus à temps, pourraient tracer, à chaque instant, le profil exact du fleuve, prévoir les heures précises de la crue en chaque point, et ordonner, de concert avec les Préfets et les Maires, les travaux d'urgence nécessaires pour la préservation des parties basses de chaque localité.

On pourrait, plusieurs jours à l'avance, déménager les rez-de-chaussée les plus menacés, établir des digues en fascinages ou des files de pieux moisés, destinés à rompre la violence du courant, boucher les vannes, égouts et passages dangereux avec du foin et de la terre, etc.

Un *affichage régulier de l'état des crues* aux différents points du fleuve devrait être annexé au service des dépêches comme mesure complémentaire; et, pour rendre plus facile la notion exacte des faits, les affiches relatives aux diverses localités riveraines devraient être disposées, l'une à côté de l'autre, dans le même ordre que les localités elles-mêmes.

Orléans. — 1er Avril 1858.

51. Communication électrique entre les divers ports
de chaque pays.

Il est question depuis longtemps de mettre en communication électrique tous les ports de mer français, tant sur l'Océan que sur la Méditerranée, soit au moyen de fils aériens, soit par des câbles sous-marins : cette mesure devrait être généralisée et appliquée à tous les ports de mer de chaque pays.

On étudie, en ce moment même, la jonction électrique du Havre à Honfleur à l'aide d'un câble qui partirait de la pointe des Neiges pour aller s'émerger sur la plage de Honfleur, entre ce port et le village de Saint-Sauveur.

Il est évident que, pour le commerce de cabotage et pour toutes les relations industrielles si nombreuses entre les différents ports de mer, ce moyen de communication instantanée serait de la plus grande utilité.

On saurait à chaque instant, d'un port à l'autre, le mouvement d'entrée et de sortie des navires, la place disponible dans les magasins, l'état de la mer, la situation des affaires, la nature des arrivages ou des expéditions des principales maisons, etc.

Tous ces documents devraient être affichés, dès leur arrivée, à la Bourse ou dans les points les plus fréquentés par les commerçants, et servir ainsi de base authentique et officielle aux principales transactions et à la publicité locale.

Bordeaux. — 1ᵉʳ Septembre 1858.

52. Adoption d'Échelles inaltérables en porcelaine
pour l'observation du niveau des cours d'eau.

Depuis les dernières circulaires ministérielles prescrivant de fréquentes observations du régime des rivières, on a souvent regretté la prompte destruction des échelles d'étiage en bois peint ou même en fonte que l'on applique ordinairement aux maçonneries des piles ou culées des ponts pour faciliter l'exacte observation du niveau des eaux.

Les échelles gravées dans la pierre ne durent pas davantage, car elles sont bientôt effacées par la mousse et par l'action corrosive des gelées et des crues.

Un moyen certain d'avoir des échelles d'une durée indéfinie serait d'appliquer contre la pierre, au moyen de forts goujons en cuivre ou en zinc, des échelles en porcelaine blanche rayée de noir, et composées de morceaux juxtaposés de 0ᵐ.50 à 1 mètre de longueur.

Déjà M. l'Inspecteur général Poirée avait proposé l'incrustation, dans la pierre, de morceaux de porcelaine isolés, indiquant des décimètres successifs; mais la fixation de ces pièces détachées de petite dimension ne paraît pas devoir être très-facile. Il semble préférable d'employer les *règles* de grande dimension, portant tracés d'avance les *crans* et les *chiffres* correspondants.

Il serait bon d'ailleurs de les incruster dans des rainures spéciales pratiquées dans la pierre, de telle sorte qu'au lieu de faire saillie sur le nu de la maçonnerie, elles viennent l'affleurer à niveau.

Paris. — 1er Mars 1859.

53. Canalisation des Bouches du Rhône
pour la navigation intérieure et extérieure.

Le Rhône est le seul des grands fleuves français dont l'embouchure soit complétement fermée à la navigation.

On sait qu'il en est de même pour le lit naturel du Rhin; mais les nombreux canaux de la Hollande obvient largement à l'inconvénient de la disparition du chenal navigable.

Il faudrait donc pratiquer, soit parallèlement, soit dans le lit même du Rhône inférieur, un canal navigable assez large et assez profond pour permettre aux bateaux de Lyon et d'Avignon d'arriver jusque dans les ports de Cette et de Marseille (*Canal Saint-Louis*).

Un immense résultat commercial serait obtenu ainsi, et l'on ne saurait trop rappeler, dans l'intérêt général, la nécessité d'exécuter·les projets dressés pour atteindre ce but.

Marseille. — 1er Mai 1860.

54. Amélioration des cours d'eau non navigables
du département de l'Ain.

L'entretien régulier des cours d'eau non navigables comporte un travail d'assainissement des plus importants, et, de plus, l'irrigation des prairies et des terres arables peut y trouver une source féconde de richesses.

Le conseil général du département de l'Ain a signalé, l'un des premiers, l'importance d'une étude qui aurait ce but. Il a sollicité, comme mesure préliminaire indispensable, l'envoi sur place d'un ingénieur spécial, qui serait chargé de reconnaître, aussi exactement que possible:

1° Le volume, à diverses époques de l'année, des cours d'eau du département;

2° L'importance et la nature des usines et des prises d'eau qui existent sur chacun d'eux;

3° Les mesures ou les travaux qui seraient nécessaires pour améliorer le régime des rivières, soit sous le rapport de la salubrité, soit pour prévenir les inondations, soit pour utiliser les eaux selon le plus grand avantage de l'agriculture et de l'industrie.

Mais là ne doit pas s'arrêter l'action de l'administration supérieure. Les prescriptions ministérielles, provoquées par les désastres de 1856, ont déjà permis de recueillir assez exactement tous les renseignements nécessaires.

Il faudrait en venir à l'exécution; il faudrait que le Département, de concert avec l'État et les communes, divisât le travail par périodes successives, de manière que chaque année eût sa besogne déterminée à l'avance, et que les fonds fussent prêts en même temps que ces travaux seraient achevés.

Par ce mode seulement, on sortirait de la situation présente, et l'on arriverait peu à peu à un état de prospérité complet.

Aix-les-Bains. — 1er Septembre 1858.

55. Canalisation des Landes.

Une des améliorations les plus importantes à poursuivre dans les Départements du Sud-Est de la France est l'établissement de voies de communication économiques pouvant desservir les forêts qui couvrent aujourd'hui la plus grande partie des dunes, et le creusement de canaux de desséchement destinés à rendre à l'agriculture les terrains considérables couverts par des étangs sans écoulement.

On est déjà entré dans cette voie par la création des routes agricoles avec ou sans rails en bois, dans certaines parties du pays.

Les terrains avoisinants ont aussitôt doublé, triplé et quelquefois décuplé de valeur.

La route elle-même permet l'exploitation des produits locaux : bois, charbon, résine, térébenthine, etc., et les fossés latéraux, profonds de $0^m.50$ seulement. suffisent pour assainir aussitôt les terres, très-perméables, jusqu'à 100 ou 150 mètres de distance.

Ce qu'il faudrait maintenant, pour compléter cette amélioration du sol et cette mise en valeur de la propriété foncière, c'est le creusement de canaux d'irrigation ou de désséchement plus larges et plus profonds que de simples fossés de routes.

Le tracé en serait bien facile, à cause du peu de pente des terrains.

Ils serviraient à la fois au flottage des bois, à l'écoulement des eaux surabondantes, et à l'irrigation des nombreuses régions que leur aridité seule rend improductives aujourd'hui.

Bordeaux. — 1er Juillet 1858.

56. Création d'un canal maritime entre la mer Noire
et la mer Caspienne par le Don et le Volga.

Il est inutile de démontrer les résultats économiques d'une semblable voie de communication.

Astrakan et Odessa sont deux centres commerciaux tellement importants, qu'ils mériteraient à eux seuls une mesure que réclament d'ailleurs tous les intérêts riverains des deux mers.

Nous ne faisons qu'indiquer aujourd'hui ce projet : nous y reviendrons quand nous aurons réuni plus de documents sur son exécution matérielle.

En tout état de cause, l'ouverture de ce canal donnerait une impulsion toute nouvelle au commerce intérieur de la Russie et de l'Asie occidentale (Perse, Afghanistan, Tartarie indépendante, Caucase, Oural).

Paris. — 1er Novembre 1858.

IX. — PORTS DE MER.

57. Assainissement des Ports de mer à eaux stagnantes,
au moyen de siphons en tôle sous-marins avec turbines-pompes horizontales.

Toutes les personnes qui ont visité le vieux port de Marseille, ou les anciennes darses des ports de la Méditerranée, ont pu remarquer, en été surtout, l'infection extraordinaire qui résulte de l'accumulation des détritus animaux et végétaux, depuis des siècles, dans les eaux de ces bassins.

Dans les ports de l'Océan le flux et le reflux emportent naturellement tous les immondices, et l'inconvénient s'en trouve très-réduit ; mais à Marseille par exemple le développement des gaz méphitiques est tellement fort que les logements de toutes les maisons voisines perdent de 30 à 40 pour 100 de leur valeur. L'addition de toutes les sommes annuellement perdues par les propriétaires se monte certainement à plus de 500,000 fr., et, par suite, c'est l intérêt d'un capital de 10 millions qui se trouve sacrifié chaque année. Pour la dixième partie de cette somme, on pourrait appliquer aisément le mode d'assainissement ci-après :

Établir, au-dessous du niveau des eaux, et en plan horizontal, le long des murs du quai, ou suivant le thalweg du bassin, un fort tuyau en fonte ou en tôle d'environ 1 mètre de diamètre.

Faire déboucher l'une des extrémités du tuyau au fond du bassin, dans le point le plus éloigné de la mer, et ouvrir l'autre extrémité en pleine mer, à une profondeur suffisante pour ne pas gêner le passage des navires entrants et sortants. Établir alors en un, deux ou trois points du tuyau, des turbines hélicoïdales, dont l'axe serait l'axe même du tuyau, et qui puissent être mises en mouvement par des chaînes transversales.

On voit que si le sens de la rotation des turbines est tel que l'eau se meuve dans le tuyau en partant du fond du port et en sortant à la pleine mer, toute l'eau contenue dans le bassin s'écoulera peu à peu par le tuyau, et l'eau pure de la haute mer affluera par l'entrée du port. On pourra aussi opérer inversement, suivant le sens du mouvement des turbines.

On pourrait enfin remplacer l'action des turbines horizontales par un système de pompes aspirantes et foulantes mis en mouvement par des flotteurs ou bouées, en vertu de l'oscillation verticale des vagues le long de la côte des Catalans, qui créent une force permanente et indéfinie.

Marseille. — 1er Avril 1863.

58. Établissement de dragues à vapeur de service
dans tous les ports de mer sujets aux ensablements.

L'ensablement progressif des ports de mer, leur envahissement par le galet, à cause des remous qu'ils occasionnent dans la masse des courants maritimes, sont des phénomènes trop connus de tous les ingénieurs qui s'occupent de constructions maritimes pour qu'il soit nécessaire d'en citer ici de nombreux exemples.

Plus d'un port jadis célèbre est aujourd'hui abandonné par suite de la diminution graduelle de sa profondeur. D'autres, comme le Havre, Honfleur, le port de Bouc, Saint-Nazaire, etc., luttent sans cesse contre les progrès de l'envasement. Il est même des villes, comme Aigues-Mortes, Pise, etc., qui, autrefois, étaient au bord de la mer et se trouvent aujourd'hui reculées à une grande distance dans l'intérieur des terres.

On remédierait à une partie des inconvénients dont il s'agit en établissant, dans tous les points menacés, un service de dragage permanent qui, tous les ans, agissant suivant des repères donnés, enlèverait les dépôts accidentels, et rétablirait la profondeur normale dans les bassins.

L'avantage de procéder ainsi serait basé sur ce fait que, les premiers ensablements sont eux-mêmes une cause de ralentissement et de calme dans la masse des eaux, et que leur présence accélère et provoque de plus en plus énergiquement le dépôt des matières tenues en suspension. Il y aurait donc un cube moins grand à enlever dans un temps donné, si l'on détruisait les dépôts au fur et à mesure qu'ils se forment, au lieu de laisser l'action accélératrice des alluvions anciennes se produire et provoquer la formation de dépôts ultérieurs.

Le Havre. — 1er Février 1859.

59. Établissement de grues hydrostatiques
dans les Gares de chemins de fer, les Docks et les Ports de mer, pour le chargement et le déchargement des fardeaux.

En Angleterre et aux États-Unis, l'emploi de grues à pression d'eau est très-fréquent dans les grandes exploitations industrielles.

L'emploi de la vapeur pour soulever, d'une manière intermittente, de grands poids de marchandises, a cet inconvénient, que, pendant tout le temps que la machine ne fonctionne pas, il n'en faut pas moins la maintenir en pression ; de là une dépense de combustible et de frais de surveillance qu'il serait bon d'éviter.

En prenant la pression motrice dans une colonne d'eau à réservoir supérieur où elle est comprimée, au lieu de l'emprunter à la force expansive de la vapeur, on peut emmagasiner la force, longtemps à l'avance, par un moteur à action continue, et la transformer en plusieurs forces discontinues à volonté, sans aucune perte économique en dehors des moments où elle agit utilement.

On a de plus l'avantage de pouvoir distribuer la force sur un grand nombre de points à la fois et à de grandes distances au besoin, avec un seul réservoir, sans crainte de condensation dans les conduites, comme cela a lieu pour la vapeur.

La perte de force par le frottement est insignifiante. C'est un trentième ou un cinquantième, quantité négligeable en présence des avantages obtenus.

Enfin, et cette considération n'est pas à perdre de vue : dans les magasins où se trouvent des marchandises inflammables telles que le coton, les tissus, les papiers, les huiles, etc., une machine à vapeur crée toujours un danger d'incendie que les machines à colonne d'eau évitent complétement.

Nous ne pouvons donc qu'exprimer le vœu de voir bientôt des grues hydrostatiques s'employer fréquemment dans nos ports de mer et nos gares de chemins de fer, comme on le fait de l'autre côté du détroit.

La vapeur ne sera pas à laisser de côté pour cela, d'autant plus qu'elle pourra toujours être nécessaire à distance pour élever l'eau dans les réservoirs ; mais il est évident que, suivant les fonctions à remplir sur place, tel moteur doit être préféré à tel autre, et pour le cas dont il s'agit, nous avons indiqué les avantages importants des moteurs à colonne d'eau sur les moteurs à vapeur.

Paris. — 1er Juillet 1860.

60. Application de la vapeur à la manœuvre
des Portes d'écluse dans les Ports de mer et sur les Canaux.

Au moment où l'attention publique se fixe sur tous les moyens possibles d'améliorer les voies de communication, et en présence de l'économie relative des voies navigables et maritimes sur les transports par chemins de fer, nous croyons devoir signaler un perfectionnement important, qui consisterait à accélérer et à rendre moins onéreuse en même temps, une des manœuvres les plus fréquentes qui se présentent dans le service des canaux et des ports de mer.

Nous avons déjà parlé de l'application de la vapeur à l'ouverture et à la fermeture des ponts tournants.

Une question tout à fait analogue est celle de son emploi pour la manœuvre des portes d'écluse.

Il serait facile de calculer, dans chaque cas particulier, la force nécessaire, la dépense de charbon et la dépense correspondante pour la manœuvre à bras d'hommes et de la comparer avec l'économie résultant de l'emploi de la vapeur.

Ce serait d'ailleurs encore moins la réduction des frais matériels que la plus grande rapidité de la manœuvre qui serait le principal motif du perfectionnement dont il s'agit.

Paris. — 1er Avril 1860.

61. Création d'un port français sur la côte
Occidentale d'Afrique (Gorée).

Les progrès, chaque jour plus rapides, que fait notre commerce dans la mer de Guinée, rendent nécessaire la création prochaine d'un établissement régulier à Gorée ou Dakar, qui est le point de relâche imposé aux services français du Brésil et de la Plata.

Sans cet établissement, les services en question, qui sont subventionnés par l'État, ne sauraient réaliser tous les avantages que l'on est en droit d'en attendre.

La tendance des populations de l'Amérique Méridionale est de préférer le passage sur les navires français, où ils trouvent un caractère et une nationalité plus sympathique à leur origine latine, à celui que leur offrent les bâtiments de la Grande-Bretagne dont le seul mérite est une ponctuelle exactitude.

Que notre marine de transport se fasse une loi de la stricte observation des délais ainsi que de la rigoureuse exécution des règlements envers les particuliers, et elle aura bientôt conquis, sur toutes les mers, au point de vue des voyageurs, une supériorité incontestable.

Paris. — 1er Juin 1860.

62. Création d'un port régulier à Philippeville
(Algérie).

Philippeville n'existe que depuis peu d'années, et déjà cette ville compte plus de dix mille habitants. Son mouvement commercial est considérable. La province de Constantine y verra aboutir le chemin de fer le plus nécessaire de l'Algérie.

Mais là tout est à faire, et de nombreux sinistres maritimes disent combien il est urgent de commencer la construction d'un port que les intérêts de l'humanité réclament aussi vivement que les besoins du commerce.

Paris. — 1er Mai 1860.

63. Agrandissement du port d'Oran par l'annexion
du mouillage de Mers-el-Kébir.

Oran ne possède qu'un petit port, fait, en quelque sorte, à titre provisoire.

Ce port ne répond nullement aux besoins actuels, qui, chaque jour, vont en grandissant : c'est un des points les plus rapprochés de la côte d'Espagne; des services réguliers de bateaux à vapeur y sont établis pour les différents ports de la Méditerranée; les chemins de fer de la Péninsule, placés presque en regard, vi ndront bientôt en augmenter encore l'importance.

Il serait indispensable d'améliorer la s.tuation de cette ville en complétant le port actuel par l'addition de l'excellent mouillage de *Mers-el-Kébir*, où les navires pourront atterrir et trouver une entière sécurité lorsque le mauvais temps les empêchera d'atteindre Oran même.

Les deux ports réunis présenteraient un ensemble des plus satisfaisants, qui devrait être centralisé sous une même direction et constituer, en quelque sorte, par le prolongement des musoirs extrêmes, une seule et même enceinte.

Paris. — 1ᵉʳ Mai 1860.

64. Achèvement des travaux du port de la Calle.

Le port de la Calle est situé à l'extrémité orientale de nos possessions algériennes. Au point de vue stratégique, comme au point de vue commercial, il serait très-désirable de ne pas laisser de côté plus longtemps les projets qui ont été faits pour son amélioration.

On ne sait ce qui peut advenir de la Régence de Tunis et de l'Égypte. Le port de la Calle est une sentinelle avancée vers l'isthme de Suez.

Paris. — 1ᵉʳ Mars 1860.

65. Création d'un bassin de radoub à Fort-de-France (*Martinique*).

Aucun port des Antilles françaises ne possède de bassin qui puisse offrir aux bâtiments de commerce et de l'État des moyens de réparation qu'il leur faut dès lors aller solliciter dans des ports étrangers.

Ce sont d'énormes dépenses imposées à notre marine, des pertes de temps considérables, enfin une infériorité réelle.

La Martinique, préoccupée à juste titre d'un tel état de choses, a déjà réuni une somme de 700,000 fr. pour la création d'un bassin de radoub de grande dimension à *Fort-de-France*, où il se trouvera dans des conditions très-favorables. Ce port est en effet le point de concentration de nos stations navales dans la mer des Antilles.

La dépense totale s'élèverait à 2 millions de fr. Il est très-désirable qu'il soit donné suite au projet du gouvernement français, d'allouer une subvention de 1 million de fr. à la colonie. Cette subvention pourrait être répartie en quatre ou cinq exercices au besoin.

Paris. — 1ᵉʳ Juin 1860.

66. Curage de la passe et de la darse
de la Pointe-à-Pitre.

Depuis le tremblement de terre de 1843, la Guadeloupe a vu s'obstruer presque complétement la passe de la magnifique baie de la Point-à-Pitre, ainsi que la darse où les navires pouvaient venir à bord même du quai opérer leurs chargements. Pour faire exécuter ces importants travaux de curage qui exigeraient une somme de près de 700,000 fr., la colonie s'est imposée spécialement pour un fonds de plus de 500,000 fr. Une subvention de 170,000 fr. la mettrait à même de compléter cette opération indispensable.

Paris. — 1ᵉʳ Juin 1860.

X. — CONSTRUCTIONS MUNICIPALES ET COMMUNALES.

67. Constructions Municipales économiques.

Lorsqu'on parcourt la plupart des communes de France, et que l'on porte son attention sur l'état dans lequel s'y trouvent les constructions administratives et d'utilité publique, on est frappé du désordre et de l'irrégularité qui s'y révèlent à chaque pas.

Il existe en France 36,000 communes, et, de toutes ces localités, la moitié au moins, si ce n'est les deux tiers, manquent de bâtiments spéciaux pour la mairie, la maison d'école, le presbytère, la halle aux grains, le marché couvert, l'abattoir, le lavoir public, le corps de garde, la gendarmerie, etc.

Créer une série de *Types* simples et bien distribués, en les graduant de telle sorte qu'ils correspondent au chiffre de la population et aux besoins variables de chaque commune, puis organiser l'exécution de ces types au moyen d'un bureau central par les propriétés les plus rapides et les plus économiques possible, serait évidemment un but utile et nécessaire à poursuivre.

Nous avons déjà cherché à réunir les principaux éléments de cette question, et nous prions vivement tous ceux de nos correspondants qui auraient à leur connaissance des plans convenables et surtout *économiques*, de vouloir bien nous en adresser des calques annotés.

Nous faisons appel aux maires des communes, aux instituteurs, aux inspecteurs généraux de l'instruction primaire, à toutes les personnes qui pourraient corroborer et appuyer de leur influence la réalisation de ce projet, et nous prions dès à présent, toutes les personnes qui croiront que cette idée peut avoir quelque avenir, de vouloir bien nous adresser les conseils et les renseignements utiles qui pourraient nous aider dans son accomplissement.

Lorsque nous aurons terminé cette première information, nous ferons un choix des meilleurs types proposés ; nous en ajouterons quelques nouveaux, et nous les mettrons en harmonie les uns avec les autres, de manière à permettre leur transformation successive, par voie d'agrandissement latéral ou par surélévation d'étages.

Ce sera, nous l'espérons, un travail qui pourra contribuer efficacement à l'amélioration progressive de l'état général des campagnes, si déshéritées aujourd'hui par rapport aux villes, où émigrent, au grand détriment de l'agriculture, les plus actives intelligences et les meilleurs ouvriers.

Melun. — 1er Avril 1859.

68. Statistique générale des Constructions
D'UTILITÉ PUBLIQUE.

Nous venons proposer la création de *Types* uniformes et gradués par ordre de prix, pour *les Mairies, Maisons d'école, Marchés couverts, Halles aux grains, Halles aux vins, Halles aux bestiaux, Abattoirs, Poissonneries, Justices de Paix, Tribunaux, Hôpitaux, Casernes et Gendarmeries, Prisons, Bains et Lavoirs publics, Distributions d'eaux, Distributions de gaz*, etc.

Mais un travail préalable serait nécessaire à l'application de cette mesure.

Il faudrait, pour éclairer l'Administration supérieure et fixer les idées des communes elles-mêmes, dresser une sorte de statistique générale, dans laquelle on reconnaîtrait, du premier coup d'œil, les travaux les plus urgents de chaque espèce, et les voies et moyens à proposer pour leur réalisation.

Pourquoi M. le Ministre de l'intérieur ne transmettrait-il pas aux Préfets, et ceux-ci aux Sous-Préfets et aux Maires, un *Questionnaire* préparé d'avance, et dans lequel seraient indiqués, pour chaque arrondissement, les travaux à exécuter ?

Nous avons cherché à composer un projet dans ce sens, et voici les têtes de colonne que nous proposerions de remplir :

1. Noms des Villes ou localités.
2. Population.
3. Travaux à exécuter.
4. Exposé des motifs.
5. Estimation approximative de la dépense.
6. Nature des principaux matériaux du pays.
7. Revenus annuels de la commune.
8. Dépenses annuelles.
9. Dettes actuelles et obligations diverses.

10. Estimation sommaire des propriétés communales.
11. Quel emprunt total la commune pourrait-elle garantir ?
12. Résumé des travaux les plus urgents.

Avec un tableau de ce genre, dans chaque colonne duquel seraient reportés les renseignements indiqués, il serait bien plus facile de choisir les travaux à exécuter chaque année, et l'on pourrait espérer de voir disparaître peu à peu les mauvaises constructions qui déshonorent aujourd'hui la plupart des villes et des villages.

Paris. — 1er Janvier 1861.

69. Adoption du mode de marché à forfait
pour les Constructions Municipales économiques.

On peut faire, au sujets des *Constructions Municipales économiques,* les mêmes observations que pour les travaux du service vicinal.

S'il existait des *Types* réguliers de constructions de ce genre, rien ne serait plus facile aux villes et aux communes que d'obtenir la plus prompte et la meilleure exécution possible des travaux aux moindres frais et avec la plus complète sécurité.

Il suffirait de s'adresser aux constructeurs qui auraient créé des spécialités de ce genre, et de traiter avec eux à forfait pour tout l'ensemble de la construction, les laissant libres d'organiser leurs chantiers, leurs voies et moyens d'exécution à leur convenance, et leur prescrivant seulement des conditions déterminées à remplir et une garantie régulière de stabilité et de bonne exécution.

Si ce mode était adopté, on verrait un grand nombre de villes et de communes s'enrichir et s'embellir de constructions utiles sans charges trop onéreuses pour leur budget.

Des constructeurs convenablement organisés pourraient même faire aux localités les avances nécessaires, et se contenter d'un remboursement par annuités avec garantie d'intérêt.

C'est une idée complémentaire de celle qui consisterait dans la création de ressources directes aux villes et aux communes, par des voies et moyens spéciaux.

Paris. — 1er Août 1859.

70. Création d'un Droit Municipal direct
dans les Villes et les Communes pour l'établissement des travaux d'utilité publique.

Chaque fois qu'un projet est à exécuter dans une ville, pont, marché, halle, abattoir, distribution d'eau, ou tout autre travail du même genre, on se trouve en présence de la *question d'argent,* et la difficulté est souvent insoluble :

La commune est obérée et n'a pas de ressources.

Il faut recourir à des centimes additionnels, à des emprunts, à des aliénations de propriétés communales, et prier instamment l'État de concourir pour moitié, tiers, ou quart, à la dépense.

Puisque ce fait de la pénurie des ressources municipales est le cas général et presque constant dans toutes les villes, à bien peu d'exceptions près, et puisqu'il est évident cependant qu'une ville, aussi bien qu'un individu ou que l'État, doit pouvoir se suffire à elle-même, on est conduit tout naturellement à chercher une solution normale à cette difficulté, et elle ne peut se trouver, selon nous, que dans ce principe incontestable :

Toute chose doit être payée par ceux à qui elle profite.

L'État crée la sécurité des armées, des voies de communication, des services généraux tels que la poste, les télégraphes, etc. Les contribuables payent à l'État des impôts directs ou indirects qui doivent couvrir chaque année les dépenses faites.

Pourquoi les villes ne trouveraient-elles pas aussi, dans une imposition régulière et spéciale de leurs habitants, les éléments d'un budget suffisant pour l'exécution de leurs travaux d'utilité locale ?

Nous savons bien que, dans un certain nombre de communes, les revenus des octrois, les rentes des propriétés communales, les péages spéciaux, etc., suffisent pour mettre le budget en équilibre dans les années ordinaires. Nous savons aussi que les centimes additionnels ont été institués pour couvrir certaines dépenses extraordinaires, et que ces ressources suffisent souvent pour réaliser d'importants ouvrages.

Mais les octrois doivent, dit-on, être supprimés ou réduits prochainement. Les centimes additionnels sont un expédient et une exception. Ils portent le caractère d'une exigence indue et *anormale*. Chacun réclame contre leur application, et cependant chacun veut profiter des établissements utiles que leur perception permet de réaliser.

Si encore ces réclamations et ces oppositions avaient toujours leur excuse dans la pauvreté des habitants, dans l'impossibilité matérielle de faire les sacrifices nécessaires pour le bien public. Mais la plupart du temps il n'en est rien : dans plus de la moitié des localités, la ville est pauvre et les habitants sont riches. Ce contraste singulier entre la fortune publique et les fortunes privées est évidemment contraire à une bonne administration.

Nous croyons donc qu'il serait utile d'étudier dans chaque ville :

1° Quelles sont les constructions d'utilité générale à exécuter pour l'amélioration et l'embellissement de la ville ?

2° Quelle dépense totale pourraient-ils occasionner?

3° Quel est, approximativement, le total des fortunes des habitants de la ville ?

4° Quelle imposition proportionnelle y aurait-il lieu d'établir sous forme de *Droit municipal*, pour que la ville fût en mesure de faire honorablement face à ses affaires ?

5° Sur combien d'années serait-il convenable de répartir cette dépense ?

Si une mesure semblable pouvait être sanctionnée par la législature, tous les inconvénients causés aujourd'hui par la pénurie des fonds communaux disparaîtraient immédiatement, et les emprunts que feraient les localités, soit au crédit foncier, soit à la caisse des dépôts et consignations, soit au crédit privé, seraient toujours facilement garantis par les rentrées annuelles, et par la certitude des ressources du trésor municipal.

Paris. — 1er Août 1861.

71. Création d'obligations Communales

PORTANT INTÉRÊT *pour l'exécution des travaux d'utilité publique.*

Indépendamment des emprunts ordinaires, nous proposerions d'établir dans les villes où ce mode serait utile des émissions d'obligations communales portant intérêt à 6 p. 100, par exemple, et permettant de réaliser promptement les sommes nécessaires pour exécuter les bâtiments ou travaux quelconques, les percements de rues, quartiers nouveaux, distributions d'eaux ou de gaz qui pourraient être jugés convenables.

Si la Ville ne s'en chargeait pas elle-même, une Société financière indépendante pourrait réaliser cette idée sous le patronage de la municipalité. On stipulerait des époques pour les remboursements, des tirages au sort avec primes et numéros gagnants, comme le fait la ville de Paris avec succès.

Le payement des travaux serait garanti par la Ville elle-même, dans un délai déterminé, et la Société financière serait l'intermédiaire naturel entre la Municipalité et les Entrepreneurs des travaux.

Nantes. — 1er Février 1866.

72. Création d'Établissements industriels mixtes

pouvant produire des revenus aux villes, par les services Municipaux d'éclairage au gaz, distribution d'eau, bains et lavoirs publics, usines à force motrice, etc.

Lorsqu'il s'agit d'établir une construction d'utilité publique quelconque dans une ville dont les ressources financières sont restreintes, tous les moyens qui peuvent réduire la dépense, et produire le plus d'avantages possible avec la moindre mise de fonds, sont à étudier au premier chef.

Une des solutions les plus efficaces, à ce point de vue, consiste dans les établissements mixtes, c'est-à-dire dans la réunion de plusieurs services en un même bâtiment, ou dans un même groupe de constructions voisines. Aussi rencontre-t-on très-fréquemment des mairies servant d'école communale et de justice de paix, des hôtels de ville renfermant la bibliothèque, le musée, le théâtre, etc.

Il est évident que, par ce moyen, on économise, à la fois, la surface du terrain, les cours multiples, les murs d'enceintes répétés, les escaliers, la décoration spéciale de plusieurs édifices. Il est toujours bien plus économique d'obtenir les locaux nécessaires aux divers objets que l'on se propose en subdivisant une même enceinte faite en maçonnerie avec façades ornées, au moyen de murs de refend secondaires, plutôt que de construire, pour chaque spécialité, une enceinte complète décorée à l'extérieur.

Or ce qui a été fait déjà, dans beaucoup de localités, pour les constructions administratives, judiciaires ou d'instruction publique, pourrait, à bien plus forte raison, s'appliquer aux établissements tels que les distributions d'eau et de gaz, bains et lavoirs publics, usines à blé ou à plâtre, scieries mécaniques qui utiliseraient la force perdue, etc.

Dans un projet récent soumis à la ville de Pithiviers, M. Foulon, architecte de la ville, a eu l'ingénieuse idée de prendre, pour point de départ d'une série d'établissements de ce genre, l'emploi de la chaleur perdue dans la fabrication du gaz à éclairage. Il évalue à environ six chevaux-vapeur par cent becs, la quantité de force motrice que l'on pourrait produire en établissant des chaudières d'une disposition spéciale, au-dessus des cornues servant à la fabrication du gaz. — Dans un de ses projets, les cornues sont même intérieures aux chaudières, afin d'utiliser plus complétement encore toute la chaleur perdue.

Une fois la vapeur produite, on conçoit aisément qu'elle puisse être appliquée aux usages les plus divers : elle sert d'abord à élever l'eau dans un réservoir pour l'alimentation de la ville : C'est un large puits avec norias à cuvettes en *gutta percha* (idée nouvelle pour obtenir plus de légèreté et pour préserver de la rouille).

Ensuite la vapeur qui sort de la machine motrice et du conducteur, va alimenter un établissement de bains, avec lavoir public et blanchisserie : enfin, un moulin à plâtre et une scierie mécanique sont mis en mouvement au profit de la ville, en même temps que la machine hydraulique élévatoire.

On voit tout ce qu'il y a d'intéressant dans cet ordre d'idées, qui pourrait certainement être développé avec avantage dans plus d'une localité, et nous nous faisons un devoir d'appeler sur ce genre d'applications l'attention de nos lecteurs.

En rédigeant les projets dans un esprit vraiment économique, en condensant les constructions sur un espace aussi restreint que possible, en y établissant un administrateur vigilant qui sache tirer bon parti des éléments variés qui sont à sa disposition, on pourrait résoudre ainsi le problème des services généraux, pour les villes, d'une manière à la fois très-économique en dépense première et très-productive pour la caisse municipale.

Pithiviers. — 1er Septembre 1862.

73. Création de Bibliothèques communales
dans toutes les localités secondaires.

Doter les populations laborieuses d'un fonds d'ouvrages intéressants et utiles est un besoin qui, chaque jour, se fait plus vivement sentir.

Déjà nous avons insisté sur cette idée en proposant la création de bibliothèques secondaires dans les principaux quartiers industriels et les faubourgs des grandes villes, pour donner aux ouvriers une occupation qui ne leur occasionne aucune dépense, et empêche les conséquences fâcheuses de l'inaction du dimanche et de la « vie de café. »

Il est évident que dans les campagnes, il y a un double intérêt d'instruction et de moralisation à poursuivre dans le même sens.

La statistique du Ministère de la justice démontre que, sur 5,500 condamnations subies, il y en a 4,100 environ portant sur des personnes ne sachant ni lire ni écrire.

En France, un tiers de la population est complétement illettré, tandis qu'en Prusse, sur un contingent entier, 4 ou 5 soldats seulement ne savent pas écrire.

M. le Ministre de l'instruction publique a déjà fait ressortir, dans un récent rapport à l'Empereur, l'avantage qu'il y aurait à utiliser les *duplicatas* de la bibliothèque Impériale, en créant dans les quartiers les plus éloignés du centre de Paris, des bibliothèques, des salles de lecture ou bibliothèques populaires.

Plus récemment encore, une circulaire nouvelle du Ministère recommande aux Maires l'achat d'une petite bibliothèque-armoire, destinée à la collection des livres, brochures, albums, portefeuilles, etc., pour conserver les envois faits par le Ministère, et pour arriver, au fur et à mesure, à la constitution d'un système complet de bibliothèques communales.

Les administrations municipales, encouragées par la circulaire ministérielle, pourront maintenant, plus aisément, faire appel aux libéralités privées, et ce qu'il serait impossible de faire d'un seul coup, par les fonds limités de l'État, sera réalisable progressivement, par le concours de tous les particuliers.

Paris. — 1er Mai 1861.

74. Les Cuisines économiques.

L'installation de cuisines économiques, pour livrer, à prix réduit, aux classes nécessiteuses les aliments cuits qui composent leur ordinaire, a été faite dans ces derniers temps à Paris sur une assez grande échelle.

Il serait utile de multiplier ce genre d'établissements dans toutes les autres villes ou localités qui en auraient besoin.

Dans beaucoup de villages même, les propriétaires aisés pourraient se réunir pour faire les premiers frais d'installation et de matériel d'une institution de ce genre.

La cuisine devrait comprendre un ou plusieurs fours communs pour cuire les pains ou les viandes rôties.

On y vendrait, toujours à prix réduit, du bouillon, du bœuf, de la soupe aux légumes et aux pommes de terre, en même temps que l'on y cuirait, dans les fours, étagés ou rayonnants au besoin, les plats apportés par les personnes qui préféreraient préparer d'abord leurs aliments à domicile.

Paris. — 1er Décembre 1858.

75. Construction d'une Douane et d'un Lycée à Alger.

Parmi les bâtiments Civils indispensables à notre colonie africaine, et qui doivent être construits par les municipalités assistées par l'État, il faut placer en première ligne le Lycée et la Douane ou Entrepôt (plus tard magasin général) d'Alger.

La Douane, qui n'a été établie qu'à titre provisoire, est loin de répondre aux besoins du commerce, et ne saurait rester longtemps dans les limites resserrées du local qu'elle occupe sans compromettre tous les intérêts, sans paralyser tous les progrès.

Lorsque les échanges, devenus plus libres entre la métropole et la colonie, entre la colonie elle-même et les pays étrangers, permettront de faire disparaître ou de réduire successivement les tarifs, la douane se transformera en un entrepôt libre, et l'on devra, dès à présent, disposer les bâtiments de manière à prévoir cette éventualité.

En ce qui concerne le Lycée, il existe actuellement un Lycée provisoire qui a parfaitement réussi au point de vue moral et politique. Non-seulement de nombreux enfants d'Européens y ont été placés, mais tous les jours des chefs indigènes y envoient leurs fils.

Sans doute un collège français-arabe a dû être fondé spécialement pour les enfants arabes, mais il est facile de prévoir qu'un jour viendra où, tout en conservant encore l'instruction spéciale désirée par les parents, on pourra faire de l'école arabe une annexe du Lycée.

Les bâtiments occupés actuellement par le Lycée sont d'ailleurs tout à fait insuffisants, et dans un tel état de délabrement que les réparations indispensables équivaudraient à une reconstruction complète. Non-seulement toute extension est impossible, mais une grande partie de ce qui existe est frappé par un alignement nouveau nécessaire aux projets d'embellissement de la ville d'Alger, et doit être démoli dans un temps peu éloigné.

Alger. — 1er Juillet 1860.

76. Transformation des Douanes
en magasins généraux.

Tout le monde connaît les avantages des docks, ou magasins généraux, qui sont une institution indispensable dans les ports de mer et les grands centres de consommation.

Ces vastes espaces, munis d'un personnel pouvant recevoir, surveiller, et entretenir au besoin les marchandises qui n'ont pas encore de destination fixée, sont un double instrument de crédit et de sécurité.

Si, un jour, on doit venir à la suppression des octrois et des douanes, il est utile de prévoir, dès à présent, la transformation des bâtiments et des employés des douanes pour les utiliser à ce point de vue nouveau.

Un bureau de douane, complété par un magasin général clos et couvert, avec cité économique pour le logement des douaniers, peut se transformer très-facilement en dock si la position est convenable.

Les employés de ce service, par leur qualité toute spéciale de vigilance, de contrôle actif et de bonne tenue, seraient d'excellents fonctionnaires commerciaux.

En leur faisant entrevoir dès à présent, comme probable, l'éventualité du remplacement des douanes par des magasins généraux, on rassurerait sur leur avenir une classe tout à fait méritante d'hommes actifs et zélés, et on préparerait d'avance la substitution très-désirable du régime de la liberté au régime de la prohibition.

Paris. — 1er Juillet 1860.

77. Achèvement des nouveaux murs de Bône.

Depuis quelque temps déjà on s'occupe de la reconstruction des murs de Bône, et de la démolition de l'ancienne enceinte de la ville.

Le bon aspect et la sécurité qui résulteraient de l'enceinte nouvelle, en même temps que la plus-value des terrains qui se trouveront sur l'emplacement de l'ancienne, rendent très-désirable cette entreprise dans le plus bref délai.

Paris. — 1er Mars 1860.

—————

XI. — MAISONS A LOYER.

78. Les maisons à loyers économiques.

En présence des nombreuses démolitions qui continuent à se faire dans Paris comme dans beaucoup d'autres villes et eu égard à l'augmenta-

tion toujours croissante du prix des loyers, il devient de toute nécessité
de se préoccuper de la question des *Maisons à loyers économiques.*

On s'est plaint assez souvent et assez vivement de ne voir élever de
tous côtés, dans le centre des villes et même dans des faubourgs, que
des bâtiments dont le moindre appartement se loue 3 ou 4,000 francs.

Les statistiques officielles publiées par les municipalités pour démontrer qu'il avait été construit beaucoup de maisons à loyers très-bas *ne
prouvent pas formellement* ce fait, car tout le monde sait que chaque
locataire ou propriétaire cherche toujours à diminuer de 50 et souvent
100 p. 100 le prix de son loyer devant les employés du fisc.

Or les chiffres officiels des loyers ne peuvent avoir d'autre base.

Il est donc indispensable de faire droit aux besoins du plus grand
nombre, en construisant des appartements de petite étendue et des
chambres indépendantes les unes des autres, pouvant être louées à
des prix moins élevés.

Ce n'est pas d'ailleurs pour Paris seulement que cette question peut
avoir de l'intérêt :

Partout, dans toutes les grandes villes, dans toutes les localités où
l'industrie, le commerce, les exigences stratégiques ont aggloméré les
habitants sur un petit nombre de points, il est très-nécessaire de proposer et d'exécuter des maisons de ce genre.

Un programme raisonné, accompagné de quelques types recom-
mandables dont l'expérience' aura sanctionné la bonne disposition,
paraît être le moyen le plus efficace et le plus direct pour provoquer
une série de solutions dans ce sens.

Voici donc une demande que nous renouvelons à tous ceux de nos
lecteurs qui s'occupent plus spécialement de constructions civiles :

Indiquer les meilleures distributions d'intérieur applicables à des
maisons à loyer de 2, 3, 4, 5, 6, 7 fenêtres de façade, avec une profondeur variable de 6, 15, 25, 30 mètres environ, et chercher à réaliser
le mieux possible les cinq conditions suivantes :

1° Utilisation la plus complète de toute la place disponible, au moyen
d'appartements composés de 2, 3 ou 4 pièces seulement, dont l'une
servant à la fois de salon et de salle à manger.

2° Dégagement aussi direct que possible de toutes les pièces sur les
vestibules ou sur les escaliers.

(Cette condition pourra ne pas toujours se concilier avec les données
de la plus stricte économie, mais il est bon de ne la perdre de vue en
aucun cas.)

3° Éclairage et ventilation directs pour toutes les pièces.

4° Empêcher que les odeurs des lieux et des cuisines ne pénètrent
dans les appartements ou dans les escaliers. Faire dégager les émanations insalubres dans les cours ou dans des puits d'air spéciaux n'ayant
pas moins de 2 mètres de côté.

5° Disposer, autant que possible, les principales pièces par enfilade ou par retour, afin de faciliter les soirées et les réunions par une simple transformation de l'ameublement, ou par le déclassement de cloisons mobiles.

Ceux d'entre nos lecteurs architectes qui auraient en leur possession des plans de maisons dont ils auraient reconnu les avantages, nous obligeraient extrêmement en nous en adressant par la poste des *croquis-calques*, avec *cotes, légendes explicatives et devis sommaires.*

Nous publierions avec empressement tous les documents utiles que l'on voudrait bien nous communiquer à ce sujet.

Paris. — 1er Mars 1858.

79. Les cités ouvrières et industrielles.

Pour faciliter à l'ouvrier qui travaille en chambre la confection économique des produits qu'il doit livrer au commerce en gros, il serait bon d'installer, dans les principales villes, des cités ouvrières et industrielles basées à peu près sur les principes suivants :

Un ou plusieurs bâtiments, composés à tous leurs étages de logements comprenant un atelier et une ou deux chambres d'habitation. L'atelier devrait avoir une surface de $3^m.50$ à 4 mètres de profondeur sur $4^m.50$ à 6 mètres de longueur. Les poutres des plafonds devraient être saillantes pour permettre les communications de mouvement ou la suspension des rayons supérieurs. Les chambres seraient munies, ainsi que les ateliers, de beaucoup de rayons et d'armoires pour la resserre des matières premières et des objets fabriqués. Une ou plusieurs machines à vapeur de 10 à 15 chevaux distribueraient la force à tous les étages au moyen d'arbres moteurs verticaux engrenant avec des arbres de transmission horizontaux.

Un puissant volant serait utile pour régulariser les mouvements, et permettre, sans trouble dans l'ensemble, la reprise ou la cessation des travaux dans chaque atelier indépendant.

Paris. — 1er Décembre 1858.

80. Remplacement des escaliers par des appareils
à contre-poids.

Lorsque l'on considère les inconvénients qui résultent dans toutes les maisons à plusieurs étages, de la montée et de la descente des escaliers, et les avantages que présentent les étages supérieurs au point de vue de l'abondance de la lumière, de la pureté de l'air, du silence et du repos, il est naturel de songer aux moyens d'améliorer l'état de choses actuel, et de remplacer les escaliers ordinaires par des plateaux mobiles qui élèveraient, sans fatigue, les personnes aux différents étages de chaque maison.

Cette question acquiert bien plus d'importance encore dans les usines et manufactures, où le bruit et le désordre qui accompagnent l'entrée et la sortie des ouvriers sont dus, en grande partie, au tumulte qui a lieu dans les escaliers.

Enfin, dans les établissements publics, tels que les casernes, les hôpitaux, les colléges, les prisons, etc., il en résulterait également une grande accélération dans le service, et une notable amélioration au point de vue de l'entretien et de la propreté.

Plusieurs systèmes ont déjà été proposés pour résoudre ce problème. D'assez nombreuses applications en ont même été faites dans les manufactures de l'Angleterre ou du nord de l'Europe.

En principe, il est facile de voir que le nombre des personnes qui montent et celui des personnes qui descendent, étant le même, on pourra employer directement ou indirectement le poids des personnes descendantes à élever, soit les personnes ascendantes, soit des contrepoids destinés à remonter les personnes ascendantes, avec une perte de charge, dans un sens ou dans l'autre, due seulement aux variations de pesanteur du corps humain et au frottement des appareils élévatoires.

Il suffirait donc d'établir un système de compensation dans lequel un moteur d'une force assez restreinte, une pompe à manége, une pompe à bras même, ou la force ascensionnelle empruntée à une *distribution d'eau*, élèveraient sans cesse la quantité de poids additionnels nécessaires pour vaincre les différences positives ou négatives dont il s'agit.

Les poids additionnels pourraient être, suivant nous, des quantités d'eau variables à volonté.

Sous les siéges établis autour des plateaux mobiles se faisant équilibre pour la montée ou la descente, seraient établis des réservoirs qui se rempliraient et se videraient alternativement de quantités assez faibles pour provoquer seulement un mouvement modéré.

On obtiendrait ainsi, sans machine à vapeur et sans moteur considérable, un service très-régulier.

Nous ne faisons ici qu'indiquer un principe. Dans toutes les villes où il existe des distributions d'eau montant jusqu'au sommet des maisons, il serait facile de l'appliquer.

Dans les autres cas, on pourrait recourir à un moteur spécial pour l'élévation des poids additionnels destinés à compenser les différences et les pertes dues aux frottements.

Paris. — 1ᵉʳ Mars 1860.

XII. — DISTRIBUTIONS D'EAU. — BAINS ET LAVOIRS PUBLICS ÉCONOMIQUES.

81. Développement des distributions d'eau,
Bains et lavoirs publics économiques.

De toutes les améliorations à introduire dans les villes et les communes, une des plus importantes est l'établissement d'un service régulier de *Distribution d'eau.*

Tous les peuples civilisés de l'antiquité utilisaient des quantités d'eau considérables pour l'hygiène publique et pour l'embellissement de leurs cités ou de leurs habitations privées.

Dans nos villes modernes, on ne trouve que trop souvent une viabilité imparfaite, des égouts sans écoulement, des dépôts d'immondices infects, entretenant, faute d'eau vive, une cause permanente d'insalubrité, de fièvres et de maladies épidémiques.

Il n'est pourtant pas un établissement public, collége, hôpital, caserne ou prison, qui n'ait besoin, pour son servire intérieur, de grandes quantités d'eau.

Les avantages résultant, pour les particuliers, de l'établissement d'un service de distribution d'eau ne sont pas moins évidents que ceux recueillis par les villes elles-mêmes.

Toutes les industries, telles que brasseries, teintureries, blanchisseries, papeteries, usines et manufactures de toute espèce, peuvent alors se procurer à peu de frais et sans déplacement, des eaux abondantes, indispensables à leur fabrication.

Pour les propriétaires, plus de forages dispendieux, plus d'entretien périodique des puits, plus de citernes ne donnant le plus souvent que des eaux insalubres ou salies par les infiltrations des fosses d'aisances.

De l'eau propre à tous les étages, des robinets à volonté dans les cuisines et dans les cabinets, qui, par ce fait, ne répandent plus dans les vestibules et dans les escaliers ces émanations infectes qui rendent certaines maisons inhabitables.

On a calculé que, pour un ménage ordinaire de cinq à six personnes, l'économie résultant de l'amenée directe des eaux dans les étages des maisons, correspondait à une somme d'au moins 50 à 60 fr. par an, et qui peut atteindre 200 et 300 fr. pour les maisons où l'on prend des bains à domicile, chevaux et voitures à entretenir, jardins à arroser, etc.

Le seul agrément d'avoir des robinets à sa disposition, partout, sans dérangement et sans perte de temps, militerait d'ailleurs en faveur de la substitution du système des conduites au système onéreux du transport à bras.

On ne saurait donc trop vivement engager toutes les personnes qui pouvent influer sur les décisions des Conseils des villes, à émettre et à poursuivre une idée aussi évidemment avantageuse et utile.

Tous les chefs-lieux de département ou d'arrondissement devraient être pourvus de réservoirs, de canalisations souterraines, de bornes-fontaines, de bouches d'arrosage et de robinets de distribution.

Très-peu de travaux et une dépense de 20 à 30,000 fr. suffiraient, dans la plupart des cas, pour répondre à tous les besoins à desservir.

Paris. — 1er Mars 1858.

82. Emploi de Siphons en fonte
au lieu d'aqueducs en maçonnerie, pour le franchissement des vallées par les canaux d'alimentation et d'irrigation.

On comprend que du temps des Romains, où l'industrie du fer était encore dans l'enfance, on ait construit d'immenses aqueducs pour faire traverser les moindres ravins à l'eau destinée au besoin des villes et des villas. On s'explique qu'à une époque où la matière première et la main-d'œuvre ne coûtaient rien aux conquérants du monde, on ait employé des montagnes de pierre et des milliers de bras pour résoudre des difficultés d'un ordre secondaire.

Mais on a le droit de s'étonner qu'aujourd'hui, lorsque des moyens beaucoup plus simples sont à la disposition des ingénieurs, on ait encore quelquefois voulu lutter de prodigalité avec la période romaine, et que l'on ait inutilement dépensé des millions pour élever des monuments trois fois plus coûteux que la solution normale et naturelle.

En un mot, il est évident qu'aujourd'hui il faut renoncer aux aqueducs en maçonnerie de grande dimension, pour adopter le système des siphons en fonte, simples ou multiples, ou des tubes droits en fonte portés sur piliers en métal ou en maçonnerie, pour rendre plus économiques les grands travaux d'alimentation et de distribution d'eau.

On peut calculer qu'au moyen de trois siphons en fonte, d'un mètre et demi au plus de diamètre, on eût pu exécuter, pour un million et demi, certains travaux qui ont coûté 3 millions et demi.

Cette observation peut n'être pas inutile à faire, aujourd'hui que l'on s'occupe d'un projet d'alimentation de la ville de Paris, qui doit amener les eaux de très-loin par un canal, au lieu de les puiser dans la Seine à l'amont de la ville au moyen de puissantes machines d'exhaustion.

Paris. — 1er Mai 1859.

83. Les Bains et Lavoirs publics économiques.

Un grand nombre de villes manquent encore aujourd'hui d'établissements de bains convenablement installés, et de lavoirs publics économiques.

L'hygiène et la diminution des dépenses de toute nature dans les opérations domestiques sont cependant les bases essentielles du bien-être matériel.

Pour une somme peu considérable en définitive, soit une vingtaine ou une trentaine de mille francs, on peut établir dans un village quelconque un appareil élévatoire à manége ou à moulin à vent, un lavoir couvert avec réservoir à haute pression et huit ou dix bornes-fontaines donnant l'eau aux principaux points de la localité.

A Londres et dans un nombre considérable de villes anglaises ou américaines, la ménagère économe peut, pour 10 ou 20 centimes en moyenne, faire laver à chaud ou à froid tout le linge nécessaire aux besoins de sa semaine. Pour 20 ou 25 centimes, tout compris, il se distribue plus de 500 bains par jour dans chaque établissement.

Quand les sources naturelles peuvent être amenées à peu de frais au centre d'une ville au moyen d'une conduite de quelques centaines de mètres seulement, c'est une incurie blâmable de la part de l'administration municipale de ne pas y pourvoir dans le plus bref délai.

La mortalité redouble dans les villes mal alimentées ou mal assainies. Les affections nerveuses et cutanées y sont la conséquence immédiate d'une mauvaise organisation domestique.

Tant qu'il restera dans les pays civilisés plus des trois quarts des centres de population dénués de tout système rationnel de distribution d'eau ou de drainage par égouts, il faudra répéter sans cesse qu'il est urgent de prendre les mesures les plus énergiques pour y remédier; car les villes insalubres seront désertées peu à peu pour les centres de population plus favorisés, et la cessation de tout commerce et de toute industrie sera la suite inévitable d'un état hygiénique dangereux.

Paris. — 1er Octobre 1862.

84. Construction de bains de Vapeur économiques
par associations d'ouvriers dans les centres manufacturiers.

L'amélioration des conditions hygiéniques de la vie pour les ouvriers des grands centres industriels est une question tellement importante, qu'on ne saurait trop citer l'exemple des villes dans lesquelles un progrès de ce genre a été réalisé.

On sait qu'au point de vue de l'économie, comme à celui de l'efficacité et de la promptitude d'action, les bains de vapeur sont bien préférables aux bains d'eau.

On comprend, en effet, qu'une simple couche de vapeur, absorbée par chaque homme, suffit pour produire une immersion complète, tandis que dans le système des bains liquides, il faut un volume d'eau relativement considérable échauffé à grands frais et renouvelé en pure perte, pour produire le même effet.

En d'autres termes, avec l'eau d'un seul bain ordinaire, à cuve, on peut produire assez de vapeur pour distribuer une centaine de bains dans le système nouveau. (On sait qu'un litre d'eau représente plus de mille litres de vapeur.) Aussi, en Angleterre, ce pays par excellence de toutes les innovations pratiques, les bains de vapeur ont-ils pris, dans ces derniers temps, un développement considérable dans les principales villes industrielles.

A *Manchester*, à *Sheffield*, à *Leeds*, à *Rochdale*, les ouvriers se sont réunis en société, pour fonder, à leur propre usage, de vastes établissements dont les résultats sont tout à fait remarquables.

Des actions de 25 francs (une livre sterling) ont été créées, des comités de direction se sont mis à l'œuvre, et aujourd'hui tous ces établissements, non-seulement remplissent parfaitement le but hygiénique que l'on se proposait, mais encore distribuent à leurs actionnaires des dividendes correspondant à plus de 12 p. 100 de bénéfice, ce qui n'est pas pour eux le côté le moins utile de a question.

L'installation générale des construc ons dont il s'agit est d'ailleurs très simple et très-économique.

Une grande salle centrale voûtée, une piscine avec dalles formant rigoles d'écoulement pour la vapeur condensée, des siéges et des tables de pierre ou de marbre chauffées pour les frictions, des cabinets ouverts pour les douches et les savonnages tout autour de la grande salle, puis à l'entrée un vestibule, une lingerie, une première salle chauffée ou les baigneurs se déshabillent, pour que le corps se porte graduellement à la température plus élevée de la salle de vapeur, une autre salle avec lits de repos, pour ne pas ressortir brusquement du bain de vapeur à l'air extérieur, telles sont les dispositions générales de ces établissements dont l'entrée ne coûte que 0'.10 (un penny), et qui réalise de la manière la plus économique possible le problème des bains publics pour la classe ouvrière.

Paris. — 1ᵉʳ Octobre 1862.

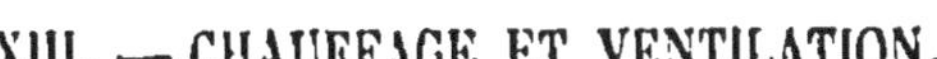

XIII. — CHAUFFAGE ET VENTILATION.

85. Chaudières tubulaires à retour de flamme.

Dans un grand nombre de chaudières tubulaires anglaises et américaines, on commence à ne plus faire pénétrer la flamme directement dans les tubes par le foyer, mais on lui fait longer d'abord le dessous de la chaudière, et, lorsqu'elle s'est ainsi débarrassée de la majeure partie des poussières solides qu'elle entraine toujours avec elle, on la fait revenir en arrière, en pénétrant alors seulement dans les tubes par retour vers la région du foyer.

Lorsque les tubes sont courts, comme cela arrive notamment dans la marine, et lorsqu'il est important d'interrompre le moins possible le service pour le nettoyage et les réparations de la chaudière, ce système peut présenter de notables avantages d'économie et d'entretien.

C'est, en tout cas, un point à expérimenter.

Paris. — 1er Décembre 1858.

86. Chauffage à la vapeur des Cabines des navires
pour les voyages dans les mers du Nord.

Il serait facile d'améliorer la situation des voyageurs qui ont à faire de grandes traversées en mer, surtout pendant la mauvaise saison et dans les mers septentrionales, en dirigeant, à travers les cabines, des conduites en cuivre de 8 à 10 centimètres de diamètre, traversées par la vapeur de la chaudière, et se dégageant (autant que possible séparément) à l'arrière, ou sur les côtés du navire, comme les eaux de la pompe à air.

Ce système ne coûterait que les frais de premier établissement, c'est-à-dire une somme insignifiante par rapport au prix total d'un navire.

Il procurerait aux voyageurs un bien-être évident et faciliterait aussi la ventilation des cabinets par le courant modéré d'air chaud qui s'établirait de bas en haut vers les ouvertures de l'entrepont.

Nous engageons les compagnies de transport à prendre en considération cette mesure, car bien souvent les voyageurs ne se décident pour un navire de préférence à un autre que parce qu'ils savent y trouver plus de sécurité et plus de confort.

Bordeaux. — 1er Mai 1861.

87. Ventilation par insufflation
substituée à la ventilation par différence de densité de l'air chaud et de l'air froid.

Il a été démontré, par de nombreuses expériences faites notamment à l'hôpital Lariboisière et à l'hôpital Beaujon, que la ventilation par cheminées d'appel ou par différence de densité ne renouvelait l'air des salles que d'une manière très-incomplète. Il se produit des courants d'air locaux, et l'air circulant le long des murs ou le long des plafonds seulement se renouvelle par ce mode, tandis que la masse de la salle reste inerte.

Il a été reconnu au contraire qu'en injectant l'air salubre directement, par insufflation, il se mêle beaucoup plus complètement à l'air vicié et l'expulse des espaces où il s'est produit, dans un temps relativement très-court.

Il serait donc désirable que, partout où les conditions économiques le permettraient, le système nouveau fût substitué au mode ancien, et que, dans les hôpitaux, notamment, où l'accumulation des malades produit souvent des épidémies spéciales, on ne négligeât rien pour obtenir le résultat le plus efficace, et l'assainissement le plus complet.

Paris. — 1er Mai 1858.

88. Aérage par insufflation
de la chambre des chaudières dans les bateaux à vapeur.

Il n'est personne, parmi ceux de nos lecteurs qui ont fait des voyages sur mer, qui n'ait été frappé de l'état dangereux et déplorable dans lequel se trouvent les mécaniciens et chauffeurs des grands navires à vapeur, obligés d'exister dans un milieu d'une température qui s'élève quelquefois au-dessus de 50 à 60 degrés centigrades.

Le moyen actuellement employé pour ventiler les chambres des chaudières est complètement insuffisant : un entonnoir en tôle dirigé vers l'avant du navire, et un autre ouvert à l'arrière, donnent de l'air frais lorsque le navire est en marche. — Mais ce moyen est inefficace lorsque le vent est contraire, ou quand sa vitesse est voisine de celle du navire. Il est d'un effet nul lorsque le navire est au repos, ou dans les temps de calme.

On pense peut-être qu'obligés de vivre dans de telles conditions, les ouvriers qui abrègent la durée de leur existence, et qui ne peuvent plus faire aucun autre travail après dix ans de ce service trouvent dans des appointements très élevés une compensation à leur pénible état? Il n'en est rien : 50, 60 ou 80 fr. par mois, avec une mauvaise nourriture, sont les conditions ordinaires qui leur sont faites dans la plupart des navires de commerce, et même dans certains bâtiments de l'État.

Il y a donc lieu de chercher un remède à un état de choses aussi regrettable, et nous proposons de faire mouvoir, dans l'intérieur même de la chambre des chaudières, une hélice d'aspiration, ou un ventilateur à palettes, pour injecter de l'air frais, avec une vitesse variable à la volonté du mécanicien, au moyen de plusieurs pommes d'arrosoir en cuivre pour éviter les courants d'air locaux.

Le ventilateur pourrait être mû très-facilement au moyen d'un cheval-vapeur qui en ferait partie essentielle et qui recevrait sa vapeur de la chaudière elle même. Nous soumettons cette idée, très-simple, aux constructeurs-mécaniciens et aux personnes chargées par état du contrôle et de l'amélioration de la situation des employés maritimes. Bien des objections seront faites sans doute pour maintenir la routine actuelle, mais une expérience, dans le navire le plus important, à grosses chaudières, ne coûterait pas tant pour que l'on n'en fît pas au moins l'essai.

Lisbonne. — 1er Avril 1861.

89. Ventilation artificielle des théâtres

au moyen de bouches d'air en cristal alimentées par des ventilateurs à force centrifuge, ou des machines soufflantes mues par la vapeur.

Au moment où il s'agit de reconstruire plusieurs théâtres des boulevards de Paris, par suite du percement d'une grande avenue entre le Château-d'Eau et la barrière du Trône, il est bon d'appeler l'attention des architectes sur un des plus graves inconvénients qui aient été signalés dans la construction des salles de spectacle modernes :

C'est l'insuffisance évidente de leur ventilation.

En hiver, la grande différence qui existe entre la température extérieure et celle de la salle, peut servir, à la rigueur, pour donner lieu à un appel d'air énergique, et le vent froid qui afflue par la scène et par les couloirs, peut maintenir dans les loges un degré de fraîcheur suffisant.

Mais en été, le courant dû à la différence de densité de l'air chaud et de l'air froid diminue beaucoup de masse et de vitesse, et le séjour des salles de spectacle devient, à certains moments, un supplice intolérable.

Pour remédier à cet état de choses de la manière la plus complète et la plus efficace, il faudrait établir, en dehors de chaque salle, ou dans un compartiment spécial, un ventilateur assez puissant pour déplacer, plusieurs fois en une soirée, le volume d'air contenu dans la salle.

On sait qu'il suffit d'une force relativement très-faible pour mettre en mouvement d'énormes masses de gaz.

Une machine à vapeur d'une force très-limitée, et quelquefois un simple manége à un cheval, pourra distribuer aisément dans tous les points du parterre et des loges, un air pur pris au dehors du bâtiment.

L'afflux permanent de cet air respirable chassera de la manière la plus complète l'atmosphère viciée de l'intérieur.

Des régulateurs mis à la disposition du public dans les principales loges et devant les fauteuils et stalles d'orchestre, pourraient permettre de modérer à volonté la quantité d'air que l'on voudrait recevoir.

Paris. — 1er Mai 1858.

90. Emploi de ventilateurs

à bras, à poids ou à ressorts, pour renouveler l'air dans les maisons et les lieux de réunion.

Il est reconnu que la ventilation par l'appel dû seulement à la différence de densité de l'air chaud et de l'air froid est rarement assez énergique pour renouveler rapidement l'atmosphère dans une enceinte ou sont renfermées un grand nombre de personnes.

D'un autre côté, on sait aussi qu'il faut une force minime pour déplacer des quantités d'air énormes, et qu'un seul homme, par exemple, agissant sur une manivelle avec une pression de 30 kilogrammes, et mettant en mouvement un ventilateur à larges ailes, avec volant et multiplicateur, peut déplacer aisément 1,000 mètres cubes au moins par minute.

La dépense serait de 3 fr. au plus par soirée.

Nous proposerions donc, pour renouveler l'air dans les salles de spectacle, les salles de bal et de concert, les salles d'audience, les assemblées et même les appartements privés à certains moments de l'été, de faire usage de ce moyen aussi simple que rationnel, et d'injecter de l'air froid par des ventilateurs à bras d'homme, à poids où à ressort, lorsqu'on ne pourra pas faire usage de quelque autre moyen mécanique plus puissant.

Dans les théâtres un large tambour établi sous la salle renfermerait une roue à ailes ou à hélice et ferait office de ventilateur. L'air s'échapperait de ce tambour au moyen d'une série de tuyaux divergents, remontant verticalement jusqu'au-dessus de la tête des spectateurs, ou s'épanouissant en gerbes comme des candélabres le long des colonnes des loges. De cette façon on distribuerait l'air frais comme on distribue la lumière ou la chaleur, et l'on n'aurait plus à subir tous les inconvénients qui rendent le séjour de certaines salles en été vraiment intolérable.

Paris. — 1er Septembre 1860.

91. Ventilateurs rotatifs à bras d'hommes,
pour les installations de forges mobiles.

Dans beaucoup de circonstances, et surtout dans les installations d'ateliers de montage mobiles, on pourrait remplacer avantageusement les lourds soufflets de forge que l'on emploie d'ordinaire, par des petits ventilateurs rotatifs à force centrifuge, à volant et à multiplicateur.

Nous avons appliqué avec succès un appareil de ce genre aux travaux de montage de plusieurs ponts en fer, et pour des forges à réparer les outils sur place.

En doublant le nombre d'hommes qui sont à la manivelle, et en donnant au volant un poids proportionné, on peut obtenir une insufflation d'air extrêmement énergique, et développer une chaleur exceptionnelle pour les coups de feu destinés aux grosses pièces difficiles à forger.

En tout état de cause, les forges volantes sous hangar doivent être abritées contre les vents et la pluie, de manière à concentrer le plus possible la chaleur de foyer, et à éviter les pertes par le rayonnement.

Paris. — 25 Avril 1858.

XIV. — THÉATRES.

92. Élargissement des couloirs

*dans les étages inférieurs des salles de spectacle. — Augmentation
du nombre des portes de dégagement.*

Puisque nous parlons des salles de spectacle, profitons de cette occasion pour signaler un autre inconvénient non moins grand de leur distribution intérieure.

C'est l'identité de la largeur des couloirs et des escaliers à tous les
étages, tandis que le flot du public, qui s'y presse au moment de la
sortie, s'augmente évidemment, dans les étages inférieurs, d'une manière proportionnelle et croissante.

Il faudrait, pour établir les dégagements dans un système plus commode et plus rationnel, faire avancer graduellement vers la salle la
cloison de pourtour qui sépare les loges inférieures des couloirs, et
faire porter tout le poids de la foule, au moyen de traverses en fer, sur
le mur extérieur d'une part, et, d'autre part, sur des colonnettes montant verticalement de l'arrière des loges inférieures à l'avant des loges
supérieures.

Il faudrait, en même temps, établir extérieurement, et tout autour
du théâtre, en regard des deux premiers étages au moins, des galeries
de dégagement spéciales qui seraient interrompues par trois ou quatre
escaliers de descente, au lieu de deux, ou souvent d'un seul.

Enfin chaque escalier de descente devrait aboutir directement à un
groupe de portes de dégagement.

Ce n'est qu'à de telles conditions qu'on évitera les encombrements
de chaque soir, et les accidents bien plus graves encore que pourraient
produire une panique ou un incendie.

Paris. — 1er Mai 1858.

93. Adoption de rampes couvertes en toile métallique

pour l'éclairage de la Scène des Théâtres.

Les nombreux accidents qui ont lieu chaque année sur les théâtres,
par suite de la proximité du feu de la rampe, rendent très-désirable
que l'on généralise la mesure qui consiste à envelopper cette rampe
dans toute sa longueur par une toile métallique à mailles larges, ou tout
au moins à la couvrir obliquement du côté de la scène, par un écran
de ce genre.

De cette manière on n'aurait plus à craindre que les vêtements flottants des artistes viennent prendre feu au-dessus des verres, et l'on
n'aurait plus à déplorer des événements comme celui qui, tout récemment encore, a affligé le théâtre de l'Opéra.

Craint-on que cette toile ne nuise à l'effet scénique en s'interposant

entre l'œil du spectateur et le devant du théâtre? Qu'on la fasse aussi
claire que l'on voudra, qu'on lui donne des mailles de plusieurs centimètres même de côté, l'inconvénient disparaîtra, et le but n'en sera pas
moins atteint.

Paris. — 1er Septembre 1863.

94. Adoption d'un procédé réglementaire
*pour reconnaître les Fuites de gaz dans les théâtres et autres
établissements publics.*

Depuis plusieurs années on emploie au théâtre de l'Opéra un moyen
aussi simple qu'efficace pour reconnaître, avant l'ouverture des portes au
public, s'il n'existe pas de fuites de gaz qui pourraient être une cause
de danger pour les spectateurs ou pour le service intérieur de la scène.

Une heure avant l'allumage, les robinets d'alimentation sont ouverts,
et le gaz mis en charge; en même temps un employé prend note de la
marque du compteur.

Si, au moment où les becs vont être allumés, la position de l'aiguille
n'a pas varié, le bon état des conduites est constaté; dans le cas contraire, on est averti par une simple inspection du cadran, de l'existence
de la fuite et de son importance. Il est facile alors d'y remédier.

Il serait désirable qu'un arrêté municipal prescrivît et notifiât à tous
les directeurs de théâtres, grands cafés, bals et autres établissements
publics cette mesure préliminaire qui est dans leur propre intérêt, et
qu'il serait bien facile de faire adopter partout, afin d'éviter des accidents
fréquents, ou tout au moins des désagréments et des suspensions dans
l'éclairage régulier du local.

Paris. — 1er Novembre 1862.

XV. — AGRANDISSEMENT ET EMBELLISSEMENT DES VILLES.

95. Agrandissement de la ville de MADRID.

Lorsque PHILIPPE II décida que la capitale de l'Espagne, dans sa
pensée la capitale du monde, devait être établie au point central de son
royaume, dans un lieu nouveau, libre de toute tradition historique, et
n'éveillant ainsi aucune jalousie municipale, il ne songea peut-être pas
assez aux conditions générales qui doivent présider au choix de l'emplacement d'une ville et surtout d'une ville capitale.

Sans doute le beau ciel de la Castille, la salubrité de l'air, l'élévation
de la cité sur un plateau situé à plus de 500 mètres au-dessus du niveau
de la mer, et d'où l'on domine un immense horizon, étaient des avantages qui pouvaient séduire un esprit Royal.

Mais l'absence de tout cours d'eau d'une certaine importance, l'aridité du sol, la nudité des environs, la rigueur des hivers encore augmentée par les vents froids du Guadarrama, la difficulté des voies de communications, pouvaient bien compenser ces motifs favorables, et l'on est conduit à se demander comment Madrid se trouve placée à la tête d'un pays qui possède Barcelone, Tolède, Séville, et Cadix.

Et cependant Madrid est aujourd'hui une des villes les plus agréables à habiter de toute l'Europe : c'est une des cités les plus vivantes, les plus élégantes, les plus libres qui existent, et l'étranger la reconnaît invinciblement pour la véritable capitale de l'Espagne.

A quelles causes tient ce fait singulier? C'est qu'aujourd'hui tous les chemins de fer qui convergent vers Madrid en ont fait un centre d'attraction et un lieu d'échange intellectuel des plus considérables. C'est que, récemment aussi, une distribution d'eau, la plus belle peut-être, la mieux construite et la plus complète de l'Europe, est venue y amener, avec les eaux de la Sierra voisine, la santé, la prospérité industrielle et la végétation. C'est qu'enfin l'intelligence et le charme naturel de la population rendent le séjour de Madrid des plus séduisants, et que l'on y reconnaît toujours encore la ville qui sous Charles-Quint était à la tête de la civilisation.

Aussi la population de Madrid augmente tous les ans dans une proportion extraordinaire; les rues et les maisons deviennent trop étroites, et l'élévation extrême des loyers a rendu l'agrandissement de la surface habitable d'une nécessité absolue.

Un projet grandiose, conçu et formulé par M. D. Castro, Inspecteur général du Service Municipal, indique une augmentation qui triplerait l'étendue de la ville actuelle. Une nouvelle enceinte, située à une distance moyenne d'un kilomètre et demi environ du chemin de ronde, donnerait satisfaction à tous les besoins à prévoir, et ferait réellement de Madrid la digne capitale du royaume.

Voici en outre, pour compléter l'idée générale du projet, un programme que nous avons rédigé de concert avec M. Retortillo, Ingénier en chef de M. J. de Salamanca et dont la réalisation doterait Madrid de toutes les améliorations et de tous les établissements utiles qui constituent une ville moderne complète :

1° Ouverture *immédiate* des principales rues nouvelles qui doivent traverser la zone d'agrandissement, pour relier ainsi le Madrid actuel au Madrid futur;

2° Construction d'une *Halle centrale d'approvisionnement* et de divers marchés secondaires, mieux situés que les marchés actuels. C'est là aussi une des nécessités les plus urgentes de Madrid, non-seulement au point de vue de son approvisionnement, mais encore, et principalement au point de vue hygiénique;

3° Création de bains et lavoirs publics: Ces établissements peuvent être un objet important d'industrie privée; mais du moment qu'il existe à Madrid abondance d'eau, le Conseil municipal pourrait établir, aux frais et bénéfices de la ville, un ou deux lavoirs couverts. La municipalité perçoit déjà un impôt pour les lavoirs établis sur le modeste Manzanarès : elle pourrait en percevoir un autre, bien plus productif, par la location des lavoirs couverts qui seraient plus recherchés à l'intérieur de la ville. De cette manière aussi les rives du fleuve ne présenteraient plus le répugnant aspect qu'elles offrent aujourd'hui, et seraient plus dignes de la promenade Royale qui les domine et dont elles forment en quelque sorte le complément naturel ;

4° Construction d'édifices nouveaux pour certains Ministères, assez irrégulièrement installés, et pour d'autres établissements publics, tels qu'Écoles spéciales, Bibliothèques, Gymnases, Théâtres, qui devraient être situés dans la zone d'agrandissement, pour y accélérer l'achèvement des constructions privées ;

5° Amélioration générale du pavage et du macadamisage des rues et trottoirs de Madrid. L'empierrement, déjà employé pour quelques boulevards et rues depuis trois ans, donne de très-bons résultats, depuis qu'on peut l'arroser avec tant de facilité et d'économie par les tuyaux souterrains. Ce serait peut-être aussi le cas d'employer le cassage des pierres à la machine et le cylindrage mécanique à la vapeur, qui déjà a été proposé dans notre *Portefeuille des Machines* ;

6° Achèvement du réseau de l'éclairage au gaz ;

7° Couverture du ruisseau qui descend de la Fuente Castellana au Paseo de Recoletos, un des principaux boulevards de Madrid, et où les plus riches habitants de la ville ont édifié un grand nombre de palais, de villas et de jardins ;

8° Couverture de l'égout qui passe près de la station des chemins de fer du Midi, afin d'y bâtir des maisons pour les ouvriers, et aussi certains édifices publics ;

9° Création de squares et plantations d'agrément dans l'intérieur de la ville et dans la zone suburbaine, avec bancs, gazons et fontaines monumentales. Remplacement de quelques-unes des fontaines actuelles ;

10° Création d'un jardin d'hiver, avec promenade abritée, entre le Buen-Retiro et la station des chemins de fer du Midi (Atocha), où le soleil est toujours chaud et où les collines de la promenade Royale protégeraient les promeneurs contre les vents froids du Nord. Ce site offre d'ailleurs, à portée de la population, plusieurs points de vue remarquables ;

11° Adoption d'un profil économique avec plantations d'arbres et d'arbustes pour la nouvelle enceinte de la ville. Le profil dont il a été question semble un peu coûteux, et il serait peut-être embarrassant pour la municipalité de le mettre à exécution de suite ;

12° Enfin plantation et reboisement des environs de Madrid, par le choix des essences d'arbres et d'arbustes les plus appropriés.

Il faudrait, à cet effet, commencer par des cultures régulières d'oliviers, de chênes-liéges, d'acacias, de pins, de genêts d'Espagne, de bruyères, de genévriers, de cyprès, et autres plantes du pays assez résistantes pour abriter les jeunes pousses et servir plus tard, par leur défrichement, à doter le sol des éléments organiques qui lui manquent.

Il serait utile de pouvoir arroser chaque pied d'arbre par des rigoles dérivées du réseau général de la canalisation extérieure, et de féconder le sol par des apports de terre végétale et d'amendements minéraux.

On compléterait cet ensemble de mesures par l'établissement de prairies artificielles, à fonds de luzerne, de trèfle et de graminées robustes, pour servir de base, au moyen d'un arrosage périodique, à une culture agricole plus productive et à l'embellissement immédiat des environs de la cité. En tout état de cause, il faudrait que l'initiative de ces divers travaux appartînt à une administration spéciale chargée du Service des Promenades et Plantations.

Telles sont, en résumé. les améliorations principales dont la ville de Madrid serait susceptible dès à présent. Puissent elles trouver un écho généreux dans la sollicitude Municipale et dans le patronage éclairé du Gouvernement! Il n'est pas, dans un pays, de travail plus utile que l'embellissement et l'agrandissement de sa capitale, car c'est de là que partent toutes les améliorations secondaires et les pensées fécondes qui développent l'industrie, l'agriculture et le commerce sur le reste de la surface du pays.

Madrid. — 1" Mai 1863.

98. Programme pour l'agrandissement
et l'embellissement de la ville de LISBONNE.

Lorsqu'un étranger arrive dans Lisbonne et qu'il parcourt cette ville si admirablement située. il lui est difficile de comprendre comment, avec un tel climat, avec une population aussi énergique, avec une des plus belles rades de l'Europe, Lisbonne ait pu perdre l'empire des mers qu'elle possédait autrefois, et semble reléguée aujourd'hui, comme influence politique et industrielle, à un rang si peu digne de son antique splendeur.

Pour que Lisbonne redevînt la clef de l'Atlantique, le Liverpool et le Cherbourg de la Péninsule, il suffirait qu'un ensemble de mesures, exécutées avec fermeté et persévérance, vînt lui rendre successivement l'industrie et l'esprit de progrès qui sommeillent en elle, et développer les magnifiques ressources dont la nature l'a douée.

Qu'on nous permette d'indiquer seulement aujourd'hui les principaux projets qui pourraient être mis à exécution dans un avenir plus ou moins prochain : leur analyse et leur discussion détaillées nous entraîneraient au delà du cadre de ce livre, mais nous nous réservons de revenir par la suite sur les différents objets dont il s'agit.

1. Achèvement des chemins de fer du Nord, de l'Est et de Cintra, avec extension de la gare centrale de Lisbonne.

2. Création d'ateliers de construction pour le matériel des chemins de fer et des travaux publics.

3. Création de docks de Lisbonne.

4. Ouverture d'un port franc.

5. Achèvement et fortification du port actuel.

6. Création de cales de radoub et d'ateliers de construction pour les navires de haut bord.

7. Achèvement des quais, depuis Belem jusqu'à Santa-Apollonia, et création de Maisons, Ateliers et Magasins le long des terrains gagnés sur la Mer (prix gradués : 20 fr., 40 fr. et 50 fr. le mètre).

8. Construction d'une Halle Centrale d'approvisionnement.

9. Création de nouveaux réservoirs d'eau sur plusieurs points de la ville, injection et distribution des eaux au moyen de conduites en fonte pour les hautes pressions (au lieu de conduites en tôle bitumée).

10. Complément du réseau général des égouts dans la ville et le long des quais pour dériver les immondices à l'aval du fort de Belem.

11. Amélioration générale du pavage.

12. Percement de nouvelles rues dans les quartiers anciens.

13. Adoption de plaques uniformes pour la désignation des noms des rues et des numéros des maisons.

14. Création de Bains et Lavoirs publics sur le Tage et dans l'intérieur de la ville.

15. Construction d'une Poste Centrale.

16. Achèvement de l'Académie des Beaux-Arts.

17. Création d'une école d'Arts et Metiers.

18. Création d'une Bibliothèque industrielle et d'un Conservatoire public des arts et métiers.

19. Création d'un atelier de Construction pour les Ponts et travaux en fer.

20. Création de diverses Promenades nouvelles et d'un jardin d'acclimation hors de la ville.

21. Établissement de grands magasins de vente analogues à ceux de Paris.

22. Amélioration des routes et chemins aux environs de Lisbonne.

23. Création de deux grands casernes nouvelles, l'une d'infanterie et l'autre de cavalerie, pour améliorer les conditions hygiéniques de l'armée Portugaise.

24. Achèvement du Palais Royal d'Ajuda, de l'arc de triomphe de la place du Commerce, de la statue de la place de Don Pedro et du monument de Camoëns.

25. Conclusion d'un traité Postal avec la France.

26. Création d'un service maritime hebdomadaire entre Bordeaux et Lisbonne.

27. Règlement pour l'Expédition de mandats-poste et de sommes d'argent par le télégraphe (bureaux de dépôt).

28. Adoption du système métrique pour les poids et les monnaies.

29. Éclairage électrique du Port par le Phare de Bugio, la Tour de Belem, le Phare de l'Arsenal et la pointe de Santa-Apollonia.

30. Ouverture de nouvelles rues et de Boulevards plantés d'arbres à travers les quartiers les plus irréguliers de la ville.

Lorsque l'ensemble de ces différentes mesures sera adopté et mis à exécution, Lisbonne sera évidemment une ville nouvelle, et il sera difficile à aucune autre de rivaliser avec elle pour la puissance industrielle, commerciale et maritime.

Aucun des projets indiqués plus haut n'est d'ailleurs inexécutable, et, en les prenant par ordre d'urgence, on pourra en proportionner l'exécution aux ressources disponibles.

Il est à désirer que les occasions se présentent le plus tôt possible, et qu'un gouvernement bienveillant et ami du progrès les favorise efficacement de son patronage éclairé.

Lisbonne. — 1er Avril 1861.

97. Programme pour l'amélioration

et l'embellissement de la ville de BORDEAUX.

Quoique la ville de Bordeaux soit déjà une des plus belle cités de France, il n'en est pas moins vrai que c'est surtout au point de vue du développement architectonique des façades, de la largeur des rues, de la régularité des plantations et de la beauté des certains édifices de luxe, que cette cité se distingue des autres villes d'une population analogue.

Il reste plus d'un progrès important à y réaliser encore, en ce qui concerne la bonne organisation industrielle et économique.

Voici les divers projets qui sont actuellement à l'étude et au sujet desquels la ville s'occupe de contracter un emprunt de 18 millions, remboursable en trente-six annuités.

1. Rachat du péage du pont, de concert avec l'État. Somme prévue pour la part de la ville.	1,250,000 fr.
2. Complément du réseau de la distribution des eaux; création de machines, de réservoirs, de canaux et fontaines nouvelles : ensemble.	2,500,000
3. Création d'un grand égout collecteur, destiné à l'assainissement du port et de la ville.	750,000
4. Musée et bibliothèque.	1,700,000
5. Écoles primaires.	300,000
6. Lycée impérial.	300,000
7. Hospices.	1,000,000
8. Construction de trois églises, dans les paroisses de Saint-Louis-des-Chartrons, de Saint-Pierre et de Saint-Ferdinand: ensemble.	800,000
Total à reporter. . .	8,600,000 fr.

Report.	8,600,000 fr.
9. Agrandissement du grand Marché.	2,600,000
10. Agrandissement du marché des Grands-Hommes.	1,300,000
11. Création d'un Square et d'une Fontaine, place Dauphine.	80,000
12. Prolongement des rues Saint-Martin et Roland.	550,000
13. Alignement de la rue Porte-Dijeaux.	300,000
14. Création d'une rue nouvelle dans la vallée du Peuge, allant de la place Rohan au port Saint-Jean.	3,500,000
15. Boulevard de ceinture.	1,500,000
Somme à valoir et frais de l'emprunt.	170,000
Total.	18,000,000 fr.

Cette somme paraît élevée, et plusieurs des devis indiqués ci-dessus semblent une limite supérieure de la dépense ordinaire des bâtiments analogues. Ainsi on peut construire un Musée pour moins de 1.700.000 fr., un Collège pour moins de 300,000 fr., des marchés pour moins de 3,300,000 fr.; des églises secondaires coûtant chacune moins de 270,000 fr., et ainsi de suite. On pourrait peut-être aussi ajourner certaines dépenses, comme par exemple la rectification de la rue Porte-Dijeaux. En combinant les efforts de l'industrie privée avec les concessions de terrain et faveurs fiscales de la ville, on pourrait obtenir, pour des sommes bien plus faibles, la création de l'avenue du Peuge et du Boulevard de Ceinture.

Quoi qu'il en soit, la ville propose, pour couvrir les dépenses ci dessus indiquées, les voies et moyens suivants :

1° Une imposition générale de 6 centimes additionnels ;

2° L'établissements de nouvelles taxes sur les huiles, vinaigres, fers, fontes, pierres, plombs, bois, oranges, truffes, glaces et miroirs, blanc Champé, etc.

Si elle ne trouve pas ainsi toutes les ressources dont elle a besoin, elle peut entrer dans la voie des économies, comme nous l'indiquions plus haut. Quand on n'exécuterait que pour 10 millions de travaux, ce serait déjà une somme suffisante pour réaliser d'abord les parties les plus utiles du programme.

Bordeaux. — 1er Avril 1862.

98. Programme pour l'amélioration

et l'embellissement de la ville de NAPLES.

Naples est, comme on sait, la troisième ville d'Europe après Paris et Londres, par le chiffre de sa population. Cette ville, aussi remarquable par son activité bruyante, que par le peu d'avancement de son instruction générale et de ses institutions modernes, compte aujourd'hui 480,000 habitants.

En comparant sa surface et sa population, on trouve les résultats statistiques suivants:

NOMS DES VILLES.	SURFACE occupée par les constructions en kilomètres superficiels.	POPULATION actuelle 1862.	NOMBRE d'habitants par kilomètre.
	kilom. superfic.		
Naples.	6 852·01	480,000	70,072
Paris (depuis l'annexion) . .	50 6943·3	1,953,000*	38,522
Londres.	75.376422	2,500,000	33,150

*Rapport du Préfet de la Seine à l'Empereur, en date du 25 Décembre 1861.

En présence d'une agglomération de population qui est presque le double de celle de Paris sur une même surface bâtie, la première idée qui se présente est la nécessité absolue de l'agrandissement de la ville, et de la création de nouvelles maisons, plus grandes, plus saines, et mieux distribuées que les bâtisses actuelles.

Deux emplacements ont été surtout proposés à ce sujet. Ce sont d'ailleurs les seuls possibles : L'un, qui serait le développement actuel et effectif de la ville, est situé près des deux gares de chemin de fer (Ligne de Capoue et ligne de Castellamare). Tout l'extérieur de la ville, de ce côté, est occupé par des cultures maraîchères, très-productives sans doute, mais dont l'expropriation et l'assainissement pourraient donner lieu à des opérations immobilières avantageuses.

L'autre région où l'on peut s'étendre, serait la partie du golfe, très-peu profonde, et facile à remblayer sur 200 ou 300 mètres de distance de la côte, qui s'étend devant la Villa Reale (jardin public) et le long des quais de la Chiaja.

1. Ce premier projet a été présenté récemment à la municipalité de Naples.

2. Le port de Naples est, en effet, tout à fait insuffisant dans l'état actuel. Il le sera encore bien plus lorsque le percement de l'Isthme de Suez viendra augmenter dans une proportion en quelque sorte illimitée, le trafic commercial de la Méditerranée, et lorsque les chemins de fer transversaux de Naples à l'Adriatique seront en pleine activité.

Il y a donc lieu de créer, au fond du golfe, un vaste bassin abrité par une jetée en blocs artificiels, comme à Marseille et à Alger : des Docks, des Bassins de radoub, des Cales de construction, seraient le complément naturel de cette entreprise, à laquelle s'annexerait encore la création d'un autre quartier de ville, entre les maisons actuelles et les nouveaux quais.

3. L'Élargissement et la rectification d'un grand nombre de rues, surtout dans la ville haute, serait une mesure indispensable.

4. La reconstruction d'un grand nombre de maisons qu'il y aurait avantage à acheter et à démolir pour les rebâtir sur des plans plus réguliers et plus hygiéniques.

Telles sont les mesures le plus immédiatement urgentes, pour assurer à l'excédant de population de la ville, le logement et le travail dont elle manque en ce moment.

Pour les autres améliorations, nous nous bornerons à les énumérer comme il suit :

5. Distribution d'eau plus générale et plus étendue, au moyen de la création de nouveaux réservoirs voûtés, et d'un réseau de canalisation en fonte pour les hautes pressions.

6. Éclairage au gaz de toutes les rues éloignées du centre de la ville avec établissement de deux nouveaux gazomètres. Le cinquième seulement de la ville actuelle est illuminé par le gaz.

7. Bains et Lavoirs publics économiques : Il n'existe, pour ainsi dire, pas d'établissements de bains convenables à Naples dans le centre des quartiers les plus populeux.

8. Organisation générale du service de la salubrité pour l'arrosage et le balayage quotidien des rues. Aujourd'hui, dans les deux tiers de la ville, les immondices s'accumulent et se corrompent devant la porte des maisons, ou même dans leur intérieur.

9. Création d'une Halle Centrale d'approvisionnement.

10. Construction d'un Palais Municipal et de plusieurs Mairies secondaires, correspondant aux douze quartiers de la ville. Jusqu'à présent l'administration municipale de Naples s'est presque toujours confondue avec l'administration politique.

11. Établissement d'écoles publiques et gratuites pour l'instruction *primaire* des adultes, ouvriers et marins.

12. Création d'un Conservatoire des Arts et Métiers, car les musées purement artistiques occupent une place beaucoup trop large dans l'attention des Napolitains.

13. Construction d'un Palais de l'Industrie, provisoire ou définitif, pour les Expositions nationales.

14. Création de Squares et plantations nombreuses dans les parties malsaines de la ville.

15. Numérotage général des rues, carrefours et places : Actuellement les deux extrémités de chaque rue seulement portent le nom de la voie publique, et les numéros des maisons sont nuls, mal tracés, ou effacés par le temps.

Telles sont, en résumé, les améliorations principales ou secondaires qu'il y aurait lieu de réaliser dans la capitale de l'Italie du Sud.

Nous ne parlons pas de la construction de la gare centrale du chemin de fer de Naples à Rome, qui est actuellement commencé, ni des ateliers du gouvernement et des ateliers des chemins de fer qui doivent être réorganisés incessamment.

Il suffit de constater qu'à Naples, « tout est à faire » au point de vue de l'industrie et de la civilisation moderne, pour que l'on comprenne la nécessité d'appeler énergiquement, sur cette belle ville, l'attention de tous les constructeurs et organisateurs d'entreprises d'utilité publique.

Naples. — 1er Février 1862.

99. Programme pour l'amélioration
et l'embellissement de la ville de Bologne (*Italie*).

Parmi toutes les villes de l'Italie centrale, Bologne est une de celles qui méritent le plus de fixer l'attention, à cause de son importance d'abord, et aussi à cause des nombreux travaux qui seraient à y faire pour la transformer en ville moderne.

Actuellement Bologne est une agglomération de vieux palais, de vieilles tours et de maisons antiques, portées sur d'innombrables arcades de toutes les formes, avec des rues tortueuses et des impasses rarement visitées par le soleil. Deux ou trois rues seulement et la grande place de la ville sont véritablement animées et garnies de magasins. Les administrations publiques et les services d'utilité générale sont tant bien que mal installées dans de vastes constructions du moyen âge, où l'on se perd dans des salles et des vestibules immenses, avant d'arriver aux bureaux, et où il faut faire quelquefois le tour entier d'un palais ou traverser plusieurs cours intérieures, pour communiquer d'un service à l'autre.

Et cependant, par suite de l'achèvement des chemins de fer de Bologne à Ancône et au Tronto, de Bologne à Padoue par Ferrare ; par suite de la création des lignes transversales reliant les deux versants de l'Apennin, Bologne va devenir un point central très-actif et un lieu d'échange et de passage sans comparaison avec son état actuel.

Il y a donc lieu d'examiner ce qu'il faudrait faire pour régulariser dans cette ville la viabilité intérieure et extérieure, et pour y développer, avec la circulation, le progrès de tous les établissements d'utilité publique et d'industrie privée.

Nous nous bornerons, quant à présent, à énumérer les principales mesures qui seraient à prendre pour atteindre ce but si désirable. C'est au temps et au concours des voies et moyens nécessaires qu'il appartient de les développer successivement :

1. Création d'une *Rue centrale*, par l'élargissement de la rue Mercato di Mezzo qui conduit de l'hôtel Brun à la place des deux tours penchées.

2. Création d'une *avenue du chemin de fer*, par le percement direct d'une grande voie perpendiculaire à la précédente.

3. Construction d'une *halle centrale* d'approvisionnement.

4. Création d'un *abattoir central* : Actuellement chaque boucher abat dans sa cour les animaux dont le sang et les entrailles restent accumulés, et sont, par la grande chaleur, des sources permanentes d'infection et d'insalubrité.

5. Établissement d'une Distribution d'eau régulière, avec conduites et fontaines à domicile. Les eaux des puits de la ville sont généralement malsaines, et les rares fontaines publiques éparses dans divers quartiers sont loin de suffire, en été, aux besoins de l'alimentation.

6. Bains et lavoirs publics économiques·

7. Réfection et complément de la Distribution de gaz qui n'est que partielle, et a toujours été très-insuffisante.

8. Création de Maisons à loyers économiques et Cités pour les ouvriers.

9. Achèvement de la façade du Dôme, à titre de monument historique.

10. Achèvement du Palais de Podestat, en face du dôme, et appropriation de son intérieur à une administration utile.

11. Création de boulevards extérieurs plantés en promenades, en jardins publics et accessoires.

12. Réfection générale du pavage de la ville, et création de trottoirs et dallages réguliers pour les roues des voitures.

Nous ne pouvons, quant à présent, que faire des vœux pour la prise en considération de ces divers projets, car, sans leur adoption, Bologne restera encore longtemps au-dessous de la position administrative, industrielle et commerciale que lui réserve l'avenir.

Bologne. — 1er Juillet 1861.

100. Programme pour l'agrandissement
et l'embellissement de la ville de STRASBOURG.

Toutes nos anciennes villes de France, et principalement les villes fortes où l'exiguïté de l'enceinte a donné naissance à des irrégularités spéciales, laissent beaucoup à désirer au point de vue de la construction et de la bonne organisation intérieure.

Les services généraux de la viabilité et de l'alimentation y sont rarement au complet; de nombreux quartiers se trouvent sans air et sans débouchés, des ruelles étroites et malsaines, d'anciennes bâtisses civiles ou religieuses à demi ruinées demandent à être remplacées par des voies plus commodes et par des édifices plus dignes d'une municipalité moderne.

Sans penser qu'on puisse réaliser dans un bref délai toutes les améliorations possibles, il est toujours utile d'en préciser le programme.

Après avoir étudié sur place les principales questions à l'ordre du jour dans la ville de Strasbourg, nous avons pensé que l'on pourrait résumer ainsi les divers projets à exécuter dans un avenir plus ou moins prochain :

1. Distribution d'eau potable, soit par le canal dérivé du Rhin (prise d'eau près de la citadelle), soit par les rivières de l'Ill et de Brusche (prise d'eau hors des ponts couverts), avec système de filtrage et d'épuration combinés.

2. Agrandissement de la ville par le déplacement de l'enceinte fortifiée, entre la porte de Saverne et celle de Juifs, en utilisant les matériaux de l'enceinte actuelle pour construire l'enceinte nouvelle. Déjà des constructions particulières très-nombreuses s'élèvent près de la ville, et s'étendent de la porte de Saverne à la Robertsau.

3. Prolongement de la rue des Arcades jusqu'à la place Saint-Pierre-le-Jeune : Cette question a déjà été agitée il y a quelques années, mais des raisons d'économie y ont fait renoncer provisoirement. L'exécution de ce projet serait pourtant d'une utilité évidente pour abréger le trajet direct du sud au nord de la ville, et pour dégager le quartier traversé.

4. Élargissement et doublement de la porte *intérieure* d'Austerlitz.

5. Prolongement de la rue du Fossé-des-Tanneurs jusqu'à la petite rue des Moulins.

6. Construction de Halles couvertes pour l'approvisionnement de la ville, et suppression des marchés en plein air actuels.

7. Démolition des vieilles maisons de la place du Corbeau et achèvement du quai des Bateliers.

8. Reconstruction du Gymnase protestant.

9. Construction d'une bibliothèque industrielle avec Conservatoire des Arts et Métiers.

10. Construction d'une nouvelle Faculté de Médecine, près l'hôpital civil.

11. Création de Bains pour la classe ouvrière et de Lavoirs publics à la vapeur.

12. Construction d'un nouveau quartier de ville sur l'emplacement qui contenait la fonderie de canons et l'arsenal que l'on va transporter à Bourges. Ce terrain s'étend de la Fonderie au quai du canal du Rhône au Rhin, ancien canal du faux rempart, et sur toute la longueur de la place du Théâtre.

13. Création d'une Boulangerie centrale pour régulariser le prix du pain.

14. Réfection générale du pavé de la ville.

15. Complément et aménagement du réseau des égouts : Établissement de plusieurs égouts collecteurs.

16. Surélévation de toutes les maisons ayant moins de deux étages dans les rues où la hauteur réglementaire des maisons le permettrait.

17. Remplacement du Télégraphe de la cathédrale par un dôme gothique à galerie sculptée à jour, analogue à celui projeté pour la cathédrale de Cologne.

18. Construction de la deuxième tour de la *cathédrale*.

Pour cette dernière proposition, on comprend que nous fassions des réserves : si nous croyons devoir la mentionner, c'est qu'il n'est pas un habitant de la ville qui n'y ait songé avec prédilection. Il est évidemment regrettable que le plus beau de tous les monuments gothiques existants soit à moitié terminé seulement, et si jamais la ville, l'État, ou des particuliers généreux voulaient y consacrer les quelques millions qu'un semblable travail exigerait, il est incontestable que les fondations de l'édifice et ses piliers de façade seraient encore aujourd'hui assez solides pour supporter la charge matérielle d'une seconde tour semblable à la flèche actuelle.

Strasbourg. — 1er Mai 1862.

101. Les quartiers de nuit dans les grandes villes.

Dans toutes les villes importantes où une partie de la population est obligée de veiller tandis que l'autre repose, et où il arrive à toute heure de la nuit de nombreux voyageurs par les chemins de fer, il serait utile d'établir des quartiers de nuit spéciaux pour desservir d'une manière permanente les besoins des habitants.

Ces quartiers consisteraient en galeries vitrées, chauffées en hiver et servant de promenoirs. Tout autour d'eux se grouperaient les magasins et les industries qui sont de l'usage le plus courant, tels que hôtels, restaurants, épiceries, boulangeries, boucheries, marchands de vin, fruiteries, pharmacies, marchands de tabac, marchands de journaux, papeteries, etc.

Ces magasins pourraient d'ailleurs aussi être ouverts le jour, sauf à alterner le personnel de service.

Paris, Lyon, Marseille, Bordeaux, Londres, Bruxelles, Vienne, Berlin Munich, Saint-Pétersbourg, etc., devraient être munis d'établissements de ce genre.

Paris. — 1er Décembre 1858.

XVI. — AMÉLIORATION ET ÉCONOMIE DES MATÉRIAUX DE CONSTRUCTION.

102. Création d'un laboratoire d'essai
pour les matériaux de construction, les minerais,
les eaux, les combustibles, les engrais, les amendements, etc.

La création d'un laboratoire d'essais, livrant à l'industrie, à l'agriculture et au commerce des analyses faites *dans les 24 heures* et dans des *conditions économiques*, serait certainement appréciée par toutes les personnes qui comprennent l'importance des recherches chimiques dans la plupart des industries modernes.

On n'en est plus à l'époque d'ignorance et de mysticisme où tout se faisait par tâtonnements ou sur la foi d'une expérience ancienne et traditionnelle. La science, si elle n'a pas expliqué tous les faits, a tout au moins circonscrit les erreurs entre des limites assez rapprochées pour guider les praticiens.

L'architecte, le mécanicien, le mineur, le métallurgiste, l'agronome, le constructeur, l'ingénieur n'entreprennent plus aujourd'hui un travail de quelque importance avant d'avoir étudié à fond et reconnu par l'analyse, la nature et les propriétés des matériaux qu'ils doivent employer.

Sans doute il existe des laboratoires officiels où la généreuse initiative du gouvernement fait faire gratuitement les analyses demandées par l'industrie minérale et agricole; mais, en raison même de cette gratuité, et de la confiance que l'on accorde chez nous, un peu trop aveuglément, peut-être, à tout ce qui porte un caractère officiel, ces laboratoires sont encombrés de demandes, et ne peuvent donner les résultats des analyses que un, deux et quelquefois six mois après le dépôt des échantillons. De plus, ils refusent presque toujours l'analyse *complète*, et se bornent au dosage de l'élément principal.

Les laboratoires privés existant à Paris sont presque exclusivement ceux des essayeurs des matières d'or et d'argent, et ne sont pas installés au même point de vue.

Dans l'établissement qu'il s'agirait de créer, on devrait donc s'appliquer à faire *promptement* et *économiquement* toutes les *expertises* chimiques, toutes les *analyses* relatives surtout aux *matériaux de construction, minerais, métaux, alliages industriels, eaux minérales, combustibles, engrais et amendements*, etc. — Les recherches organiques y seraient jointes à l'occasion, mais ne seraient pas l'objet principal du programme.

De plus, on y recevrait des élèves, soit pour leur faire un cours préparatoire de chimie industrielle, soit surtout pour les exercer aux manipulations.

Ce serait alors une *École pratique* plutôt qu'un enseignement théorique, et c'est encore là ce qui manque essentiellement à Paris pour toutes les applications dont nous avons parlé plus haut.

Paris. — 1er Février 1860.

103. Fabrication du béton au moyen de cylindres
à rotation continue.

On a employé avec une grande économie, aux importantes fondations du pont en treillage de Dirschau sur la Vistule, des cylindres malaxeurs inclinés pour faire le béton.

Lorsque l'on est en terrain plat, et que l'on ne peut pas employer les couloirs à pentes alternes qui ont également donné de bons résultats aux travaux du port d'Alger, le système des cylindres peut être vivement recommandé.

Ceux qui ont fonctionné à *Dirschau*, étaient faits en bois de chêne cerclé de 6 à 7 mètres de longueur, de 1^m,10 environ de diamètre, et inclinés au sixième.

Un axe central portant des croisillons intérieurs en fonte pour soutenir les parois, reposait sur deux coussinets extrêmes, dûment protégés par des capuchons en tôle contre le frottement des pierres et le contact du mortier.

Une plate-forme supérieure élevée de 2 mètres environ, avec un entonnoir en bois pour diriger les matières, servait à l'amenée des charges de pierraille et de mortier au moyen d'une voie ferrée de service.

Dans le bas, une autre voie ferrée, avec un matériel de wagonnets spéciaux, servait à recevoir et à transporter le béton fabriqué.

Vienne. — 1er Mai 1858.

104. Substitution du ciment de Portland au ciment
de Vassy dans les travaux hydrauliques.

La substitution du ciment de Portland au ciment romain de Vassy réalise, sous le rapport du prix et de la résistance, des avantages considérables.

Les ingénieurs ont journellement occasion d'employer du ciment romain ; ils reconnaissent tous les graves inconvénients qui résultent de la prise beaucoup trop rapide du mortier, et de la nécessité de ne le fabriquer que par très-petites quantités à la fois ; en outre, la proportion de ciment employée rend en général ces mortiers très-dispendieux.

Avec le ciment de Portland, le mortier peut être fabriqué par grandes masses et au moyen des procédés les plus économiques ; la prise ne commence qu'au bout de douze heures, par suite, les ouvriers ont tout le temps nécessaire pour faire l'emploi du mortier, qui ne nécessite pas d'autres précautions que le mortier de chaux ; enfin, à dose beaucoup moins forte, le ciment de Portland produit un mortier plus résistant que le ciment romain.

Le ciment de Portland vient d'être employé avec succès dans les travaux de reconstruction du pont Saint-Michel, pour les parties en maçonnerie neuve dans les culées. Le mortier est composé d'un mètre cube de sable de rivière et de 250 kilogrammes de ciment de Portland. Le sable et le ciment sont d'abord mêlés sans addition d'eau ;

ce n'est que quand ce mélange est bien fait que l'on ajoute l'eau ; la proportion varie nécessairement avec l'état d'humidité du sable ; elle est en moyenne de 125 litres par mètre cube de sable. Le mortier ainsi obtenu est bien pris au bout de quarante-huit heures. Il est fabriqué au *rabot*; on en a fait aussi au broyeur commandé soit par un cheval, soit par une machine locomobile ; le prix de revient de ce mortier est de 26 francs le mètre cube, savoir :

```
1 mètre cube de sable à 3f.50. . . . . . . . . . . .     3f.50
250 kilogr. de ciment de Portland, à 8 fr. . . . .     20f.00
Fabrication. . . . . . . . . . . . . . . . . . . . . .      2f.50
                                                         ______
          Prix du mètre cube de mortier. . . .     26f.00
```

Il faut ajouter à ces prix les faux frais et le bénéfice de l'entrepreneur.

A partir du 8ᵉ voussoir, le mortier employé pour les voûtes du pont Saint-Michel est composé de 350 kilogrammes de ciment de Portland par mètre cube de sable ; au dessous du 8ᵉ voussoir, la proportion de ciment n'est que de 250 kilogrammes. L'économie réalisée sur les mortiers de ciment romain employés ordinairement dépasse 30 p. 100, et cela sans rien perdre sous le rapport de la résistance.

D'après les prescriptions du devis des travaux du pont Saint-Michel, le mortier de ciment dans la proportion de 3 parties en volume de sable et d'une partie de ciment, moulé en prismes de $0^m,04$ sur $0^m,04$ de section et déposé immédiatement sous l'eau doit, au bout de huit jours, résister sans se rompre à la traction d'un poids de 40 kilogrammes. Cette clause exclut d'abord les ciments romains qui, dans ces conditions, se rompent sous la traction d'un poids de 12 à 15 kilogrammes, tandis que le ciment de Portland de Boulogne porte généralement 80 kilogrammes ; ce dernier ciment pèse environ 1,450 kilogrammes par mètre cube ; 250 kilogrammes de ciment pour 1 mètre cube de sable correspondent à un dosage du sixième en volume; les prismes faits dans cette proportion, portent au bout de huits jours un poids de 30 kilogrammes.

Le ciment de Portland est fabriqué depuis longtemps en Angleterre, sur une très-grande échelle ; il n'y a encore en France qu'une seule fabrique de ce précieux produit, c'est à Boulogne-sur-Mer. On y livre le ciment de Portland à raison de 8 francs les 100 kilogrammes, poids net, rendu à pied d'œuvre dans Paris. A l'apparition des ciments romains, leurs prix étaient loin d'être aussi modestes; il est certain qu'avec le temps le prix du ciment de Portland diminuera aussi dans une notable proportion. Une foule de localités fournissent les éléments nécessaires pour la fabrication du ciment de Portland; on peut citer entre autres les bancs de marne supérieurs aux bancs de gypse des buttes Chaumont, dans lesquels on exploite déjà de la chaux hydraulique et du ciment romain. Toutefois, pour le ciment de Portland, il faut un dosage mathématique de 21 p. 100 d'argile.

La cuisson est un élément très-important dans la fabrication de tous les ciments ; les ciments ont une prise d'autant plus rapide qu'ils sont moins cuits ; mais aussi, plus la prise est rapide, moins la resistance est grande. On doit redouter beaucoup les ciments dont la prise est trop prompte. Le ciment de Portland doit être très-fortement cuit.

Paris. — 1er Janvier 1858.

XVII. — APPLICATION DES MACHINES A LA CONSTRUCTION ET A DIVERS OBJETS.

105. Application générale des machines
à la Construction.

« La Construction économique à la machine , est l'imprimerie de la « Construction.

« De même que la presse reproduit et tire à mille exemplaires en « un instant une forme quelconque de la pensée, de même la machine-« outil taille et fournit. par quantités indefinies en peu de jours, les « éléments pour lesquels on l'a faite.

« Dans notre siècle de création et d'activité, c'est la véritable solu-« tion de l'art de bâtir. »

Tel est le principe que nous avons placé en tête de la première année des *Nouvelles Annales de la Construction*, et depuis cette époque, nous n'avons cessé de rechercher, soit dans cette publication, soit dans le *Portefeuille des Machines*, tout ce qui pouvait contribuer à répandre et à confirmer cet ordre d'idées.

Les avantages de l'application des machines à la construction, comme à l'industrie en général, sont tellement évidents qu'il est à peine nécessaire de les rappeler :

1° *Rapidité* et *précision* du travail ;

2° *Économie* considérable sur la main-d'œuvre à bras d'homme ;

3° *Economie de frais généraux* par suite de l'achèvement d'un grand nombre d'objets semblables par un même appareil, et avec une surveillance facile ;

4° Facilité d'avoir toujours en magasin des *pièces de rechange* d'une forme et d'un calibre identiques à celles qui pourraient être à remplacer ;

5° Faculté de *compléter, de surélever ou de prolonger*, au fur et à mesure des besoins, les constructions établies suivant des *Types* uniformes ;

6° Expédition de pièces toutes faites et numérotées d'avance, pour les établissements créés à grande distance, et notamment dans les colonies ;

7° Possibilité d'exécuter économiquement dans des pays où les ouvriers sont *rares* ou exigent des *salaires trop élevés* ;

8° Enfin, possibilité de faire de grands travaux dans des climats dangereux et dans des pays insalubres, sans exposer un grand nombre d'ouvriers à des maladies pernicieuses et souvent à une mort certaine.

Ce sont les résultats évidents de l'emploi des machines pour la construction, et de la division du travail entre les forces limitées de l'homme et les forces indéfinies de la nature.

Si la construction était organisée sur ces bases, tant pour les *édifices* et les *voies de communication* que pour les *machines* et le *matériel*, on verrait bientôt le nombre des travaux d'utilité générale augmenter partout dans une proportion considérable.

La moitié du réseau des chemins de fer français reste encore à établir ; les chemins de fer de la Russie, de l'Espagne, de l'Italie, de l'Empire ottoman, sont à peine au tiers ou au quart de leur développement futur ; l'Afrique française, les Indes, la Chine et l'Australie ne sont colonisées et organisées qu'en des points en quelque sorte isolés, et tout reste à y faire pendant plusieurs siècles encore.

C'est à l'Europe civilisatrice de donner partout l'exemple des procédés les plus prompts et les plus efficaces, et de développer en elle-même, comme dans les pays les plus lointains, l'ordre général, l'industrie, l'agriculture et le bien-être privé qui sont les conséquences immédiates des voies et moyens plus perfectionnés.

Paris. — 1er Janvier 1860.

106. Application des locomobiles aux travaux publics.

Épuisements, dragages, terrassements, battage de pieux, fabrication du mortier, fabrication du béton, élévation des matériaux, mise en mouvement des machines-outils, etc.

En Octobre 1856 (*Annales de la Construction*), nous avons décrit le mode de transmission employé par M. JANVIER, ingénieur des Ponts et Chaussées à Toulon, pour battre les pieux au moyen d'une locomobile de 6 chevaux, coûtant 6,500 fr. et rendant six à sept pieux par jour, à 4^{fr}.25 l'un, au lieu d'un ou deux pieux à 11^{fr}.05 l'un que l'on obtenait au moyen d'une sonnette à déclic ordinaire, mue à bras d'homme.

Plus tard, en Janvier 1857, nous avons donné les dessins de l'appareil à locomobile employé aux dragages du chemin de fer de Paris à Lyon par M. CASTON, entrepreneur spécial. Là encore, il y avait une économie considérable réalisée sur le dragage à bras d'hommes, puisque le prix du mètre cube dragué à la machine ne ressortait guère qu'à la moitié, au tiers, ou même au quart du prix dragué à bras d'hommes, même au moyen d'un appareil déjà perfectionné.

En Septembre 1857, nous avons décrit les usages divers (élévation de l'eau et des matériaux, fabrication du mortier, etc.) auxquels MM. Texier et Callou, entrepreneurs de maçonnerie à Paris, employaient deux locomobiles de 4 à 6 chevaux dans leurs chantiers du boulevard de Sébastopol (rive droite et rive gauche). Il ressortit des renseignements que nous avons pris à leurs ateliers une économie réelle, et surtout une accélération très-grande dans l'activité des travaux. Au lieu de 6 à 8 mètres cubes de maçonnerie montés par jour, on peut aisément en monter 20 à 25 au besoin, et même davantage en cas d'urgence.

Mais, indépendamment des travaux dont il vient d'être question, on peut encore appliquer avec succès les machines locomobiles aux épuisements, aux terrassements, à la fabrication du béton, à la mise en mouvement des machines-outils, etc.

Ainsi M. Monamdène, ingénieur en chef des Ponts et Chaussées au chemin de fer de la Rochelle à Rochefort, s'est très-bien trouvé de l'application de locomobiles aux épuisements, au moyen d'une vis d'Archimède.

M. Vaudrey, ingénieur des Ponts et Chaussées aux travaux du pont Saint-Michel à Paris, a employé la vapeur à l'épuisement rapide et permanent de ses grands caissons de fondation à massif de béton inférieur, et à partie supérieure étanche, que nous avons publiés en Janvier 1858.

M. Hornbostel, ingénieur du grand pont en treillis de *Dirschau* sur la Vistule, nous a communiqué les dessins d'une application de la vapeur à la fabrication du béton au moyen de cylindres en bois, longs de 6 à 7 mètres inclinés au sixième, et ayant environ 1ᵐ.10 de diamètre.

Enfin, il est évident que les machines locomobiles pourraient s'appliquer encore avec succès au transport et à l'élévation des terres, à la mise en mouvement des machines à scier, à raboter, à mortaiser, que l'on peut avoir à installer en local temporaire, pour tel ou tel travail public ou privé.

Nous revenons donc encore une fois sur ce sujet important de la *substitution du travail des machines au travail manuel, pour toutes les opérations* périodiques *de la construction.*

C'est la division du travail entre l'intelligence et la force, seule solution rationnelle de l'art de bâtir au temps actuel, seul moyen d'avoir raison des augmentations exagérées du prix de la main-d'œuvre sur les chantiers et dans les ateliers de construction.

Paris. — 1ᵉʳ Mars 1858.

107. Application des locomobiles aux manœuvres
de gare des chemins de fer.

Dans un grand nombre de gares de chemins de fer où le service est très-actif, comme à Paris, à Lyon, à Marseille, etc., on pourrait appliquer avec succès de petites machines locomobiles à la manœuvre des chariots roulants ou des plaques tournantes de grande dimension.

Aux ateliers du chemin de fer de l'Ouest (gare des Batignolles près Paris), nous avons vu fonctionner, avec une dépense de charbon de 3 fr. seulement par jour, et une dépense de chauffeur de 3 fr., total 6 fr., une locomobile de 3 à 4 chevaux, appliquée sur le bâti d'un chariot ou *pont roulant* à double voie, établi dans une des remises à locomotives rectangulaires de cette gare.

Avant l'installation de ce petit appareil, il fallait dix hommes et une dépense d'une vingtaine de francs au moins pour déplacer une locomotive en réparation.

D'après l'estimation personnelle du chef d'atelier, l'emploi de la locomobile dont il s'agit réalise une économie de 50 à 60 fr. par semaine. En même temps, on obtient un service plus rapide et plus commode, et une exécution des ordres, pour ainsi dire, instantanée. Dans une autre partie des ateliers du même chemin de fer, il existe un chariot à locomobile semblable qui diffère du précédent en ce que le mouvement, au lieu d'être communiqué au chariot par la simple résistance au frottement des roues sur les rails, lui est donné au moyen d'une chaîne sans fin qui s'enroule sur un tambour à hélice placé horizontalement sous le bâti, et qui est mis en mouvement par la machine à vapeur fixée au-dessus et à l'arrière.

Enfin, à la gare d'Épernay (chemin de fer de Paris à Strasbourg), une locomobile est appliquée sur le côté du bâti d'une grande plaque tournante de 12 mètres, et tourne avec la plaque en la faisant rouler sur ses galets.

La Compagnie de l'Est fait construire en ce moment même une dizaine de locomobiles semblables pour les appliquer à ses manœuvres de gare de toute espèce, et réaliser des économies d'autant plus considérables qu'il faudra un personnel moindre et que les ordres seront exécutés avec plus de rapidité.

Paris. — 1er Avril 1858.

108. Emploi de locomobiles-locomotives
dans les travaux publics et les exploitations industrielles ou agricoles.

Pour quiconque a vu fonctionner une locomobile, et a pu apprécier les nombreux services qu'une telle machine peut rendre, il y a quelque chose d'anormal à voir un appareil qui renferme en lui-même un principe de force aussi considérable, ne pouvoir être déplacé que par traction de chevaux, et exiger un système d'attelage spécial pour être mis en mouvement, même sur des rails.

L'idée a donc dû se présenter naturellement d'agencer ce genre de machine de telle sorte qu'il suffise d'un embrayage facile à effectuer, pour que le piston moteur lui-même transmette son mouvement aux roues sur lesquelles la machine est portée. C'est ce que M. J. Gaudry, ingénieur civil, a cherché à réaliser récemment.

L'embrayage consisterait, sous toutes réserves de proportions pratiques, dans l'addition ou la suppression facultative d'une bielle inclinée, revenant en arrière et s'attachant par le bas à une manivelle de la roue d'avant-train. Cette roue serait couplée des deux côtés avec la roue d'arrière-train correspondante, et, de cette façon, il suffirait, après avoir serré les clavettes de la bielle mobile, de donner de la vapeur pour voir l'appareil s'avancer ou reculer spontanément sur les rails où il serait placé.

Dans les docks, les entrepôts, les manutentions, les halles aux marchandises, les grandes usines, les forges, les fonderies, les mines, les chantiers de travaux publics, etc., un engin de cette nature pourrait rendre de très-grands services.

Dans les ports, par exemple, il remorquerait, sur les voies qui se relient d'ordinaire au réseau des chemins de fer du pays, les wagons qui viennent charger ou décharger près du navire, et qu'on ne remue guère à présent qu'à bras d'hommes ou par traction de chevaux ; puis, la machine ayant achevé ce remorquage, irait, le long de son parcours, s'employer à tous les travaux que peut effectuer une locomobile, tels que mettre en mouvement une grue, une pompe, dresser un mât, haler un navire dans les bassins, faire son eau, débarquer ou embarquer un lourd colis hors de la portée, ou ayant un poids excédant la force de grues établies à quai.

Nous nous contenterons d'indiquer pour le moment cette question aux constructeurs, car c'est par la pratique seule qu'on pourra reconnaître les meilleures dispositions, et les proportions relatives les plus convenables à adopter.

Marseille. — 1er Décembre 1858.

109. Emploi des locomobiles dans l'industrie minérale.

Les services que l'emploi de la locomobile pourrait rendre à l'art des mines sont nombreux, et nous nous contenterons d'indiquer les plus importants.

1° Les *sondages de recherches* pourraient être conduits très-rapidement en substituant une locomobile au treuil employé pour le relevage et la descente de l'outil-foreur ou du cylindre à soupape servant au nettoyage du puits ; cet avantage serait surtout marqué dans les cas où l'on pourrait employer en toute confiance le procédé de soudage à la corde, c'est-à-dire dans des terrains homogènes et d'une dureté moyenne ; ce mode de sondage a, par exemple, très-bien réussi dans les grès rouges du bassin de Saarbrücken. — La locomobile pourrait même être appliquée au battage et remplacer le treuil à cames ordinairement affecté à cet usage. On jouirait ainsi, dans les petits sondages, des avantages que l'emploi de la vapeur, comme force motrice, a procurés pour le forage des puits à large section et d'une grande profondeur.

2° Beaucoup d'exploitations minérales d'une importance secondaire, carrières à pierre ou à plâtre, ardoisières, marnières, minières de fer, etc., ou ne sont gênées par les *eaux* que d'une manière accidentelle et temporaire, ou ne reçoivent qu'un volume d'eau relativement faible; cependant les travaux sont souvent interrompus et même abandonnés, faute d'un moyen simple et économique de se débarrasser des eaux affluentes. On ne peut songer à établir une machine fixe d'épuisement, mais une locomobile pourrait rendre les plus grands services en asséchant l'excavation, soit une fois pour toutes, soit à des intervalles de temps plus ou moins rapprochés. L'usage des locomobiles dans l'exploitation agricole, qui se répandra chaque jour davantage, rendrait l'application que nous proposons encore plus aisée, la force motrice pouvant se louer temporairement au propriétaire de la carrière envahie, qui peut ainsi évacuer les eaux encombrantes moyennant une faible dépense.

3° Appliquées à un *ventilateur*, les locomobiles pourraient encore, dans beaucoup de cas, être d'une grande utilité, soit pour rétablir l'aérage interrompu par une cause accidentelle quelconque, ou rendu insuffisant par la grande longueur d'une galerie, par un dégagement exceptionnel d'acide carbonique, de feu grisou, etc., ou par l'égalité de température de l'air de la mine et de l'air extérieur, phénomène observé en automne et au printemps, et qui empêche le tirage naturel.

4° Les *exploitations minérales*, qui ne doivent donner lieu à une extraction un peu considérable des produits que pendant un temps limité ou à des intervalles irréguliers, trouveraient ainsi leur compte à l'emploi d'une force motrice qui peut être amenée facilement sur la *halde* au premier besoin, et installée comme machine d'extraction. Les minières de fer surtout nous sembleraient pouvoir utiliser avantageusement la locomobile, car leur production est souvent assez importante, mais leur durée est restreinte, les gisements en amas, circonscrits en profondeur et en largeur, étant fort fréquents. La machine d'extraction se transporterait ainsi aisément d'un gîte épuisé à un nouveau mis en exploitation.

5° Les machines ingénieuses appliquées en ce moment sur une grande échelle au percement du mont Cenis ne pourront qu'exciter l'émulation des constructeurs et conduire à des outils d'un usage facile pour le *forage des trous de mines* destinés à recevoir la poudre; les besoins journaliers de l'exploitation des mines, le percement des tunnels, des tranchées au rocher, tous les travaux de même genre réclament la substitution d'un agent mécanique au lent travail du mineur armé de son seul fleuret. Là encore la locomobile a sa place toute marquée comme agent moteur des outils, facile à déplacer, d'une puissance modérée et d'un entretien économique.

6° Enfin, il nous reste un dernier rôle à désigner à cette utile machine, appliquée déjà à tant d'objets différents, et ce rôle résume en quelque sorte tout ce que nous venons de dire : c'est l'utilisation de la locomobile dans les cas, trop nombreux, *d'accidents* arrivés dans les mines, minières et carrières. On a, en effet, alors, à opérer l'extraction rapide des matériaux d'éboulement, et les appareils fixes ont souvent été dérangés ou mis hors de service si l'éboulement a été provoqué par une explosion de grisou, comme cela a lieu dans les houillères, carrières, marnières, etc. Ce sont aussi des ouvriers qui restent engloutis sous l'éboulement, et il faut organiser un service d'extraction plus actif que celui fait par des treuils ou des barytels. Les mêmes accidents peuvent avoir entraîné une invasion d'eau, et l'on n'a pas de machine d'épuisement assez puissante. La locomobile et quelques tuyaux de pompe combattront en général l'arrivée de l'eau et en débarrasseront ordinairement la minière inondée.

En terminant cette notice, nous émettons le vœu que toute exploitation minérale, toute usine un peu considérable ait en réserve une ou même plusieurs machines locomobiles, qui joueront le rôle des locomotives de secours que les administrations de chemins de fer entretiennent dans leurs dépôts de machines ; les locomobiles, bien entendu, ne seraient pas en feu dans la prévision d'un service à rendre, mais, le cas échéant, elles pourraient être promptement mises en état de fonctionner, et appropriées aux divers services que nous avons indiqués.

Saint-Étienne. — 1er Décembre 1858.

110. Généralisation des locomobiles
à alimentation d'eau chaude.

La principale cause de la supériorité des locomobiles anglaises sur les locomobiles françaises, au point de vue de l'économie du combustible, consiste dans ce fait que les premières sont alimentée à l'eau chaude, tandis que, dans les secondes, l'alimentation se fait très-souvent à l'eau froide.

Tout le monde sait que, plus la force d'une machine est réduite, plus le poids de combustible brûlé par heure et par cheval augmente, et que, s'il est de 1^k.50 à 2 kilogrammes dans les bonnes machines de 30 à 40 chevaux, il peut s'élever aisément à 3 ou 4 kilogrammes et au delà, dans les machines de 4 ou 5 chevaux seulement.

Si, à cette cause première d'augmentation de dépense dans les petites machines, vient se joindre celle de l'injection permanente d'un jet d'eau froide dans la chaudière, il est évident que l'on perdra plus de combustible encore, à cause du trouble produit dans le phénomène de la vaporisation.

Aujourd'hui que, de toutes parts, l'emploi des locomobiles tend à se répandre dans les travaux publics, dans l'agriculture et dans l'industrie, on ne saurait trop appeler l'attention des constructeurs sur un vice auquel il sera toujours bien facile de remédier, soit en adaptant au foyer un réservoir spécial d'échauffement, soit en faisant arriver la vapeur condensée du cylindre dans la provision d'eau alimentaire.

Ce dernier moyen peut être employé approximativement aux locomobiles ordinaires, en dirigeant le jet de vapeur qui s'échappe du cylindre vers l'intérieur du baquet d'alimentation, au moyen d'un tuyau de plomb recourbé.

C'est une précaution qu'il sera bon de prendre chaque fois que l'on aura à se servir d'une locomobile où l'alimentation à l'eau chaude n'aura pas été prévue par le constructeur.

Versailles. — 1er Janvier 1858.

111. Emploi de scies circulaires à bras d'homme,
pour débiter les bois de chauffage et de construction.

En Amérique il n'est pas une gare de chemin de fer, pas une industrie un peu considérable, qui n'ait dans son matériel une petite scie circulaire à volant et à manivelle, pour débiter les bois de chauffage des bureaux ou des ateliers.

Nous proposons d'introduire aussi en France l'usage courant de cet utile appareil et de rendre ainsi tout à la fois plus rapide, plus économique et plus régulier, le pénible travail du sciage.

Il suffirait, dans la plupart des cas, d'une dépense une fois faite de 40 ou 50 francs, pour économiser de nombreuses journées d'ouvrier, et amortir très-promptement la dépense première de la machine.

Un menuisier a quadruplé sa production sans augmenter le nombre de ses ouvriers, en employant une petite scie circulaire à bras pour le découpage rapide des cadres en bois.

Nous avons établi nous-même, pour couper de longueur les petites pièces nécessaires à un nouveau système de charpentes à grande portée, une scie du même genre, qui a réalisé en quinze jours seulement une économie bien supérieure au prix total de sa construction.

Camp de Chalons. — 1er Avril 1858.

112. Application de scies circulaires à manége,
au débit des bois de chauffage et de construction.

Lorsque les bois dépassent les sections usitées dans la menuiserie et dans les constructions légères, il faut renoncer aux scies circulaires à bras d'homme et employer des scies à manége (*horse-power*).

Les nœuds qui peuvent se trouver dans les gros bois et surtout dans les essences dures, la grosseur des pièces elles-mêmes, dans leur milieu, suffisent pour arrêter et faire buter une scie à bras de petite dimension.

Il faut, pour vaincre ces résistances variables, adapter au besoin un volant sur le même axe ou sur un axe parallèle, et augmenter la force en proportion de la densité et du diamètre des bois à diviser.

Camp de Chalons. — 1ᵉʳ Juin 1858.

113. Emploi de la vapeur pour la manœuvre
des pompes à incendie.

Depuis longtemps déjà des applications ont été faites en Angleterre et en Amérique pour employer les machines à vapeur à la manœuvre des pompes à incendie.

Il serait très-désirable que l'administration française entrât aussi dans cette voie de progrès, mais malheureusement aucun travail de ce genre n'a encore été entrepris.

Les avantages de cette innovation seraient cependant assez importants pour qu'il soit permis de regretter une semblable lacune.

Au moment surtout où l'on s'occupe de toutes parts de la fréquence des incendies et de l'urgence qu'il y aurait d'établir une pompe au moins dans chaque commune de France ou d'Algérie, il serait bien opportun de modifier le service tel qu'il existe, principalement dans les villes où des sinistres peuvent se déclarer plusieurs fois dans une même journée.

L'application d'une machine à vapeur locomobile, simple de construction, peu encombrante, facile à manœuvrer et à entretenir, comme certaines machines verticales qui peuvent aisément donner soixante coups de piston en une minute, remplacerait, pour une seule pompe, huit hommes qui pourraient être occupés à un travail plus intelligent comme le sauvetage, la démolition, etc. L'emploi d'une machine assurerait en outre une amplitude constante de jet, et une régularité qu'il est bien difficile d'obtenir dans les pompes mues à bras d'homme, conditions très-importantes à réaliser dans les appareils dont il s'agit.

Nous ne dirons rien de la question économique, car il est possible que les frais du nouveau système soient à peu près les mêmes que ceux du système actuel, mais ne ferait-on, en ayant recours à un moteur mécanique, que régulariser et simplifier un service dont les complications peuvent avoir des résultats si funestes, qu'il y aurait un remarquable progrès à réaliser, et que la question devrait être prise en sérieuse considération par tous les hommes spéciaux qu'elle peut intéresser.

Saint-Dié. — 1ᵉʳ Décembre 1860.

114. Application des machines à vapeur
*à cylindre courbe et à grande vitesse aux machines-outils
et aux propulseurs maritimes.*

M. Rouffet, constructeur-mécanicien, a exécuté pour M. le Prince de Polignac une machine à vapeur, à cylindre courbe, dont les propriétés caractéristiques sont une extrême facilité de jeu, par la réduction des frottements, et une très-grande vitesse qui permet de donner jusqu'à 700 coups de piston par minute, à tel point que l'organe moteur disparaît aux yeux.

Ce résultat est obtenu en attachant les deux extrémités de la tige du piston (qui est elle-même courbe, et qui traverse une boîte à graisse à chaque extrémité du cylindre), sur un secteur rigide, dont le centre coïncide avec le centre même du cylindre.

Tout le frottement se trouve alors réduit, à peu de chose près, au frottement qui a lieu sur le pivot du secteur, puisque le piston ne touche plus, pour ainsi dire le cylindre, et que sa tige seule frotte circulairement dans les boîtes à graisse.

La seule difficulté de ce mode de construction paraissait devoir être dans l'alésage du cylindre ; mais, par une disposition très-simple, il a suffi de fixer la pièce sur un mandrin tournant, ayant le même rayon que le cylindre, pour que l'outil d'alésage, décrivant une circonférence invariable, produisît une surface aussi parfaite que par le mode ordinaire.

Comme expérience, nous avons vu l'atelier entier de M. Rouffet, mis momentanément en mouvement par une petite machine modèle dont le cylindre n'est pas beaucoup plus gros qu'un verre à boire ordinaire. Grâce à la rapidité du mouvement, ce cylindre qui, dans les conditions usuelles, n'eût pas représenté la force d'un cheval, permet de développer une force de six à sept chevaux avec une vitesse de six à sept fois plus grande.

Il y a donc là un résultat pratique obtenu, c'est une grande vitesse de rotation, avec un frottement très-faible, et aucun échauffement sensible de la machine.

Pour les applications aux machines-outils, scieries circulaires, machines à raboter, machines à battre, propulseurs hélicoïdes de la marine, cette propriété est des plus importantes, et nous appelons vivement sur ce fait l'attention des constructeurs-mécaniciens.

Paris. — 1er Février 1861.

115. Application directe des moteurs aux outils
et Machines-outils.

Dans beaucoup d'usines anglaises on a trouvé un avantage d'économie et de bon fonctionnement à attribuer aux principaux engins, marteaux-pilons, laminoirs, machines-outils de grande dimension, série de bancs de tour, etc., des machines motrices locales, au lieu de les conduire par des transmissions à grande distance émanées d'un seul moteur central.

La vapeur seule est produite par une chaudière unique et injectée par des tuyaux dûment enveloppés de laine et de paille, dans les cylindres moteurs isolés. Quelquefois même, tel ou tel grand appareil a, outre son moteur, sa chaudière spéciale et distincte.

On comprend en effet que, dans le service très-irrégulier d'un atelier de construction, le chômage de certains outils, ou la variation brusque des résistances dans les appareils mis en mouvement par un même arbre de couche, peut donner lieu à des chocs, à des ressauts, à des coups, à des trépidations dangereuses, et entraîner ainsi des ruptures de pièces ou, tout au moins, une grande déperdition de force vive.

Cette perte et ces inconvénients sont assez grands pour compenser, et au delà, puisque l'expérience l'a démontré, les augmentations de frais de premier établissement des moteurs spéciaux, les condensations ou pertes de pression partielles de la vapeur injectée à distance, ou, en cas de chaudières distinctes, les augmentations de combustible par force de cheval, et la perte de chaleur par rayonnement sur une plus grande surface.

Il est d'ailleurs très-important, abstraction faite de toute économie, que l'ouvrier puisse gouverner son outil à volonté, suivant les besoins du travail, l'arrêter et le remettre en mouvement avec une vitesse, une amplitude ou une force variables, et cet avantage pratique, à lui seul, peut être assez majeur dans certains travaux de soin et de détail pour que des sacrifices puissent être faits en vue de le réaliser.

Paris. — 1er Août 1863.

———∞o⚬o∞———

XVIII. — PERFECTIONNEMENT DU MATÉRIEL DE LA CONSTRUCTION.

116. Adoption d'un outillage uniforme
pour les ouvriers des différents Corps d'état dans tous les pays.

Lorsque l'on envoie des ouvriers d'un pays dans un autre, il y a presque toujours des difficultés considérables à vaincre pour approprier l'outillage auquel ils sont habitués aux usages et procédés locaux, et réciproquement.

Ce sont les haches, les scies, les cognées, les truelles, etc., qui n'ont pas même forme dans les deux pays, et même souvent d'une province à l'autre. Les réparations des outils étrangers sont aussi plus difficiles et plus coûteuses pour celui qui n'en a pas l'habitude, et, au lieu de n'avoir qu'à se servir des ustensiles locaux, on est obligé de faire de grandes expéditions de matériel et de fournir aux ouvriers tous leurs outils aux frais de l'entreprise.

Pour remédier à cet état de choses et pour rendre uniformes des dispositions qui n'ont aucune raison réelle d'être diverses, puisque la forme du corps humain et la nature du travail sont invariables dans tous les pays du monde, il est désirable que tous les constructeurs s'entendent pour donner la préférence à un *Outillage normal*, et toujours le même pour chaque *corps d'état*.

Nous avons publié dans ce but des tableaux synoptiques de l'outillage du terrassier, du maçon, du charpentier, du forgeron du tôlier-riveur, etc., avec prix de revient pour chaque pièce, et rien n'empêcherait que ces engins, reconnus pratiques en France, fussent aussi adoptés dans les autres pays, où l'on reconnaît généralement la supériorité de la main-d'œuvre française.

Lisbonne. — 1er Août 1861.

117. Adoption de modèles uniformes
pour la Serrurerie et la Quincaillerie dans tous les pays.

Lorsque l'on exécute des travaux de bâtiments en Italie, en Espagne, en Portugal, en Russie et même dans des pays plus avancés en industrie, tels que l'Autriche, l'Allemagne méridionale et la Suède, on est frappé de l'infériorité relative qu'y présentent les objets de quincaillerie et de ferrement. On ne comprend pas que l'usage journalier des portes et fenêtres, des vasistas et des châssis, n'ait pas encore conduit les fabricants de ces divers pays à y apporter des améliorations indispensables. C'est à ce point que, dans certaines villes, il n'est pas possible de trouver, dans une maison entière, une seule porte qui ferme bien, et dont la serrure ne se force pas à chaque instant.

D'autres fois ce sont des fermetures de fenêtres tellement barbares, que l'on ne comprend pas leur existence, surtout dans des hôtels princiers et des palais impériaux ou royaux.

Les modèles adoptés en France pour les *serrures, verroux, loquets, charnières, pentures, paumelles, espagnolettes et crémones,* sont incontestablement bien plus pratiques, mieux proportionnés et plus élégants que ceux employés dans la majorité des autres pays.

Il serait bien désirable que les principales maisons du Nord de la France ou de la Haute-Marne établissent, dans les divers pays dont il s'agit, des dépôts de leurs articles. Ce serait à la fois une opération avantageuse pour elles, et un bon service rendu aux localités. Il serait indispensable surtout que les fabricants Italiens, Espagnols et Portugais se procurassent des collections complètes de modèles français, pour les reproduire sur place, avec des prix de main-d'œuvre plus réduits.

Les bons ouvriers de ces pays ne sont ni moins intelligents ni moins actifs que les nôtres: ce sont seulement les bons exemples et la direction qui leur manquent.

Nous sommes persuadé qu'en réalisant les mesures qui précèdent, on arriverait dans très-peu de temps aux résultats les plus satisfaisants.

Madrid. — 1er Juin 1862.

118. Généralisation de l'emploi de la brouette

et du tombereau pour les travaux de terrassement en Italie,
en Espagne, en Portugal, en Afrique, dans l'Empire Ottoman, etc.

Il paraît assez singulier, au premier abord, d'avoir à proposer, comme une chose nouvelle et un progrès, l'adoption du matériel le plus simple et le plus élémentaire pour l'exécution des grands travaux publics qui se font dans plusieurs pays.

Et cependant, lorsque l'on voit partout, dans les contrées dont il s'agit, les terrassements, les remblais et les déblais se faire *à la main,* au panier et à la hotte, et que l'on voit des milliers d'hommes, de femmes et d'enfants s'exténuer, sous un soleil ardent, à déchirer la terre de leurs ongles, et à la porter ensuite sur leur tête ou sur leurs épaules à des distances considérables, on ne peut qu'appeler vivement l'attention de tous les ingénieurs sur l'amélioration d'un pareil état de choses, et souhaiter : 1° l'expédition, dans chacun des grands chantiers de terrassement de ces pays, d'un certain nombre d'outils et de véhicules *modèles* pour leur apprendre au moins à les connaître; 2° le prêt gratuit fait aux chefs ouvriers qui en feraient la demande, des engins nécessaires pour leur application pratique; 3° l'établissement d'ateliers centraux de construction du matériel pour chaque pays, ainsi que nous l'avons déjà indiqué dans une précédente proposition.

Bologne. — 1er Juillet 1861.

119. Application d'appareils de sécurité

aux roues élévatoires des carrières.

De toutes les professions où les ouvriers sont exposés à de graves accidents, et souvent à la mort, l'exploitation des carrières est une de celles qui ont le moins participé, jusqu'à ce jour, aux utiles mesures destinées à sauvegarder les travailleurs.

Une des causes les plus fréquentes des malheurs qui arrivent chaque année, consiste dans le mode d'extraction des pierres par des puits, au moyen de treuils appelés roues à chevilles ou roues de carrière.

Cet appareil, que tout le monde a pu voir fonctionner dans les pays à carrières, est employé depuis des siècles sans modifications.

Il se compose d'une grande roue, qui a souvent 10 à 12 mètres de diamètre, montée sur un arbre en bois, d'environ 0^m.50 à 0^m 60 de diamètre, sur lequel s'enroule le câble qui élève la charge. Aux extrémités de cet arbre sont scellés des tourillons en fer qui le supportent, et qui tournent sur des coussinets portés par un châssis en charpente.

Lorsqu'on a une charge quelconque à extraire au moyen de ce treuil, un certain nombre d'hommes se placent sur les chevilles de la roue, la font tourner en montant le long de la jante, et élèvent ainsi la charge.

Premier genre d'accidents résultant de cette manœuvre. Quand le fardeau à extraire est mal attaché par le câble, ou quand celui-ci, ou son crochet d'attache viennent à se rompre, il se produit une secousse violente à laquelle succède un rapide mouvement d'oscillation, appelé *balancement*, et les ouvriers sont projetés sur le sol, sous les chevilles de la roue, ou même dans le puits.

Afin d'empêcher ce mouvement d'oscillation, il s'agissait de combiner un appareil dont l'action eût lieu presque instantanément, et *par le fait même* de la séparation du câble et du fardeau.

M. J. Chrétien y est parvenu en adaptant au bâti de la roue un levier dont le contre-poids tend constamment a soulever l'arbre de la roue par son tourillon, en oscillant autour de l'axe fixe.

Ce contre-poids est insuffisant pour soulever l'arbre de la roue, et par conséquent sans effet, quand une charge est suspendue au câble, tandis qu'il suffit pour soulever le tourillon de 2 ou 3 centimètres, quand la charge cesse d'être suspendue.

Or, par suite de la disposition adoptée, le mouvement du tourillon entraîne celui d'une bielle, dont l'extrémité monte et descend avec lui. Cette bielle, en montant, attire un cliquet, et le fait enclancher avec les dents d'une roue à rochet, calée sur l'arbre de la roue motrice. Tout mouvement d'oscillation devient donc impossible, et le balancement ne peut plus se produire.

Pour que cet arrêt presque subit de la roue ne donne lieu à aucune secousse, le cliquet est retenu par une tige qui agit sur des rondelles en caoutchouc, placées comme les tampons, dans l'intérieur d'une pièce en fonte fixée solidement au rebâti et reliée, en outre, avec le sol par une tige spéciale. C'est cette pièce qui supporte tout l'effort de retenue exercé par le cliquet.

Là pouvait se borner le détail de cet appareil qui, en empêchant le plus grand nombre des accidents dus à la roue de carrière, rendrait déjà d'incontestables services ; mais l'inventeur a voulu que son système fût complet, qu'il pût empêcher tous les accidents possibles, et c'est à ce effet qu'il y a ajouté un second cliquet, et une seconde rangée de dents en sens inverse des premières, pour prévenir aussi les accidents que nous allons exposer.

Deuxième genre d'accidents. — Lorsqu'une pierre suspendue à un câble se dédouble, c'est-à-dire se sépare en deux parties, dont l'une retombe et l'autre reste suspendue au câble, l'équilibre entre le poids moteur des hommes et la résistance se trouve détruit; alors l'action des hommes l'emportant de beaucoup sur le fardeau qui reste suspendu, il se produit un accroissement de vitesse d'autant plus grande que la partie détachée est plus considérable, et parfois suffisant pour faire tomber un certain nombre d'hommes. De la sorte, s'il n'en reste plus assez sur la route pour faire équilibre au fardeau qui est resté suspendu, celui-ci fait tourner la roue en sens inverse. Alors, on le conçoit, ce mouvement s'accélère rapidement, et peut, selon la hauteur du fardeau au-dessus du fond du puits, acquérir une vitesse capable de projeter à de grandes distances les hommes restés sur la roue. C'est ce ce mouvement qu'on appelle *ravalement*.

Pour l'empêcher, il a suffi de disposer le cliquet de manière qu'il soit constamment en contact avec la seconde rangée des dents de la roue à rochet, et s'oppose, par suite, à tout mouvement rétrograde de cette nature.

Troisième genre d'accidents. — Lorsqu'un éboulement se produit dans un puits au moment où l'on extrait une charge, il peut arriver que la masse qui se détache vienne frapper la charge suspendue au câble, et, selon l'intensité du choc, celui-ci se rompt ou résiste; s'il se rompt, il y a *balancement* et par suite probabilité d'accidents; si, au contraire, le câble résiste, il y a *ravalement* par suite du choc produit et de l'augmentation de la charge suspendue, provenant de ce qu'une partie de la masse détachée vient s'y ajouter.

Des expériences très-concluantes eurent lieu l'année dernière en présence de M. BLAVIER, Ingénieur en chef des mines et Inspecteur général des carrières; de M. DELESSE, Ingénieur des mines et Inspecteur des carrières; d'une Commission de la Chambre des Carriers, et d'un grand nombre de maîtres carriers. Ces expériences ont été couronnées du succès le plus complet; les vœux hautement exprimés par tous les ouvriers présents et leurs instances pour en obtenir l'application immédiate, ont prouvé toute l'importance qu'ils y attachent.

On ne saurait donc trop appeler l'attention sur une mesure qui consisterait à rendre obligatoire pour tous les carriers l'appareil à simple ou à double effet dont nous venons de résumer la description.

Paris. — 1er Décembre 1859.

XIX. — CONSTRUCTIONS NAVALES.

190. Adoption de 3 types de 100, 150 et 200 mètres
de longueur pour les navires transatlantiques.

Au moment où la France s'apprête à entrer largement dans la voie des constructions maritimes et du commerce transatlantique, il n'est pas sans intérêt de discuter quelles doivent être les dimensions *limites* ou *moyennes* des bâtiments destinés à faire le service des États-Unis, de l'Amérique méridionale, de l'Australie, des Indes ou de la Chine.

Il y a, en effet, de grands avantages à retirer de l'augmentation du tonnage des navires; mais il y a aussi un inconvénient très-grave à l'adoption de types qui ne seraient pas uniformes, à cause des dimensions variables qu'ils exigeraient pour l'entrée des ports, pour la profondeur des tirants d'eau, pour la hauteur et la largeur des écluses ou des bassins de radoub. Examinons la question à ce double point de vue :

Les avantages de l'augmentation du tonnage sont les suivants :

1° Le rapport plus grand qui existe entre le poids des marchandises (poids utile) et le poids de charbon, de machinerie, d'agrès et de coque en tôle (poids mort) transporté : ce rapport peut n'être que $\frac{1}{4}$ du poids utile pour les navires ordinaires, et peut s'élever jusqu'à $\frac{1}{2}$, 1, 1 $\frac{1}{2}$ et au delà, pour les grands navires.

2° L'augmentation relative de la vitesse : La rapidité du navire est d'autant plus grande que le rapport de sa surface résistante à son volume est plus petit. Or les surfaces ne croissent que proportionnellement au carré des dimensions linéaires, et les volumes croissent proportionnellement au cube. Il y a donc intérêt, aussi sous ce point de vue, à augmenter les dimensions des bâtiments.

3° Par la même raison, il est évident qu'il faut un poids de tôle et de fer moindre pour forger la coque d'un grand navire *unique*, que pour faire celles de plusieurs navires de dimensions, dont le tonnage total serait équivalent. On sait que les travaux de ce genre se font au poids, sinon dans l'ensemble, au moins dans le détail.

Il y a donc économie encore, au point de vue de la main-d'œuvre, et dans de certaines limites, à faire un seul grand navire au lieu de deux ou trois petits équivalents.

4° La résistance au choc des vagues et aux efforts du soulèvement des lames de l'Océan est beaucoup plus grande dans un bâtiment long et lourd, d'une section transversale proportionnelle, que dans un navire plus petit. On comprend, en effet, que le navire aura beaucoup plus de stabilité, moins de roulis et moins de tangage, s'il est assez grand pour porter toujours sur deux ou trois lames à la fois (les lames ordinaires de l'Océan se succèdent, en temps d'orage, à des distances de 25 à 30 mètres environ) : car la résultante des actions positives et négatives pourra alors être sensiblement nulle, et aucun vent ne pourra soulever des lames assez fortes pour s'opposer absolument à la marche rapide et régulière du bâtiment.

5° Enfin, en cas de collision, l'avantage sera toujours bien certainement pour les gros navires, et les sinistres par bris et par choc seront plus rares, surtout avec des coques en tôle cloisonnées, que dans toute autre circonstance moins favorable.

Nous proposons donc, pour réaliser ces avantages évidents, de construire, en France aussi, des navires de grande dimension, soit de 200 mètres, destinés à faire le service des grandes lignes transatlantiques, et d'adopter ensuite, pour les transports moins importants, des navires de 150 mètres (type moyen) et de 100 mètres de longueur (type minimum).

Voici les dimensions des principaux navires de haut bord exécutés jusqu'à ce jour en France, en Angleterre et en Amérique :

Leviathan.	206^m de longueur	25^m de largeur.	
Noah's Ark.	129 —	22.50	—
Persia.	117 —	14.50	—
Himalaya.	111 —	13.20	—
Vanderbilt.	103.30 —	14.90	—
Bretagne	81 —	18.80	—
Napoléon.	73.25 —	16.80	—
Duke of Wellington.	72 —	18 00	—
Great-Western.	71 —	10.50	—

Paris. — 1er Février 1858.

121 Exploitation des grands navires transatlantiques *au moyen de jetées pleines en blocs artificiels, ou de jetées à claire-voie en fer, sur pieux à vis, permettant de charger et de décharger les bâtiments en pleine mer, au moyen de grues à vapeur et d'appareils de transbordement perfectionnés.*

Création de bassins de carénage spéciaux pour leur construction et leur réparation.

Chambres de réparation sous-marines.

On a objecté aux grands navires transatlantiques la difficulté de leur exploitation, à cause des nombreux et coûteux transbordements qu'ils exigeraient si, ne pouvant venir à quai à cause de leur grand tirant d'eau, on était obligé de les charger au moyen de navires de transport auxiliaires; ce qui ferait quatre transbordements pour chaque voyage.

On peut répondre à cette objection que, déjà aujourd'hui, à *Liverpool*, à *Courtown*, et dans plusieurs autres ports anglais, on a établi, pour amener les wagons directement jusqu'à bord des navires, des jetées pleines dans les ports agités, ou des jetées à claire-voie sur pieux à vis dans les ports couverts où l'on n'a pas à craindre le choc des navires dans les gros temps. (*Nouvelles Annales de la Construction* de Décembre 1855.)

En procédant ainsi, une grue à vapeur installée à l'extrémité de la jetée, saisit les ballots, les tonneaux, les passagers, et, au besoin, les wagons eux-mêmes, pour les déposer rapidement et commodément sur le pont du navire en chargement, ou pour les enlever et les remettre à terre lors du débarquement.

En second lieu, on remédiera facilement à l'objection du peu de profondeur des ports de mer ordinaires pour les réparations et le radoubage, en creusant dans les ports assignés comme *terminus* des parcours, des bassins de carénage spéciaux dont l'établissement serait nécessairement complémentaire de celui des bâtiments eux-mêmes.

Pour les moindres réparations, on pourrait, d'ailleurs, employer une sorte de *chambre en tôle sous-marine*, ouverte sur une de ses faces, et pouvant s'appliquer par cette face, à bords garnis de caoutchouc ou de cuir, sur le flanc du navire à réparer.

Il suffirait d'en épuiser l'eau et de la remplacer par de l'air, pour que la pression extérieure de la mer appliquât énergiquement la chambre dont il s'agit contre les flancs du navire, et pour que des ouvriers pussent y travailler à leur aise sous 15 ou 20 mètres de profondeur, à la pression de l'air extérieur, avec une cheminée d'aérage recourbée, à échelle en fer. L'éclairage en serait d'ailleurs bien facile, soit au moyen de vitres épaisses le jour, soit au moyen de lampes à double courant d'air la nuit et dans les temps pluvieux.

Le Havre. — 1er Février 1858.

127. Lancement des grands navires comme le Leviathan
(200 *mètres de longueur*) :

1° *Sur des plages naturelles ou artificielles ayant un angle plus grand que l'angle limite ;*

2° *Au moyen de bassins de carénage spéciaux.*

En étudiant avec attention les accidents qui ont entravé d'une manière si regrettable la mise à flot du *Leviathan*, on est conduit à se demander ce qui serait à faire pour y remédier, et quels pourraient être, pour l'avenir, les voies et moyens à employer pour mener à bonne fin une entreprise de ce genre.

Examinons, en peu de mots, les causes des insuccès éprouvés :

En premier lieu, la plage, très-peu résistante d'ailleurs, dont on a fait choix pour la construction et la mise à l'eau du *Leviathan* (par le côté) n'avait pas une inclinaison suffisante pour que le navire pût glisser à l'eau par le seul effet de la pesanteur.

La masse du bâtiment, qui correspond à un poids de 12 millions de kilogr. (environ celui de 350 locomotives réunies), pesait avec une force énorme sur les rails qui le soutenaient, et, pour vaincre le frottement développé, il a été indispensable d'employer des presses hydrauliques d'une puissance extraordinaire.

2° En second lieu, la charge du navire ne paraît pas avoir été répartie sur un nombre suffisant de points d'appui : deux bers en charpente supportaient seuls toute la masse du bâtiment, et, par suite, la pression sur chacun d'eux s'élevait à 6 millions de kilogr.; aussi ces charpentes n'ont pas manqué de céder et de tasser aussitôt que le navire s'est mis en mouvement.

3° On a fait usage de rails en fer, à surface insuffisante pour compléter les bers de lancement. Or le fer, sous des pressions aussi considérables, et sous l'action de frottements aussi énergiques, est sujet à s'exfolier et à gripper; c'est un danger et une cause d'inégalité dans la marche du glissement.

4° Les mouvements des différentes presses hydrauliques n'avaient pas assez de portée et n'avaient pas été rendus suffisamment solidaires.

5° Le poids du navire était augmenté de celui de toutes les pièces supérieures et même de celui de la machine. On aurait pu, sans grand inconvénient, et sauf à remorquer la coque jusqu'à une profondeur d'eau suffisante, ne river les tôles de la partie située au-dessus de la ligne de flottaison qu'après le lancement, comme aussi on aurait pu ne monter la machine et un grand nombre de pièces intérieures très-pesantes qu'après cette opération.

6° Enfin et surtout, il y a eu, dès les premiers essais de lancement, de déplorables temps d'arrêt causés par la désertion des ouvriers qui, n'étant pas organisés par relais, de manière à se succéder alternativement pour rendre le travail continu, allaient tous ensemble, avec l'indifférence proverbiale des ouvriers anglais, dîner, souper ou se coucher, aux moments mêmes où il eût fallu redoubler d'efforts et continuer jour et nuit sans désemparer.

La première fois aussi, on avait remis l'opération d'un jour pour ne pas la commencer un vendredi. Le surlendemain, dimanche, un grand nombre d'ouvriers ne sont pas venus parce que c'était jour de repos.

Or tout le monde sait que la résistance au frottement est beaucoup plus grande au point de départ qu'une fois le mouvement établi, et c'était le cas, ou jamais, de prendre toutes les mesures nécessaires pour assurer la continuité de l'impulsion.

Ce n'est aussi qu'au milieu de l'opération qu'on s'est aperçu que la course des pistons des machines hydrauliques était insuffisante, et quand on a voulu surcharger leurs soupapes pour vaincre la résistance opposée par le navire qui avait glissé de travers et s'était plus avancé vers l'eau d'un côté que de l'autre, on a rompu des chaînes énormes, arraché les fondations des machines, et fendu sur toute sa longueur un cylindre en fer forgé de 22 centimètres d'épaisseur.

En somme, on a dépensé environ 7 millions de francs pour la construction des engins ou pour leur mise en œuvre, et les frais du lancement ont été évalués à près de 25,000 fr. par jour.

En présence de tels faits, on ne saurait mettre en doute l'urgence de changer de système dans la prochaine construction semblable que l'on voudra exécuter.

Nous proposerions donc de choisir, suivant les circonstances locales, entre les deux systèmes suivants :

1° Chercher une plage naturelle, d'une consistance suffisante et d'une inclinaison un peu supérieure à l'angle limite de frottement entre rails en fer ou madriers en chêne polis et graissés. Si l'on ne trouve pas une plage naturelle qui remplisse ces conditions dans une situation commode, on approfondira le rivage à la drague suivant le plan voulu, car il sera toujours beaucoup plus économique d'enlever à la vapeur quelques milliers de mètres cubes de déblai plutôt que de dépenser 7 millions en frais de machines et d'appareils impuissants.

Sur la plage, ainsi prête pour le lancement, on construira le navire sur plusieurs chantiers en fer ou en chêne de première qualité, et on le mettra à flot suivant les procédés ordinaires, en attendant une marée haute d'équinoxe, et en ne terminant, au besoin, la partie supérieure du bâtiment et la pose de la machine qu'après la mise à l'eau de la carène.

2° Un deuxième système, plus sûr encore, mais aussi plus coûteux, consisterait à creuser, dans le rivage, à peu de distance du flot, un grand bassin perpendiculaire à la côte, que l'on descendrait jusqu'à une profondeur suffisante pour que le navire puisse s'y trouver bien soutenu aux marées d'équinoxe; on mettrait ce bassin à sec après l'avoir bétonné au ciment hydraulique, et l'on y ferait arriver les eaux après l'achève du navire en y ouvrant un canal de sortie assez large pour laisser passer la construction.

Ici, comme on serait d'avance au niveau de l'eau dans des circonstances normales, on pourrait adapter aussi d'avance au navire les roues latérales ou l'hélice, pour lui donner l'impulsion nécessaire à la sortie du bassin.

Le creusage et le revêtement du bassin ne coûteraient encore guère plus que de longs essais et des machines spéciales.

D'ailleurs, comme il faudra toujours, tôt ou tard, construire un bassin de carénage assez grand pour les *grosses réparations* du navire. ce ne serait qu'une construction plus tard indispensable, et une avance prise sur les nécessités de l'avenir.

Paris. — 1er Février 1858.

123. Application de la vapeur
aux manœuvres de service des grands navires Transatlantiques.

Nous avons déjà parlé de l'application de la vapeur à la manœuvre des portes d'écluse et des ponts tournants, ainsi qu'à celle des grandes plaques tournantes de 12 mètres dans les dépôts de locomotives des principaux chemins de fer.

Quand on voit le nombre d'hommes nécessaires pour la manœuvre des ancres et des voiles des navires de haut bord, et la lenteur de leurs évolutions, causée par l'énormité des masses à mettre en mouvement, on se trouve naturellement conduit à proposer l'adoption générale des engins à vapeur pour ce genre d'opérations.

On sait que, sur plusieurs grands vaisseaux américains et anglais, on a déjà pris ce parti.

Nous croyons que sa généralisation pourrait être avantageuse pour tous les bâtiments dépassant un certain tonnage.

Soit que l'on emprunte la vapeur aux chaudières de la machine motrice, soit que l'on établisse des générateurs spéciaux, on obtiendra toujours une notable économie de force sur la manœuvre à bras d'homme.

Le personnel de l'équipage pourrait alors être réduit dans de certaines limites, et, dans tous les cas, un grand bénéfice de rapidité et de précision serait réalisé.

Le Havre. — 1er Mai 1860.

124. Mâts de navire en tôle et en fers spéciaux.

Comme les bois de première qualité deviennent de plus en plus rares et d'un prix tous les jours plus élevé, il est important d'appeler l'attention des constructeurs de navires sur le remplacement possible des mâts en bois cerclé par des mâts en tôle et en fer laminé.

D'après diverses applications faites en Angleterre, le prix relatif des mâts métalliques ne serait que dans le rapport de 1 à 0.75 avec celui des mâts ordinaires. Leur durée serait quatre fois plus grande, et leur poids beaucoup moindre (dans le rapport de 0.40 à 1).

Il y a là une question à prendre en très-sérieuse considération pour le développement économique des constructions maritimes.

Le Havre. — 1er Août 1858.

125. Éclairage des navires par le gaz.

Parmi les perfectionnements les plus utiles à apporter au régime des navires de haut bord, et surtout de ceux qui font le service des passagers ou le service de la guerre, on peut citer, en première ligne l'éclairage par le gaz au moyen de gazomètres d'une forme spéciale permettant la fabrication à bord, avec la houille servant aussi à la machine.

En donnant à la cloche une forme assez haute pour que les oscillations du navire n'influent par sur la pression du gaz, et pour que l'eau dans laquelle elle flotte ne puisse pas déborder, il serait facile d'installer de petites usines pour 20, 50 ou 100 becs, telles que nous les avons construites notamment pour des manufactures des environs de Paris.

Il est incontestable qu'il y aurait une grande économie à substituer le système de l'éclairage au gaz à celui de l'éclairage à l'huile ou à la bougie. En outre l'aspect intérieur du navire serait bien plus agréable, on pourrait à volonté, augmenter ou diminuer l'intensité de la lumière, et le service de l'allumage et de l'extinction des feux serait aussi bien plus facile et plus rapide que dans l'état actuel.

Déjà les Anglais et les Américains ont fait divers essais, couronnés de succès, pour introduire l'éclairage au gaz dans leurs navires.

Puisque l'on soutient tous les jours en Angleterre que les progrès de notre marine sont plus rapides que ceux de la marine anglaise, ce serait le cas de ne pas être les derniers à adopter un perfectionnement aussi avantageux et aussi pratique.

Le Havre. — 1er Novembre 1861.

126. Adoption d'un code uniforme
pour les signaux maritimes de toutes les nations.

La simplicité et l'uniformité des signaux qui servent à communiquer d'un navire à l'autre, en pleine mer, est un des objets les plus essentiels à réaliser pour éviter les dangers de toute espèce auxquels le navigateur peut s'exposer, par suite d'un signal mal donné ou mal compris.

M. Charles de Reynold, lieutenant de port, occupé depuis longtemps des moyens d'introduire un ordre régulier dans la pratique des signaux maritimes, a réuni toutes ses observations à ce sujet dans une sorte de Manuel ou de *Code*, aujourd'hui réglementaire à bord des navires de l'État et du commerce français, et que l'on voudrait voir adopté par tous les autres pays maritimes.

Déjà l'Angleterre, les Pays-Bas, la Sardaigne, la Suède et la Grèce en ont accepté l'usage, mais la Russie, l'Autriche, la Prusse, l'Amérique, conservent encore, en partie au moins, leurs anciens errements.

Le principe général sur lequel repose le Code Reynold, consiste à représenter, au moyen d'un petit nombre d'objets hissés ou agités d'une manière apparente, tous les *nombres*, depuis 1 jusqu'à 10,000 par exemple, et d'user d'un répertoire dans lequel, en regard de chaque nombre exprimé, se trouve le *mot* ou le *nom* que ce nombre signifie.

Les objets conventionnels sont des flammes et des pavillons de diverses couleurs, placés dans des positions relatives convenues, pour exprimer les unités, les dizaines, les centaines ou les mille.

Il y a un pavillon d'avertissement, jaune, avec bande diagonale bleue, qui signifie : *attention, je demande à communiquer.*

Une flamme de forme spéciale, dite *flamme numérique,* indique que l'on va télégraphier un *chiffre* véritable, et qu'il ne faut pas chercher, dans le répertoire, le mot correspondant.

D'autres pavillons indiquent la *répétition*.

D'autres disent *on a fini les signaux*.

D'autres enfin avertissent que, dans les signaux suivants, on se servira des nombres secrets, etc.

M. Reynold, afin de prévoir tous les cas possibles, représente aussi les dix chiffres 1, 2, 3, 4, 5, 6, 7, 8, 9, 0, par diverses positions du corps d'un homme tenant simplement un mouchoir flottant ou un chapeau de l'un ou de l'autre bras, horizontalement ou en tenant le bras incliné :

1. S'indique en étendant le bras droit horizontalement avec un objet flottant.
2. En étendant le même bras incliné à 45° avec un objet flottant.
3. Étendre le bras gauche horizontalement avec un objet flottant.
4. Étendre le bras gauche incliné à 45° avec un objet flottant.
5. Le bras droit horizontal avec un objet opaque et fixe.
6. Le bras droit incliné à 45° avec un objet fixe.
7. Le bras gauche horizontal avec un objet fixe.
8. Le bras gauche incliné à 45° avec un objet fixe.
9. Les deux bras étendus, un objet flottant à droite et un objet fixe à gauche.
10. Les deux bras étendus, un objet flottant à gauche et un objet fixe à droite.

Un objet quelconque hissé verticalement au bout d'un bâton, d'une gaffe, d'une rame ou d'un fusil, signifie : *attention*, ou *séparez*.

En séparant chaque série de chiffres formant un nombre par le signal *virgule*, on pourra exprimer successivement, et d'une manière aussi simple que possible, tous les nombres du répertoire.

Paris. — 1er Avril 1859.

127. Application du sifflet avertisseur
à la navigation maritime.

En présence des nombreuses collisions qui ont lieu sans cesse en mer, et dont les bâtiments à vapeur sont presque toujours les causes premières, on ne saurait trop multiplier les mesures de précaution qui peuvent diminuer le nombre de ces accidents.

Si le sifflet avertisseur n'a pas encore été adopté aussi généralement dans la marine que sur les chemins de fer, cela tient sans doute à ce que la chaudière étant située dans l'intérieur du bâtiment, la pensée n'est pas venue à la plupart des constructeurs de mettre à la disposition des hommes du commandement cet utile auxiliaire des signaux optiques.

Les signaux acoustiques ont en effet sur les signaux optiques cet avantage de *forcer* en quelque sorte l'attention, quel que soit l'état de la personne qui en reçoit l'impression, tandis que, pour les signaux optiques, un regard distrait, une position détournée de l'observateur, un sommeil momentané, l'obscurité ou le brouillard, peuvent supprimer complétement la perception des signes que l'on croit avoir transmis.

Il suffirait donc d'embrancher sur les tubes de distribution des chaudières un tuyau spécial, convenablement entouré d'étoupes pour empêcher la condensation de la vapeur, et d'amener l'extrémité de ce tuyau jusque sous la main du capitaine qui est debout sur la passerelle située entre les deux tambours du navire.

On pourrait alors établir, comme pour les signaux des locomotives, une série de conventions très-simples pour interpréter les différents signaux qu'on peut faire avec un instrument de ce genre.

L'usage en serait aussi commode que facile, et sans doute on remarquerait dans peu d'années une diminution réelle dans le nombre relatif des sinistres maritimes.

Le Havre. — 1er Mars 1859.

128. Établissement de bouées de sauvetage à sonnerie,

à l'entrée de tous les ports de mer, et aux alentours
des points dangereux du littoral.

Les nombreux sinistres maritimes qui ont surtout pour théâtre certains points des côtes et l'entrée des rades ou des ports, causent chaque année la mort de quelques centaines de personnes.

On ne saurait donc trop chercher tous les moyens possibles d'atténuer l'effet de ces désastres, en sauvant le plus grand nombre des naufragés, et en mettant à leur disposition des moyens de plus en plus perfectionnés.

Nous citerons d'abord les bateaux de sauvetage en tôle (*life boots*), dont la double paroi renferme assez d'air pour que l'esquif flotte toujours sur les vagues, quelle que soit la violence du vent.

Les bouées de sauvetage ordinaires que l'on jette à la mer ou qui flottent au bout de trois ou quatre chaînes d'amarrage ancrées, sont un autre moyen à appliquer dans tous les cas.

Mais la nuit ces bouées et ces bateaux sont invisibles, et d'ailleurs les bouées sont trop petites et ne sont pas garnies d'organeaux suffisants pour recevoir les hommes tombés à la mer.

On vient d'expérimenter avec succès, à quelque distance de l'entrée du port du Havre, et aussi à Ancône (Italie) un nouveau système de bouée de grand diamètre, munie d'un appareil de sonnerie que le mouvement de la mer fait retentir jour et nuit, et garnie à sa partie supérieure d'une galerie en terrasse à laquelle on parvient par quatre escaliers à poignées en fer.

Ce système est incontestablement le plus logique et le meilleur qui ait encore été proposé pour créer en mer des abris que les naufragés puissent atteindre au besoin, et que les barques des pêcheurs, surprises par le vent, puissent gagner, en attendant des secours du rivage.

Il y a donc lieu de proposer l'établissement de quatre ou cinq bouées de ce genre à l'entrée de tous nos ports de mer et dans les points les plus dangereux du littoral.

Il est évident qu'elles ne pareront pas à tous les accidents, et ne pourront pas recueillir toutes les victimes ; mais quand chaque bouée ne serait utile qu'une ou deux fois par an pour sauver la vie à quelques malheureux, ce serait déjà un motif suffisant pour en recommander l'adoption.

Ancône. — 1er Juin 1860.

129. Appareil de sauvetage à installer à bord
des navires.

Par M. le Capitaine TREMBLAY.

L'auteur propose de mettre à bord de chaque navire un appareil de sauvetage destiné à établir une communication avec la terre.

L'appareil est destiné à lancer une corde armée d'un grappin ; il porte avec lui tout ce qui est nécessaire au tir, force motrice, grappin, cordes, affûts et accessoires.

La force motrice est une fusée de guerre, dans laquelle l'obus est remplacé par des crochets en fer et un chapiteau en bois de forme ogivale. Ce chapiteau est percé, suivant son axe, d'un trou central destiné à recevoir des instructions écrites.

La fusée est dirigée par une baguette à laquelle est attachée une chaîne en fer qui reçoit la corde à transporter.

Elle est ainsi convertie en un grappin porte-amarre. Les trous par lesquels doivent s'échapper les gaz enflammés sont ficelés à leur partie inférieure et bouchés par des tetons taraudés en bronze, ainsi que le trou central destiné à recevoir la baguette.

La corde logée dans la caisse est enroulée en bobine autour d'un arbre en bois qui, retiré après l'opération, laisse un creux dans lequel se placent les verges des grappins.

Cet appareil, placé à bord, ne servira pas seulement à communiquer avec la côte, mais encore :

1° A communiquer avec un autre bâtiment que l'état de la mer empêcherait d'approcher ;

2° A lancer une remorque à un bâtiment ;

3° A sauver, en modifiant les bouées de sauvetage, les matelots tombés à la mer, que le mauvais temps force quelquefois d'abandonner à la mort.

Pour cela, on relierait les deux bouées suspendues à l'arrière du navire, par un cordage lié sur chacune d'elles et dont les extrémités seraient fixées sur leurs tiges. Ainsi installées, ces bouées seraient lancées dès qu'un marin tomberait à la mer, et les deux bouées, en se séparant, formeront, avec la corde, un but d'une grande étendue sur lequel on pourra diriger le grappin.

Le cordage sauveteur projeté par ce grappin, étant déposé sur le cordage de réunion des bouées, il n'y aura plus qu'à haler sur le premier pour faire crocher le grappin dans le second, et ramener ainsi le marin sans compromettre la vie de personne.

Le Havre. — 1er Juin 1860.

130. Bateaux de Sauvetage en tôle.

Les frêles canots en bois que l'on envoie d'habitude au secours des navires en détresse ont les plus grands inconvénients, tant au point de vue de leur instabilité dans les vagues que de leur facile destruction par les coups de mer et les effets du ressac.

La substitution de coques en tôles aux carènes en bois d'assemblage est de tous points très-désirable. On dispose en outre ces coques de manière à leur donner une *double épaisseur* renfermant de l'air en quantité suffisante pour rendre l'esquif insubmersible.

Les expériences auxquelles on s'est livré récemment en Amérique sur ce genre de bateaux ont donné les meilleurs résultats.

Il devrait exister dans chaque port de mer une flottille de cinq ou six esquifs de sauvetage, de différentes dimensions. Ils serviraient tout à la fois au service du port, à celui des phares, et au service des sinistres en cas de mauvais temps.

Le Havre. — 1er Juillet 1858.

131. Établissement de nouveaux phares
sur les côtes d'Algérie.

Ce n'est pas seulement dans l'intérêt de l'Algérie que la France devrait éclairer régulièrement les côtes de ses possessions d'Afrique, c'est dans l'intérêt de toute sa marine, et dans l'intérêt des autres nations qui fréquentent la Méditerranée.

Chaque année des désastres plus ou moins grands signalent à l'attention publique l'insuffisance des signaux établis sur les côtes dangereuses de la mer d'Alger et de la mer de Constantine.

Lorsque toutes les nations civilisées, y compris même l'Empire Ottoman, rivalisent aujourd'hui par le grand nombre et même le luxe des phares destinés à signaler les parages dangereux et les entrées des ports ou anses de refuge, il est impossible de laisser l'œuvre de la France inachevée sur l'un des deux rivages qu'elle possède dans la Méditerranée.

Un système général d'éclairage des côtes de l'Algérie avait été arrêté par la commission des phares dès 1846. Il ne s'agirait donc aujourd'hui que de donner suite, le plus complètement possible, aux divers projets qui composent ce groupe spécial de travaux.

Marseille. — 1er Juillet 1860.

132. Création d'un service maritime périodique
d'Aden à l'île de la Réunion, et de l'île de la Réunion à Madagascar.

Il suffit d'indiquer ce projet pour en faire comprendre l'utilité : depuis que les expéditions de la Chine et de la Cochinchine ont donné une vie nouvelle aux relations de la France avec l'extrême Orient, et lui ont enfin ouvert ces mers du Sud, d'où l'influence jalouse de l'Angleterre aurait voulu la tenir éloignée à jamais, il est essentiel de faciliter les relations de nos compatriotes de l'île de la Réunion, tant avec la mer Rouge, par Aden, qu'avec la côte d'Afrique par Madagascar.

Dans cette dernière île, qui est presque un continent comme l'Australie, les intérêts français sont aussi à la veille de devenir considérables. Depuis la chute de l'ancien gouvernement de la reine Ranavaloo, le Ministre principal et les conseillers du nouveau roi tournent les yeux vers la France, pour y chercher le concours et l'appui que celle-ci peut leur donner.

Avant tout, les communications doivent devenir faciles entre des points qui doivent avoir, dans l'avenir, des relations fréquentes entre eux. Les navires anglais seuls ont été, jusqu'à présent, les traits d'union entre les diverses colonies européennes de la mer du Sud. Ce serait à notre marine, à son tour, de faire flotter le pavillon français à côté du drapeau britannique. D'ailleurs, quand bien même ce serait une entreprise anglaise ou hollandaise qui organiserait les services dont il s'agit, il n'y aurait pas moins lieu de le désirer, au point de vue des intérêts généraux de la civilisation.

Si nous insistons sur l'opportunité qu'il y aurait à en prendre l'initiative dans ce pays, c'est que les motifs indiqués ci-dessus en démontrent suffisamment l'actualité, et que ce serait une très-heureuse émulation à établir entre les deux premières nations maritimes de l'Europe.

Paris. — 1er Avril 1862.

——∞·⚬·∞——

XX. — ÉLECTRICITÉ.

133. Piles électriques tubulaires et denticulaires
à circulation continue des liquides.

La production ÉCONOMIQUE *de l'électricité avec une intensité constante,* est évidemment le problème fondamental qui contient en germe toutes les applications usuelles de cette force aux machines, à l'éclairage, à la télégraphie, à la galvanoplastie, à la fabrication des produits chimiques, etc.

Jusqu'à présent, l'électricité coûte trop cher pour être applicable aux machines, en concurrence ou même à titre supplémentaire avec la vapeur. Une force d'un quart de cheval coûte près de 30 fr. par jour. Une machine de 10 chevaux coûterait donc 1,200 fr. par jour. C'est évidemment une impossibilité pratique.

Et cependant, malgré les nombreuses recherches qui ont déjà été faites, malgré les encouragements donnés au génie inventif des physiciens par le prix de 50,000 fr. fondé par l'Empereur, et tout récemment renouvelé, le problème ne semble pas encore près d'être résolu.

Est-ce à dire pour cela qu'il soit insoluble? Nous ne le pensons pas, et voici, selon nous, la marche logique qu'il faudrait suivre pour parvenir à sa solution :

Partant de ce fait d'observation que la nature est, de tous les producteurs, celui qui sait arriver aux plus grands résultats de la manière la plus économique possible, nous constatons d'abord qu'il existe dans certains poissons, la torpille, les gymnotes, etc., des piles électriques naturelles composées d'une multitude de membranes superposées, d'alvéoles juxtaposées et hérissées d'une quantité innombrable de denticules qui servent au plus facile dégagement de l'action électrique.

D'un autre côté, il est facile de démontrer que ce que les médecins appellent le fluide nerveux est absolument identique dans sa production, dans sa transmission et dans ses effets au fluide électrique.

En effet, il suffit de saisir dans ses deux mains les poignées d'un multiplicateur de Ruhmkorff, et de roidir brusquement les bras par une secousse nerveuse, pour qu'aussitôt l'aiguille aimantée du rhéomètre se dévie de plusieurs degrés, de près d'un quart de cercle si l'homme est vigoureux, et qu'ainsi elle accuse le passage d'un courant électrique ou nerveux, comme on voudra l'appeler. Or la cervelle de l'homme est également composée d'une foule de surfaces et de replis juxtaposés, et le corps de l'homme est sillonné par des tuyaux infiniment petits et infiniment nombreux, dans lesquels le sang et la lymphe circulent continuellement.

Ne pourrait-on pas, en *imitant* les organismes naturels producteurs d'électricité, arriver à la pile la plus rationnelle et la plus économique, agissant par les acides et les bases les plus ordinaires et se nettoyant sans cesse elle-même comme les corps organisés par l'effet d'une *circulation continue des liquides réactifs ?*

Tel est l'ensemble des considérations qui nous conduisent à affirmer que la production économique de l'électricité pourrait être obtenue au moyen de piles électriques *tubulaires, denticulaires* et à *circulation continue des liquides.*

On sait déjà que l'application du système tubulaire aux chaudières à vapeur, a permis, par la multiplication des surfaces, d'arriver à des résultats extraordinaires, comme vitesse de production et de vaporisation, et comme économie relative du combustible.

Si, au lieu de faire circuler des gaz chauds à travers un liquide froid que l'on veut mettre en ébullition au moyen de tubes en métal, on faisait circuler un acide à travers une base par des tuyaux poreux, d'une substance semblable au biscuit de porcelaine dont on fait les cuvettes des piles électriques, et si l'on recueillait l'électricité dégagée sur toutes les surfaces en contact au moyen d'hélices inoxydables en platine, hérissées de denticules pour mieux absorber ou recueillir le fluide, il semble que le problème serait bien près d'être résolu, et qu'il y aurait là une grande analogie avec ce que fait la nature dans les corps organisés.

Quand on pense qu'une pile électrique aussi faible que la cervelle d'un oiseau, qui n'a souvent pas plus d'un centimètre de diamètre, peut, grâce à l'adjonction du système artériel et du système veineux, et par le fait de la circulation continue des liquides, produire assez d'électricité pour faire frémir ses ailes par coups tellement rapides, qu'ils sont invisibles à l'œil, et transporter ce faible corps à travers l'espace dans un gaz 800 fois plus léger que lui, on est certain que l'application de l'électricité à la navigation aérienne est aussi l'un des problèmes que l'avenir est appelé à résoudre, et que la question de *l'électricité à bon marché* est à la fois celle de la navigation aérienne, des moteurs portatifs, des moteurs à grande vitesse pour le transport des lettres ou des paquets, de l'éclairage des villes et des phares, et de toutes les autres applications déjà connues du même agent, qui se trouveraient ainsi centuplées comme importance d'application, parce que le prix de revient en serait réduit dans une très-grande proportion.

Paris. — 1ᵉʳ Mai 1863.

134. Contracteurs électriques ou aimants articulés,

pour l'application de l'électricité aux machines motrices.

Un des principaux obstacles qu'a rencontrés jusqu'à ce jour l'application pratique de l'électricité aux machines est dans la très-faible amplitude des mouvements élémentaires des électro-aimants, depuis le point où l'attraction commence jusqu'à celui où le contact a lieu. Cette amplitude, en ligne directe, est de 1 ou 2 millimètres à peine.

Aussi, tous les inventeurs qui ont successivement proposé des appareils électro-moteurs, ont-ils cherché à surmonter cette difficulté en provoquant l'attraction en biais, ou suivant la surface d'un cône, ou par progression circulaire, de manière à augmenter l'amplitude du mouvement, mais toujours au détriment de la force.

En poursuivant l'analogie qui nous a conduit, dans la proposition précédente, à décrire les piles électriques tubulaires, à circulation continue des liquides, pour imiter les procédés de la nature dans la production de ce que l'on appelle le fluide nerveux des corps organisés, nous proposons aussi l'adoption d'un organe nouveau, appelé *Contracteur ou muscle électrique*, qui serait l'imitation correspondante du jeu des muscles dans les corps organisés, et qui permettrait de transformer directement l'attraction très-petite d'une série d'électro-aimants en un mouvement d'une amplitude dix, vingt, cinquante ou cent fois plus grande.

Que l'on suppose, en effet, deux cents disques en fer doux, creusés sur leurs bords en gorge de poulie très-profonde, afin d'y recevoir quelques milliers de tours d'un fil conducteur isolé; l'ensemble de ces disques pourra ainsi se transformer instantanément en électro-aimant par le passage d'un courant électrique. Il suffira de superposer tous les disques, en les séparant par des rondelles en caoutchouc très-minces, de 1 millimètre par exemple d'épaisseur, pour qu'au premier passage du courant, tous les disques se rapprochent les uns des autres en comprimant le caoutchouc, et qu'ainsi la pile de disques, si elle est composée de 200 éléments, se raccourcisse de 1 décimètre entier au total, quoique chaque disque ne se soit rapproché que d'un demi-millimètre de son voisin.

Telle est l'idée première des *Contracteurs* ou *Muscles électriques*.

On comprend maintenant qu'en appliquant l'une des extrémités du contracteur à la bielle motrice d'un volant et l'autre extrémité au bâti fixe de la machine, on pourra obtenir, sur la bielle, une alternance de tractions et de relâchements aussi rapides que l'on voudra, et, par suite, une mise en mouvement dont la vigueur dépendra de la force de la pile.

En combinant cette idée avec celles des piles électriques tubulaires, produisant l'électricité à bon marché, n'y aurait-il pas là une solution complète et rationnelle du problème de l'application économique de l'électricité aux machines?

Paris. — 1er Juin 1863.

XXI. — TÉLÉGRAPHIES ET AVERTISSEURS.

135. Triplement des Réseaux télégraphiques
sans augmentation du nombre des poteaux.

L'abaissement du tarif des dépêches télégraphiques, et l'adoption d'une taxe uniforme pour toutes les dépêches de vingt mots échangées dans un même pays, ont déjà conduit à une multiplication considérable du nombre des envois.

Les fils actuellement existants sur les principales lignes ne suffisent pas à certaines heures de la journée, et l'on s'aperçoit de ce fait par les retards, souvent considérables, que mettent les dépêches à parvenir à destination.

Autrefois, dans dix ou vingt minutes, on avait transmis une demande et reçu la réponse. Depuis la nouvelle taxe, et grâce aux relations plus multipliées que le progrès industriel et commercial a nécessairement amenées à sa suite, c'est une heure, deux heures, quelquefois une journée entière qu'il faut attendre.

Lorsque, d'un autre côté, on considère le nombre déjà considérable de fils (quelquefois 10 ou 20) qui s'attachent à un même poteau, on reconnaît qu'il est difficile, même impossible, d'ajouter des crochets intermédiaires ou supplémentaires sur le même montant à cause de la distance réglementaire des fils qui doit être conservée pour empêcher les confusions de fluide.

Pour augmenter cependant le nombre des fils sans planter de nouveaux supports, il suffirait d'ajuster, à droite et à gauche de la partie supérieure de chaque poteau, deux pièces additionnelles parallèles au poteau, et portant à leur tour des crochets isolés et des fils.

Nous avons fait construire un modèle de cette disposition, et proposé son adoption au service des lignes télégraphiques françaises.

D'après les expériences faites, le montant des frais de support pour les fils additionnels serait la moitié, au plus, de la dépense occasionnée par la pose de poteaux ordinaires pour le même nombre de fils.

Paris. — 1er Août 1862.

136. Établissement de la télégraphie urbaine
dans toutes les villes principales.

S'il est vrai que la télégraphie a rendu les plus grands services à l'industrie, au commerce, aux relations de la vie privée, pour les communications à grande distance, il est vrai aussi qu'elle n'a pas encore donné lieu à toutes les applications utiles dont elle est susceptible, notamment pour les communications urbaines.

Il existe, à Paris et à Londres, des télégraphes administratifs qui relient les palais des souverains avec les principaux ministères, avec la Préfecture de police, avec la Bourse, etc.

Une ligne souterraine est établie de Paris à Saint-Cloud. Une autre, des Tuileries au Palais-de-Justice, d'autres encore entre les divers bureaux actuels du télégraphe et le bureau central du Ministère de l'Intérieur. C'est beaucoup pour la facilité et la promptitude du service de l'État, mais ce n'est pas encore assez pour les besoins du public.

Combien de commissionnaires font journellement des courses répétées dans Paris, dans toutes les grandes villes, pour suppléer à la lenteur, à l'irrégularité, à l'insuffisance des communications postales!

Si des stations télégraphiques étaient établies à côté ou dans l'intérieur de chaque bureau de poste, il suffirait de payer 0'.50 ou même peut-être 0'.25 au lieu de 0'.75 pour faire parvenir instantanément d'un point à un autre de la ville un avis important, une invitation, un contre-ordre, une convocation, une correspondance quelconque.

Il suffirait même d'établir, à cet effet, des guérites de la dimension de celles des marchands de journaux ou des stations de voitures, et d'enterrer, comme on l'a fait pour les lignes souterraines citées plus haut, des fils isolés, emprisonnés dans une gaîne carrée en bitume.

C'est, en résumé, un calcul de frais et de bénéfices à faire, et une demande de concession à adresser à la municipalité, dans chaque ville principale.

Espérons que ce vœu sera entendu, et que bientôt, à Paris, comme dans tous les grands centres de population, des réseaux de télégraphie urbaine seront établis, pour relier tous les faubourgs au centre, pour communiquer d'un point à un autre, avec toute la rapidité qu'exige le développement de l'activité moderne.

Paris. — 1er Janvier 1862.

137. Envoi de sommes d'argent par le télégraphe

moyennant un tarif spécial, et la création d'une Caisse centrale de dépôt et d'expédition.

Il arrive constamment dans le commerce, dans l'industrie, dans l'administration, qu'un payement doit être effectué à date fixe, sous peine de pénalités, pertes de droits, frais de protêt ou autres, qui rendent le moindre retard très-préjudiciable.

Dans ce genre de cas il serait on ne peut plus désirable qu'un ordre télégraphique de toucher une somme donnée, préalablement déposée au bureau d'expédition de la dépêche, pût être envoyé à la personne qui doit la recevoir du caissier du bureau d'arrivée.

Ce serait le *mandat-poste* moins l'expédition matérielle du titre, et la création d'une caisse centrale, et de caisses succursales dont le télégraphe serait l'agent ordonnateur.

Mais comment éviter les abus? dira-t-on. Quelles seraient les garanties de ce genre d'expéditions?

La télégraphie autographique répond à cette objection, car elle permet de transmettre des signatures en fac-simile.

Un mot convenu, une formule spéciale arrêtée à l'avance entre les parties contractantes, serait en outre une précaution utile pour empêcher l'immixtion illicite de tiers étrangers.

L'administration du télégraphe elle-même ne courrait aucun risque, puisqu'elle recevrait toujours le dépôt préalable des sommes dont elle ordonnerait le payement.

Du reste, c'est une question à étudier : nous nous bornerons, quant à présent, à en signaler l'opportunité, et à appeler, sur ce moyen nouveau mis à la disposition du commerce et des finances, l'attention des administrateurs du service télégraphique.

Paris. — 1er Novembre 1860.

138. Adoption d'appareils imprimeurs à clavier

pour accélérer la transmission des dépêches télégraphiques,
et en abaisser le prix (1).

Une des principales causes du prix élevé des dépêches télégraphiques est qu'on ne peut transmettre, avec un appareil donné, qu'un nombre très-limité de mots par minute, tandis que, par la poste, on peut expédier, en un seul bloc, des milliers et, avec l'aide de la presse, des millions de mots sous toutes les formes.

De plus, comme la plupart des dépêches ne s'échangent que dans la journée, de 10 heures à 6 heures du soir par exemple, il faut condenser, dans ce temps très-court, presque tout l'ensemble des correspondances à expédier. On ne peut donc assez vivement recommander l'adoption de tous les moyens nouveaux qui permettent de rendre l'expédition plus prompte et plus commode.

M. le professeur Hughes (États-Unis) a imaginé un appareil dit à clavier, qui imprime directement les dépêches en caractères romains, au moyen d'une série de touches que l'on met en mouvement à la station du départ, et qui se manœuvrent avec une grande rapidité lorsque l'on en a l'habitude. Les avantages sur le télégraphe Morse sont qu'il suffit d'une seule émission du courant pour produire la lettre, tandis qu'il en faut trois avec le télégraphe actuel. La vitesse de transmission peut donc ainsi être environ triplée, et le prix des dépêches réduit à moitié ou même au tiers.

On sait d'ailleurs, soit dit en passant, que l'administration des télégraphes réalise un bénéfice de 50 pour 100 environ, même avec le

---

(1) Cette proposition est antérieure à l'introduction effective des appareils imprimeurs dans le service des principaux bureaux.

système actuel. Ce fait seul démontre qu'il est non-seulement possible, mais même équitable de faire profiter le public d'une très-prochaine réduction des tarifs.

Paris. — 1er Juin 1861.

139. Établissement d'un câble transatlantique
direct entre la France et les États-Unis.

Au moment où l'Angleterre s'apprête à jeter un deuxième câble télégraphique à travers l'Océan, pour remplacer celui qui n'a pu fonctionner une première fois, il serait bien désirable que l'on s'occupât, en France aussi, de créer une communication électrique directe entre l'ancien et le nouveau monde.

La France, dira-t-on, n'a pas le même intérêt que l'Angleterre à communiquer avec l'Amérique. Cela est juste, mais de ce que l'on n'ait rien fait dans le passé, faut-il en conclure qu'il ne faut pas s'inquiéter davantage de l'avenir?

Si la France est au second rang, au troisième rang même, actuellement au point de vue des entreprises commerciales des travaux de colonisation, faut-il donc toujours en rester là, et ne pas chercher à tenter aussi l'exécution de grands travaux d'utilité internationale?

En présence de la prospérité croissante de la marine française, ne devons-nous pas, à notre tour, jeter les yeux au delà des mers, et chercher à développer les relations et l'influence de notre pays en dehors des progrès réalisables en France même?

D'ailleurs un seul câble sera toujours insuffisant pour satisfaire à toutes les transactions entre les deux continents. Si un accident arrive au câble unique, les relations seront brusquement interrompues, tandis qu'avec deux câbles, on aura dans ce cas un état provisoire suffisant.

Enfin, s'il est vrai qu'en face de l'Angleterre il y ait les États-Unis, il faut remarquer aussi que, plus près de la France, il y a le Mexique, le Texas, les Antilles et toute l'Amérique Méridionale.

Espérons donc que lorsqu'il sera bien prouvé qu'un câble transatlantique peut être établi sans interruption et fonctionner sans accident, la France entreprendra immédiatement la deuxième communication dont il s'agit; et une compagnie sérieuse trouvera certainement, avec l'appui et le concours de l'État, les encouragements et les capitaux nécessaires pour l'accomplissement de cette œuvre.

Saint-Nazaire. — 1er Octobre 1859.

140. Établissement d'un câble sous-marin direct
entre la France et l'Algérie.

L'établissement d'un câble sous-marin exclusivement français, pour relier la métropole à notre colonie d'Afrique, est une de ces entreprises qui, tôt ou tard, devront aussi passer du domaine des idées dans celui des faits.

Il est évident que le service serait à la fois bien plus rapide, plus sûr, et moins sujet à interruptions par suite d'événements politiques, que la ligne indirecte qui passe par la Corse, la Sardaigne, la Spezzia et la Calle.

Un tracé a été proposé déjà, de Marseille aux îles Baléares et, de là, directement sur Alger. — Les progrès qu'ont faits, dans ces dernières années, la fabrication des câbles sous-marins et les appareils destinés à leur immersion permettent d'espérer qu'un tel travail pourra être exécuté aisément par la France seule, et que ce pays se rendra ainsi indépendant de tout secours étranger, dans la question si importante de l'administration des provinces d'Algérie.

Marseille. — 1er Mars 1859.

141. Établissement d'un câble entre l'Algérie
et l'Espagne.

Si l'établissement d'un câble sous-marin entre l'Algérie et les îles Baléares est une entreprise trop onéreuse, pourquoi ne prendrait-on pas le parti, à titre provisoire, de créer une ligne entre l'Algérie et un point rapproché du territoire espagnol, de manière à établir, avec les lignes télégraphiques de la France, une communication nouvelle qui serait à l'abri d'une éventualité d'une guerre italienne?

Paris. — 1er Mars 1860.

142. Avertisseurs électriques et tubes acoustiques,
pour le service des bureaux, ateliers et chantiers.

Le développement considérable que prennent les gares de chemin de fer, les ateliers de construction, les administrations industrielles et agricoles, exige l'emploi de moyens de communication faciles et rapides entre tous les bâtiments d'une même exploitation, ou entre toutes les diverses pièces d'un même corps de bâtiment.

Les avertisseurs électriques et les tubes acoustiques sont d'un usage très-commode pour ce genre de transmissions.

On s'en sert déjà dans un grand nombre d'établissements publics ou privés. Il serait désirable d'en voir généraliser l'emploi pour toutes les administrations de quelque importance. Leur adoption ne pourrait que faciliter et simplifier beaucoup le service, en évitant ces longueurs et ces pertes de temps dont se plaint trop souvent le public.

Paris. — 1er Mai 1859.

XXII. — NAVIGATION AÉRIENNE.

143. Principes généraux de la navigation aérienne.

La principale cause qui a empêché, croyons-nous, jusqu'à présent la navigation aérienne de devenir un fait courant et pratique, c'est que le problème a été mal posé : les inventeurs, au lieu d'étudier les principes et les moyens qu'emploie la nature pour faire franchir l'espace aux oiseaux, aux insectes, à certains mammifères ailés, à certains poissons volants, ont toujours et invariablement cherché la « direction des Ballons », c'est-à-dire le moyen de transporter à volonté, même contre les vents les plus violents, une masse gazeuse plus légère que l'air et d'un volume énorme.

Dans ces termes, le problème est évidemment à peu près insoluble. Le fameux «point d'appui » que l'on cherche à cet effet manquera toujours. La surface du ballon, frappée par les courants de l'atmosphère, ne leur présentera aucune résistance relative, et l'appareil sera nécessairement entraîné par eux, avec une vitesse égale à leur vitesse propre et tout au plus avec une légère déviation verticale due à sa force ascensionnelle.

Autre chose est de se proposer le problème ainsi qu'il suit : « Trans-« porter et diriger, à travers l'atmosphère en mouvement, un corps « plus lourd que l'air, au moyen de propulseurs mécaniques. » — En effet, il n'est pas un seul des êtres animés qui vivent dans l'air, et qui s'y dirigent à volonté, dont la densité ne soit pas beaucoup plus considérable que celle de l'air lui-même, soit 500 à 800 fois.

En second lieu, c'est invariablement au moyen de propulseurs fermes mais légers, qu'ils s'y élèvent et s'y transportent d'un point à un autre.

Icare, à tout prendre, était plus près de la solution que Montgolfier ou Charles. Seulement Icare, si tant est qu'il ait existé, avait mal choisi ses propulseurs et sa force motrice : au lieu de plumes attachées avec de la cire, il aurait dû employer *de la gutta-percha, du caoutchouc, de l'acier ;* — au lieu d'ailes, *des propulseurs hélicoïdes, coniques rayonnants ou lamellaires ;* — au lieu de la force humaine pour moteur, celle de la *vapeur ou de l'électricité...*

C'est dans la meilleure combinaison des divers moyens qui précèdent qu'est le seul avenir possible de la navigation aérienne. M. de Ponton d'Amécourt, inventeur, et Nadar (plus connu comme photographe), ont fait récemment des expériences à proportions réduites sur des hélices, et l'on a employé la force des ressorts pour donner aux propulseurs la vitesse nécessaire. On a objecté à leur mode de procéder que : 1° si l'on exécutait des hélices à grandes dimensions (soit de 10 ou 15 mètres de diamètre), la vitesse trop grande que l'on serait obligé de leur donner à la circonférence briserait toutes les pièces du propulseur, et que, par l'effet de la force centrifuge, l'appareil pourrait se détruire de lui-même. 2° Il serait possible aussi qu'à grande vitesse l'hélice fît trou dans l'air sans avancer. 3° Que l'hélice ferait tourner l'appareil sur lui-même sans avancer ni s'élever.

Ces objections ne sont cependant pas absolues. C'est une question de matière et d'agencement. La gutta-percha et l'acier peuvent être plus résistants que la toile et le bois. Rien n'oblige non plus à employer exclusivement des propulseurs hélicoïdes. La nature n'emploie même que des propulseurs coniques, rayonnants ou lamellaires. Il est bien possible que l'on doive chercher de préférence dans ces formes le propulseur atmosphérique le plus puissant. Enfin on peut faire des hélices alternes se compensant l'une l'autre.

L'exemple d'autres inventions est là d'ailleurs, pour démontrer que souvent un seul changement de détail dans la forme ou dans la matière peut rendre pratique un système qui ne l'était pas auparavant. Sans la chaudière tubulaire, les locomotives ne traîneraient pas encore de convois à grande vitesse. Enfin, en ce qui concerne les moteurs, la question des moteurs électriques est encore dans l'enfance, et cependant ce sont les seuls dont se serve la nature organique. Ainsi donc, en résumé, nous croyons pouvoir maintenir cette manière de voir, qui est d'accord avec les phénomènes naturels, et ne pas désespérer d'une solution prochaine.

Si notre siècle pouvait inscrire l'invention de la navigation aérienne à la suite de celle des chemins de fer, des télégraphes et des moteurs électriques, ce serait vraiment un siècle unique dans l'histoire de l'humanité, car il n'y aurait plus, pour ainsi dire, un seul coin du voile de l'avenir qu'il n'aurait pas soulevé.

Paris. — 1er Septembre 1863.

——◦◦⫶◦◦——

XXIII. — MINES ET MÉTALLURGIE.

144. Éclairage électrique des mines.

La densité des ténèbres dans les mines, et la longueur des galeries qu'il s'agit d'éclairer pour faciliter les travaux, donnent à la lumière électrique un avantage particulier pour l'application dont il s'agit. On sait à quelle distance considérable on peut diriger l'éclat d'un faisceau de rayons électriques, sans presque en atténuer l'intensité. D'un autre côté, les dangers et les accidents auxquels donne lieu l'emploi des lampes et des lanternes ordinaires sont bien connus. Il ne peut être que très-désirable d'en limiter l'usage le plus possible, car les chances d'accidents diminueront d'autant.

Un faisceau vertical dirigé dans un puits de mine l'éclairerait presque sur toute sa profondeur. Des réflecteurs en verre ou en métal pourraient ensuite conduire le faisceau dans les galeries horizontales. Enfin, dans la mine même, on pourrait faire partir de divers centres des faisceaux simples ou multiples, qui permettraient d'accélérer et de faciliter toutes les opérations souterraines.

Quand il ne résulterait de ce procédé qu'un aspect des travaux moins triste et moins lugubre, à dépense égale, ce serait encore un système à recommander, au point de vue du bien-être des ouvriers.

Paris. — 1ᵉʳ Mai 1865.

XXIV. — MATÉRIEL DES FORGES ET ATELIERS.

145. Les tuyères à circulation d'eau froide
pour les forges et les hauts fourneaux.

Dans les ateliers de forge ordinaires, chez les serruriers, et dans la plupart des usines, la tuyère des souffleries à main ou à ventilateur mécanique est un simple tube en fer, susceptible de se chauffer au rouge aussitôt que l'insufflation cesse, de s'oxyder ainsi et de se détruire très-promptement.

Un perfectionnement appliqué avec succès dans les établissements bien installés, consiste à doubler le cône de la tuyère par un autre cône-enveloppe, et à faire circuler dans l'intervalle un courant d'eau froide.

La différence de densité entre l'eau chauffée par son passage dans la tuyère, et l'eau de la bâche placée à une certaine distance du foyer suffit pour établir une circulation continue.

Il est bon de remarquer aussi qu'en général on rétrécit trop les conduites qui servent à l'injection de l'air. Plus les conduites sont larges, moins il faut de force motrice pour y pousser l'air nécessaire à la combustion.

Paris. — 1ᵉʳ Novembre 1858.

146. Emploi de petits marteaux-pilons de 20 kilogr.
pour les travaux de forge de moyenne importance.

La substitution du travail mécanique à la main-d'œuvre à bras d'homme est un progrès évident pour toutes les opérations qui exigent une force périodique, susceptible d'être gouvernée par un surveillant.

Le forgeage des grosses pièces de ferronnerie, tels que les ancrages, les barres façonnées, les pièces embouties, etc., est encore opéré, dans un grand nombre d'ateliers, par des ouvriers spéciaux.

Ces hommes, d'une force exceptionnelle, manœuvrent à grande volée des marteaux d'un poids de 3 à 5 kilogr., de manière à produire un effort au choc de 20 à 30 kilogr.

Si les ateliers dont il s'agit ne font pas exécuter leurs travaux de force au marteau-pilon, c'est que le prix de ces engins est habituellement trop élevé pour être à la portée d'un entrepreneur ordinaire, eu égard à la rareté des cas où il aurait à s'en servir.

Un moyen de remédier à cet inconvénient serait de créer des types de marteaux-pilons économiques, à faibles dimensions, d'un poids de 20, 50 ou 100 kilogr., et d'une force d'un ou deux chevaux-vapeur seulement.

Nous avons publié récemment un type de marteau-pilon de M. Mal-DANT, de Bordeaux, dont le poids n'est que de 200 kilogr.

Il est certain que l'on pourrait descendre pratiquement au-dessous de ce poids : c'est une expérience à tenter.

Paris. — 1ᵉʳ Juillet 1862.

XXV. — VOITURES ET OMNIBUS.

147. Améliorations diverses à introduire
dans les voitures-omnibus.

Lorsqu'une industrie est prospère, il est de son devoir de réaliser toutes les améliorations dont elle est susceptible, dans l'intérêt du public. Tout le monde a pu remarquer le danger et les inconvénients que présente le mode actuel d'ascension des voyageurs sur l'impériale des omnibus. Les étroits plateaux d'appui destinés aux pieds, et les poignées qu'il faut saisir rapidement pour ne pas être exposé aux plus graves accidents, en rendent l'accès impossible à un grand nombre de personnes.

De plus, en temps de pluie, de soleil ou de vent, le séjour des banquettes supérieures est très-désagréable pour les voyageurs, et peut devenir la cause de maladies sérieuses.

Les balustrades qui entourent ces banquettes sont trop basses de 15 centimètres, et peuvent être ainsi des occasions de chute au lieu de les empêcher comme cela devrait être.

En temps de pluie, les banquettes ne présentent pas à l'eau une pente d'écoulement suffisante, et sont en outre incommodes parce qu'elles sont à la fois, trop horizontales et trop basses.

Enfin, rien n'indique, à l'intérieur des voitures, d'une manière assez apparente, les rues et quartiers que dessert le véhicule. Il y a bien des petites listes de correspondances affichées dans la partie oblique qui correspond au-dessus des banquettes, mais ces indications trop nombreuses et en trop petit caractères sont illisibles en temps de marche.

Nous proposerions donc, pour remédier à ces divers inconvénients :

1° D'établir à l'arrière de tous les omnibus, un petit escalier en fer, comme cela existe déjà pour les omnibus dits américains ;

2° De couvrir les impériales comme elles le sont depuis longtemps sur plusieurs chemins de fer ;

3° De surhausser de 0m.15 environ les balustrades qui les entourent ;

4° D'incliner, sous un angle de 10 à 15 degrés, vers la rigole centrale, les banquettes de l'impériale ;

5° D'afficher, à l'intérieur des voitures, en caractères hauts de 1 centimètre au moins, la liste des rues et places que traverse la voiture, en ayant soin d'indiquer chaque bureau de correspondance par un astérisque spécial.

Paris. — 1er Août 1860.

148. Les omnibus d'ouvriers
pour le service des quartiers industriels, des mines, des usines,
des établissemants agricoles et commerciaux.

Il arrive très-souvent que les quartiers où demeurent les ouvriers, les villages où ils peuvent trouver un logement à leur convenance, sont très-éloignés des lieux où on les emploie, des chantiers, ateliers, mines, usines ou établissements divers où ils ont à se rendre dès le matin, et d'où ils doivent revenir le soir après l'achèvement de leur journée.

Si la distance est grande, si le temps est mauvais, si la saison est trop chaude ou trop pluvieuse, leurs forces s'usent dans ces voyages alternatifs ; ils arrivent à l'atelier déjà fatigués et s'en retournent chez eux plus accablés encore, et incapables de se livrer à aucun travail de loisir qui puisse développer leur intelligence ou augmenter le bien-être de leur famille.

Dans les cas où cet inconvénient peut exister, il est presque toujours plus avantageux pour les chefs des usines d'établir un service de transports gratuits ou très-économiques par de grands omnibus de trente ou quarante personnes, que de perdre la moitié du travail effectif par la nonchalance inévitable ou l'épuisement des hommes qu'on est obligé d'employer.

Nous appelons vivement l'attention des ingénieurs et des industriels sur ce fait, parce qu'il nous paraît être une des nombreuses améliorations qui peuvent être réalisées dans *l'Organisation du travail.*

Quelques exemples isolés, quelques faits analogues, ont démontré que ce progrès était réalisable avec succès dans beaucoup de cas. C'est une dépense une fois faite, une habitude une fois prise, et qui peut améliorer du tout au double les conditions matérielles et morales des industries qui se trouvent dans les cas précités.

Paris. — 1er Septembre 1858.

149. Application de tubes acoustiques
aux voitures de place et de remise de Paris, Lyon, Bordeaux, Marseille, Londres, Vienne, Munich, etc.

Qui n'a été frappé plus d'une fois du désagrément qu'il y a, au milieu du bruit des rues d'une grande ville, de se pencher hors de la portière de sa voiture, en temps de pluie surtout, et de donner au cocher des ordres que la moitié du temps il ne comprend pas, ou qu'il vous fait répéter trois ou quatre fois jusqu'à ce que les éclats de votre voix finissent par dominer le bruit des voitures voisines.

Cet inconvénient est surtout sensible lorsque le cocher connaît mal le chemin qu'on veut lui faire suivre, et qu'il faut le rappeler à l'ordre à chaque instant, pour lui faire changer de direction à tel ou tel coin de rue.

Il est encore très-grand, lorsqu'on veut arrêter brusquement le véhicule à un endroit déterminé devant lequel on passe, pour parler à une personne qu'on aperçoit sur la chaussée, ou pour changer de route par suite d'une réflexion nouvelle.

Il n'est pas rare alors de voir le voyageur arriver à un état d'exaspération assez légitime, car jusqu'à ce qu'il ait baissé la glace qui souvent joue mal, puis sonné ou poussé le cocher pour le prévenir, jusqu'à ce qu'il ait trouvé un moment opportun pour sortir la moitié de son corps de la voiture sans se faire blesser par les omnibus ou les charrettes qui la rasent de près, que le cocher ait compris l'ordre qu'on veut lui donner, les chevaux ont déjà dépassé le but de 100 mètres, et il faut renoncer à descendre ou s'en retourner sur ses pas.

Pour remédier à tous ces ennuis, il n'y aurait qu'une chose bien simple à faire, et, avec une dépense de 10 ou 15 fr. une fois faite par voiture, on en aurait raison :

Il existe en effet au haut de chaque caisse, au-dessus du store de face qui est derrière le siége du cocher, un espace cintré, haut de 5 à 6 centimètres, au coin duquel on pourrait très-aisément adapter un tube acoustique se terminant par une prolonge de 50 à 60 centimètres en caoutchouc, avec embouchure évasée en bois, en corne ou en verre, dissimulée dans un gland de forme ordinaire.

Le tube se fixerait à un trou percé avec un vilebrequin de 2 centimètres, au moyen de deux collets en cuivre ou en fonte dont l'un, extérieur, serait taraudé et porterait une virole en entonnoir ou une embouchure à sifflet mobile vers laquelle le cocher n'aurait qu'à se pencher pour entendre distinctement, et même à demi-voix, les ordres du voyageur. En ôtant le sifflet il pourrait avertir, écouter et répondre.

Fera-t-on droit à cette réclamation?

Un simple règlement de police urbaine pourrait trancher la question.

Paris. — 1er Octobre 1858.

150. Impression des tarifs de 5 minutes en 5 minutes
au revers des Numéros des voitures de place et de remise.

Il y a quelque temps, on avait essayé de régler le prix des courses de voiture dans Paris, par degrés de 5 en 5 minutes, à partir du premier quart d'heure.

On a renoncé à ce mode de rémunération parce qu'il donnait lieu à des abus et à des contestations nombreuses.

Mais l'idée d'imprimer au revers des numéros remis par les cochers un tarif abrégé permettant de vérifier de suite la somme à payer pour un temps donné, *à l'heure*, reste bonne, indépendamment de la mesure abandonnée, parce qu'elle évite au voyageur souvent pressé un calcul plus ou moins long.

Nous proposons le rétablissement du renseignement dont il s'agit au revers des numéros des cochers, en le basant, bien entendu, sur l'ordre de choses actuel qui a été reconnu préférable.

Il suffirait de faire le calcul, à partir de la première heure, de 5 minutes en 5 minutes, et pour une durée totale de 4 ou 5 heures par exemple, qui est le maximum ordinaire du temps passé par un voyageur dans une même voiture.

De telle sorte, il suffirait, à la sortie de la voiture, au théâtre, ou au chemin de fer, de jeter un coup d'œil sur sa montre et un autre sur le tarif, pour savoir immédiatement la somme à payer, sans retard ni erreur.

Paris. — 1er Octobre 1858.

XXVI. — AMÉLIORATIONS DANS LA CONSTRUCTION DES MACHINES.

151. Fabrication de roues d'engrenage
en fonte malléable.

Depuis que la fonte malléable est devenue d'une production commerciale courante, il a surgi plusieurs applications intéressantes de cette matière, et notamment celle qui consiste à l'employer pour les roues d'engrenage. La fragilité et la dureté de la fonte ordinaire sont évidemment un inconvénient pour tous les cas où l'organe mécanique est exposé à des chocs et à des trépidations.

On sait que, dans beaucoup de moteurs, on a été conduit à employer des dents en bois dur de diverses espèces, engagées dans un bâti en métal. Avec la fonte malléable, on peut avoir des roues d'une seule pièce, sans plus de danger de rupture qu'avec les dents en bois.

Un fondeur de Paris et divers maîtres de forges anglais s'occupent maintenant de cette nouvelle industrie. Les produits français ont même atteint un tel degré de perfection, que des commissionnaires les ont quelquefois fait passer pour la meilleure qualité de fonte malléable anglaise. C'est un éloge indirect pour notre industrie nationale.

Paris. — 1er Octobre 1862.

152. Augmentation du diamètre des arbres tournants
pour diminuer l'usure dans les machines à vapeur à haute pression.

M. Lencauchez, Ingénieur Civil à Paris, a introduit, dans les types de machines à vapeur à faible puissance et à haute pression qu'il a fait construire, diverses modifications de détails qui nous ont paru pouvoir donner lieu à des observations générales d'une certaine importance.

Il fait remarquer d'abord que beaucoup de constructions conservent, pour les machines à haute pression, les proportions relatives fixées par James Watt, dès 1785, pour les organes de machines à basse pression et à balancier. On sait, en effet, que Watt, arrivé à la création de son type de machine, peu modifié depuis, chercha à établir des relations constantes entre les différentes pièces d'une machine et le diamètre du piston, de même que les architectes prennent pour module d'un ordre quelconque le diamètre à la base des colonnes dans cet ordre.

Or si l'on applique ces règles, posées à une époque où l'on ne marchait qu'à basse pression et à très-faible vitesse, aux machines rapides comme on en construit aujourd'hui, la pression sur les articulations devenant huit fois plus grande sera 70 à 80 et même 90 kilogrammes par centimètre carré. Or cette pression est tout à fait défavorable à la durée du moteur, puisqu'elle ne permet pas à l'huile de rester interposée entre les parties en contact qui, au lieu de glisser, frottent les unes sur les autres.

Dans les machines construites par M. Lencauchez, les diamètres sont augmentés de manière à répartir la charge sur une plus grande surface, et à réduire la pression à 7 kilog. par centimètre carré pour les pièces principales, et à 3k.50 pour les organes de distribution.

Sans vouloir présenter ce parti comme une règle à suivre d'une manière absolue, nous en conclurons seulement, d'après les bons résultats de rendement, de fonctionnement et d'entretien obtenus par l'Ingénieur précité, qu'il y a lieu de faire des applications dans le sens indiqué par ses observations.

Paris. — 1er Décembre 1858.

153. Création de magasins de force motrice
en location.

Une des questions les plus importantes pour les constructeurs, lorsqu'il s'agit d'établir rapidement un grand ouvrage, c'est la possibilité de se procurer économiquement, et pour un temps limité, toute la force motrice nécessaire.

Acheter des machines grève l'entreprise de frais de matériel considérables, et c'est à peine si l'on peut espérer couvrir par les résultats du travail, et par l'économie obtenue, les dépenses faites pour l'installation.

L'industrie, comme la construction, a constamment besoin de force motrice pour un temps déterminé, et il serait désirable, à tous les points de vue, que cette force puisse être obtenue sans qu'on eût l'obligation d'acquérir définitivement un matériel utile seulement par intervalles.

La seule solution de cette difficulté serait l'établissement de grands magasins de force motrice où les locomobiles, les turbines, les roues hydrauliques ordinaires, les manéges, les machines fixes même pussent être obtenues et louées pour un mois, deux mois, huit jours, un temps quelconque, à un tarif d'autant plus réduit que la durée de l'emploi serait plus grande.

Ce serait rendre un service incontestable à l'industrie et à l'agriculture que de créer un magasin de ce genre dans chaque ville principale. Nous nous occuperons de réaliser cette idée le plus prochainement possible, et nous nous mettrons à la disposition de toutes les personnes qui voudront bien y concourir avec nous.

Un autre moyen de créer des magasins de force dans les villes, pour la distribution de la force motrice à domicile, consisterait à accumuler économiquement dans un réservoir situé à une grande hauteur, soit à 50 mètres, une masse d'eau qui pourrait alors être distribuée au moyen de tuyaux en fonte dans les maisons.

Des turbines de petite dimension, de 1 ou 2 chevaux, ou de machines à pistons et à colonnes d'eau, serviraient à transformer le mouvement suivant les besoins de l'industrie à desservir. On peut aussi appliquer à des turbines de ce genre la pression d'une distribution d'eau ordinaire.

Paris. — 1er Octobre 1860.

154. Les chaudières en acier fondu.

On a fait des navires en plaques minces d'acier fondu, réunies par des boulons. Pourquoi ne vulgariserait-on pas l'emploi de cette matière, qui n'est, au fond, qu'un fer plus résistant et plus homogène, pour la confection des chaudières, de celles surtout qui ne devraient pas être soumises à trop de vibrations?

D'ailleurs, cette application a été déjà faite en Angleterre. De grands cylindres en acier fondu ont été fabriqués, soit pour bouilleurs, soit pour composer le corps même des chaudières.

Les mêmes considérations qui nous ont fait parler de l'adoption éventuelle de l'acier fondu pour les ponts à grande portée nous conduisent aujourd'hui à proposer cette application à un autre objet.

Plus la matière première est homogène et résistante, plus on peut réduire ses dimensions, en section ou en épaisseur, et moins on est tenu à faire la part des défauts inconnus. Au lieu d'un excès de matière souvent inutile, on n'a plus que la quantité exactement nécessaire. C'est une marchandise que l'on achète en quelque sorte après triage, et il n'y a plus ni imprévu ni déchet, de sorte que malgré le prix, encore élevé, de l'acier fondu, par rapport à celui de la tôle, il y aurait, peut-être, un jour, économie à employer pour beaucoup d'objets la matière la plus parfaite.

Paris. — 1er Mars 1861.

155. Légendes explicatives à annexer aux modèles
du Conservatoire des Arts et Métiers.

Il est sans doute arrivé à plus d'un de nos lecteurs qu'étant à la recherche d'un modèle de la collection du Conservatoire, et l'ayant rencontré dans ses galeries, il se soit trouvé encore trop peu renseigné sur l'application dont il s'agissait, et que, malgré son désir de connaître les dimensions exactes ou le rendement de la machine, il lui ait été impossible de les obtenir d'une manière positive.

Sur la carte indicative qui se trouve attachée à chaque modèle, il n'est question, en effet, que de l'échelle, toujours fort réduite, à laquelle il est exécuté (2 à 5 centimètres par mètre), et, faute d'autres renseignements, surtout lorsque le modèle est sous verre, il est obligé de s'en retourner en n'emportant. pour tout résultat, qu'une idée plus ou moins vague de l'aspect général de l'appareil.

Citons un exemple entre mille ; supposons qu'il s'agisse d'un moulin à vent à la hollandaise : il faudrait, tout d'abord, connaître ses dimensions générales, celles de ses ailes, leur inclinaison maximum et minimum par rapport à l'axe, le nombre de leurs tours par minute sous une vitesse de vent de 6 à 8 mètres par seconde, l'effet maximum que le moulin peut produire sans fatiguer le bâtiment qui le supporte. les dimensions de ses engrenages, de ses meules, et *surtout*, en outre de ce qui précède, le *prix de vente* de la machine, *l'époque* de sa construction, ainsi que son rendement utile en tant pour 100.

S'agit-il d'une construction de pont, d'écluse, de charpente, etc. ? il serait indispensable, pour l'instruction sérieuse du visiteur, de connaître exactement le cube de maçonnerie employé à ses voûtes, le cube de pierre ou de moellons compris dans les parties apparentes, le nombre de mètres cubes de grosse charpente, le poids total des ferrements, et, comme précédemment, le prix total, le prix détaillé, l'époque de la construction, le nom des ingénieurs qui y ont coopéré, etc.

Nous pensons que toutes ces questions seraient intéressantes au point de vue de la pratique, tout aussi bien pour les ingénieurs que pour les industriels qui viennent consulter cette immense et belle collection. Quand on ne ferait, pour le moment, le travail dont il s'agit que pour ceux des modèles dont le Conservatoire possède lui-même une description détaillée, ce serait déjà un progrès utile, et un service important rendu au public.

Paris. — 1er Septembre 1862.

XXVII. — EXPLOITATION DES CHEMINS DE FER.

156. Amélioration générale des indicateurs
des chemins de fer.

Il n'est personne en France qui n'ait été frappé de la mauvaise disposition et du format incommode de nos indicateurs de chemins de fer : en Allemagne, en Angleterre, en Italie, ce sont des livrets de poche, de dimensions réduites, disposés par ordre alphabétique, que chacun peut emporter et consulter facilement. En France et en Espagne, au contraire, on ne rencontre que de grandes pancartes mal imprimées et mal cousues que la *publicité* et les *annonces* des industries secondaires envahissent comme une affiche, et où il faut un temps considérable pour trouver le moindre renseignement.

Nous proposons, pour éviter une première chance d'erreurs, d'imprimer les heures de nuit et les heures de jour en caractères différents : les heures de nuit (de 6 heures du soir à 5^h.59 du matin) seraient composées en chiffres *gras* : **12^h.25** (minuit 25), et les heures de jour en chiffres *maigres* : 12^h.25 (midi 25). — (Voir le tableau page 181).

Mais l'absence d'un ordre quelconque dans la succession des tableaux qui indiquent les heures des convois et des correspondances de chaque ligne est aussi un vice capital de nos indicateurs français : il suffirait de donner aux divers chemins principaux ou embranchements une dénomination invariable (par leurs deux points extrêmes, ou par celui de leurs points spéciaux qui la désignent usuellement), et de les classer alors par *ordre alphabétique*. Si l'on préfère un autre ordre, il suffirait d'une *table des matières*, en tête de la collection. Cette table n'existe pas habituellement, les annonces ne le permettraient pas.

PARIS A NANCY.

STATIONS.	3	5	15	23	25
	OMNIBUS 1. 2. 3 classe.	OMNIBUS 1. 2. 3 classe.	OMNIBUS 1. 2. 3 classe.	OMNIBUS 1. 2. 3 classe.	OMNIBUS 1. 2. 3 classe.
		matin.	midi.	soir.	soir.
PARIS. . . . . *dép.*	...	7, »	12, »	4,30	5,30
Noisy-le-Sec..	...	7,14	12,14	4,45	5,45
Bondy.	...	7,19	12,22	4,51	5,54
Le Raincy.	...	7,25	12,28	5, 1	6, 1
Gagny.	...	7,30	12,33	5, 7	6, 7
Chelles.	...	7,39	12,42	5,17	6,13
Lagny.	...	7,55	12,58	5,35	6,35
Esbly.	...	8, 9	1,12	5,50	6,50
MEAUX.	...	8,28	1,31	6, 9	7,10
Trilport.	...	8,39	1,42	6,21	7,22
Changis.	...	8,52	1,51	6,35	7,30
La Ferté-sous-Jouarre. . .	...	9,10	2,11	6,54	7,56
Nanteuil.	...	9,24	2,25	7, 9	8,11
Nogent-l'Artaud..	...	9,40	2,40	7,26	8,28
CHATEAU-THIERRY.	...	10, 6	3, 5	7,45	8,55
Mézy.	...	10,20	3,19	...	9,10
Varennes.	...	10,27	3,26	...	9,18
Dormans.	...	10,45	3,43	...	9,33
Port-à-Binson..	...	11, »	3,58	...	9,53
Damery.	...	11,14	4,12	...	10, 8
ÉPERNAY. . . . . . *arr.*	...	11,25	4,23	...	10,20
	matin.	matin.	soir.		soir.
ÉPERNAY. . . . . . *dép.*	7,10	11,35	4,33	...	10,30
Oiry.	7,23	11,46	4,44	...	10,42
Jalons-les-V.	7,44	12, 3	5, 1	...	11 »
CHALONS.	8,25	12,25	5,28	...	11,25
Vitry-la-Ville.	8,55	soir.	5,50	...	soir.
Loisy.	9,17	...	6, 7	...	...
VITRY-LE-FRANÇOIS. . . .	9,45	...	6,24	...	...
BLESME. . . . . . . *arr.*	10, 8	...	6,30	...	...
			soir.		
BLESME. . . . . . . *dép.*	10,18	...	6,41	...	...
Pargny.	10,35	...	6,54	...	...
Sermaize..	10,48	...	7, 5	...	...
Revigny.	11, 3	...	7,17	...	...
Mussey.	11,18	...	7,20	...	...
BAR-LE-DUC.	11,44	...	8, 3	...	...
Longeville..	11,55	...	8,12	...	...
Nançois-le-Petit..	12, 8	...	8,24	...	...
Loxéville.	12,55	...	8,46	...	...
Lerouville.	1,11	..	9,11	...	...
COMMERCY.	1,32	...	9,24	...	...
Sorcy.	1,49	...	9,41	...	...
Pagny-sur-Meuse.. . . .	2, 1	...	9,51	...	...
Foug.	2,12	...	10 »	...	...
TOUL.	2,34	...	10,15	...	...
Fontenay.	2,51	...	10,29	...	...
Liverdun.	3, 9	...	10,40	...	...
FROUARD. . . . . . . *b.*	3,25	...	10,58	...	...
NANCY. . . . . *arr.*	3,50	...	11,15	...	...

Enfin la dimension des tableaux actuels est tout à fait inadmissible pour un objet qui doit être essentiellement portatif. Il faudrait un format in-16 ou tout autre analogue.

Pour ce qui est de la suppression des annonces, nous n'avons pas à nous en occuper, car nous croyons que la publicité est toujours, en principe, une chose utile. Nous souhaiterions seulement que les annonces et dessins qui les accompagnent fussent partout rejetés à la fin des indicateurs, dans des feuillets spéciaux d'une couleur différente, comme cela se pratique pour l'*Annuaire des bâtiments*, l'*Almanach du commerce*, etc.

Paris. — 1er Mars 1862.

157. Régularisation des services d'Été et d'Hiver
sur les chemins de fer.

Tout ce qui peut contribuer à faciliter le service des chemins de fer, et à éviter des pertes de temps au public, mérite de fixer l'attention.

On nous pardonnera donc d'insister quelquefois sur des améliorations de détail qui peuvent paraître secondaires au premier abord ; mais quand on réfléchit que chacun de ces détails peut se produire des milliers de fois par jour, on admet volontiers qu'en ces matières il n'est rien qui doive être négligé.

Nous proposons, pour éviter des erreurs incessantes et des réimpressions perpétuelles des indicateurs, de faire en sorte que les services d'été et d'hiver sur les chemins de fer, ne diffèrent entre eux que par des additions ou des suppressions de convois, sans changement d'heures.

Il est évident qu'en prenant pour point de départ le service d'été le plus chargé, la suppression de certains convois intermédiaires pour l'hiver ne peut troubler en rien l'économie générale des mouvements.

Les mêmes convois, les *express*, par exemple, partiraient alors toujours à la même heure. Il n'y aurait pas, en passant de l'été à l'hiver, de ces avances de départs d'une demi-heure ou de trente-cinq minutes qui ne servent qu'à faire manquer l'heure du train, pendant les quinze premiers jours de chaque service, à un grand nombre de voyageurs.

Il est possible que les entreprises de publicité qui exploitent les indicateurs préfèrent que l'on soit plus souvent obligé de renouveler eurs collections de prospectus, mais cet intérêt est de ceux qui doivent céder devant les légitimes exigences du public.

Paris. — 1er Février 1862.

158. Les écriteaux saillants au-dessus des wagons
des chemins de fer.

Le chemin de fer d'Orléans, en France, et presque tous les chemins de fer allemands et anglais, mettent au-dessus des wagons de chaque train des écriteaux mobiles indiquant le lieu de destination du convoi ou de la voiture elle-même.

Lorsqu'une gare terminale ou d'embranchement dessert plusieurs lignes différentes, il est indispensable de prendre cette précaution pour éviter les erreurs incessantes commises par des voyageurs mal informés ou trop pressés pour aller aux renseignements.

Nous demandons que la Compagnie des chemins de fer de l'Est, la Compagnie du Nord, la Compagnie de l'Ouest, la Compagnie de Lyon, prennent la même précaution pour éviter les mêmes inconvénients.

C'est peu de chose pour le budget d'une Compagnie; c'est beaucoup pour le bon service et la tranquillité du public.

Paris. — 1er Octobre 1858.

159. Les billets d'aller et retour entaillés d'avance.

Sur les chemins de fer de l'Est et de l'Ouest français, les billets d'aller et retour sont entaillés d'avance au point de séparation des deux estampilles, au moyen de petites découpures verticales empreintes dans le carton, et destinées à faciliter au voyageur la cassure des deux moitiés du billet.

La même précaution n'est pas prise sur le chemin de fer du Nord et sur le chemin de fer de Lyon.

Il serait désirable, pour éviter que les voyageurs ne déchirent mal les moitiés de billets, ce qui rend le contrôle plus difficile et peut donner lieu à des discussions, de préparer d'avance la section du carton, comme il a été dit plus haut.

Il suffirait d'introduire dans l'appareil à dater, un découpoir semblable à celui qui existe au guichet des chemins de fer indiqués plus haut.

Paris. — 1er Octobre 1858.

160. Les cartes de circulation générale
sur toutes les lignes de chemins de fer du réseau français.

A Berlin il existe une administration centrale qui, du commun accord des différentes compagnies propriétaires du réseau allemand, délivre au personnel des ingénieurs et des administrateurs de chaque ligne, un nombre total de cartes de circulation, proportionné au développement de leur ligne.

Ainsi, la Compagnie qui a un développement triple d'un autre a droit à trois fois plus de cartes de circulation générale.

Il y a une carte pour chaque tronçon de 40 kilomètres.

En tout six cents cartes pour l'ensemble des divers États allemands.

Ces cartes, qui ont la forme d'élégants carnets de poche à cinquante pages de papier fort, portent les indications suivantes :

« N°_______.   *Carte de circulation générale.*

« Pour M. X...

« Le possesseur de cette carte est autorisé à voyager librement sur toutes les lignes de chemins de fer ci-après désignées, par tel convoi, et dans telle classe de voiture qu'il lui conviendra.

« Il est autorisé à emporter, sans frais, un bagage de 25 kilogr. (en France ce serait 30 kilogr.) et à visiter en détail toutes les constructions et dépendances des gares et des ouvrages d'art de chaque ligne.

« *La Direction générale*
« *de l'Union des chemins de fer allemands.* »

Un timbre, représentant un faisceau de flèches réunies, est appliqué dans le coin inférieur de la carte, à gauche.

De l'autre côté est la signature du porteur.

Vient ensuite la liste imprimée des chemins de fer sur lesquels le parcours est accordé, avec quelques lignes supplémentaires laissées en blanc pour recevoir à la main les noms des chemins de fer les plus récemment inaugurés.

Il est incontestable qu'une telle mesure réalisée en France ne pourrait que contribuer à augmenter, par les facilités offertes à l'observation et à la comparaison, les connaissances utiles des hommes spéciaux appelés à diriger l'exploitation des chemins de fer, et en outre, elle préparerait, par une union provisoire, la fusion ultérieure que le gouvernement poursuit avec tant de persévérance, et qu'il cherche à réaliser d'avance, tant par l'uniformité des mesures d'intérêt général que par les fusions partielles et les rachats d'embranchements qu'il ne cesse de proposer et de faciliter aux Compagnies les plus puissantes.

Berlin. — 1ᵉʳ Octobre 1858.

161. Application du système des timbres-poste
aux voyageurs et aux marchandises sur les chemins de fer.

Tout le monde sait quel progrès important a été réalisé sur le service de la poste, le jour où une taxe uniforme, accessible à toutes les bourses, a été substituée aux nombreux tarifs locaux.

L'obligation d'affranchir d'avance a créé, en outre, des ressources nouvelles à la direction des postes, par le fait des approvisionnements de timbres faits par chaque particulier, et eu égard à la perte et au non-emploi de ces approvisionnements dans un grand nombre de cas.

Le même principe ne pourrait-il pas, dans une certaine mesure, être appliqué au *transport des voyageurs* sur les chemins de fer, et peut-être même au *transport des marchandises?*

Au lieu de billets d'un prix variable, dont la valeur n'est même pas inscrite sur le carton, il suffirait de créer des billets à coupons, d'un prix uniforme pour 20, 30, 40 ou 50 kilomètres.

(C'est un chiffre à établir pour une statistique spéciale, ainsi que la taxe correspondante.)

Au lieu de se presser aux guichets des stations et de manquer souvent le train, par suite de la fermeture du guichet, quelques minutes avant le départ, chaque voyageur apporterait avec lui le nombre de billets nécessaires pour s'affranchir lui-même jusqu'à une destination déterminée.

Le chef de train annulerait les billets en faisant un trou à l'emporte-pièce, comme cela se pratique déjà actuellement.

Si l'on objecte la crainte de la contrefaçon, on peut répondre qu'il suffira, comme pour les timbres-poste, d'appliquer sur les billets une empreinte gravée d'un dessin assez délicat pour ne pas pouvoir être imité facilement.

Et d'ailleurs, comme la vente de ces billets n'aurait jamais lieu que dans les bureaux mêmes des gares, la contrefaçon ne pourrait profiter, dans chaque cas particulier, qu'au contrefacteur lui-même, ce qui serait peu important en présence de l'accroissement considérable du nombre des voyageurs.

En résumé :

Plus grande rapidité dans le départ des voyageurs,

Simplification du service,

Moindre responsabilité des agents principaux,

Augmentation du nombre des voyageurs par l'abaissement de la moyenne du prix des transports,

Augmentation de la recette brute produite par les approvisionnements et par la perte ou l'abandon des billets. Tels sont les nombreux avantages que réaliserait ce système.

S'il comporte quelque objection que nous ne prévoyons pas, il mériterait, tout au moins, d'être mis à l'étude par les Administrations des chemins de fer.

Madrid. — 1er Juin 1862.

162. Substitution de la houille au coke
dans les foyers des locomotives.

Depuis plusieurs années déjà des expériences nombreuses ont eu lieu, pour trouver le meilleur moyen de substituer la houille au coke dans les locomotives.

La fumée abondante produite par la houille et les inconvénients qui en résultent pour les voyageurs étant la seule cause qui en fait rejeter l'emploi jusqu'à ce jour, puisque sa puissance calorifique est presque double à volume égal, on voit que toute la question consiste à trouver un bon foyer fumivore, assez simple et assez actif pour se prêter à une aussi énergique consommation de combustible.

On a appliqué, en France, les grilles fumivores à échelons de M. Chobrzinsky (chemins de fer d'Orléans et du Nord) et les grilles mobiles de M. Deměny (chemin de fer de l'Est).

En Angleterre, on a surtout cherché à obtenir la fumivorité au moyen de larges ouvertures à appel d'air, pratiquées sous le foyer ou sur les côtés, et pouvant s'ouvrir ou se fermer plus ou moins à la volonté du mécanicien.

Le problème à résoudre se résume, comme fait matériel, à faire en sorte que le combustible froid ne soit jamais superposé en grande masse à la partie déjà enflammée, et qu'ainsi son échauffement incomplet ne dégage pas subitement plus de gaz encore froid que l'oxygène fourni au foyer ne puisse en brûler et que le foyer lui-même ne soit capable d'en échauffer.

Ainsi, fournir à la fumée dégagée une quantité de chaleur et d'oxygène aussi grande que possible, avant qu'elle n'ait eu le temps de passer dans la cheminée, sera toujours le problème à résoudre. Il faut espérer que parmi les nombreux brevets (plus de 200 en France et plus de 500 en Angleterre) pris jusqu'à ce jour dans ce but, il s'en trouvera au moins un qui aboutisse sans objections à la solution désirée.

Saint-Étienne. — 1er Octobre 1859.

XXVIII. — MATÉRIEL DES CHEMINS DE FER.

163. Introduction d'un Wagon-buffet
avec cabinets d'aisances et de toilette dans les trains express.

Tout le monde a pu reconnaître en voyageant sur les chemins de fer, surtout en convoi express, les très-grands inconvénients qui résultent pour la santé et le bien-être des voyageurs du peu de durée des arrêts, et de la trop grande rapidité avec laquelle il faut prendre la mauvaise nourriture des buffets.

Beaucoup de personnes ont proposé l'adoption générale du matériel américain, avec des couloirs longitudinaux traversant les wagons et pouvant communiquer ainsi avec un wagon-restaurant où un wagon-cabinet; mais cette modification trop radicale dans le matériel actuel ne serait pas sans de grands inconvénients pour les Compagnies. Il faudrait une dépense considérable pour substituer le matériel nouveau au matériel ancien, ou pour approprier ce dernier, par des coupures, au système proposé. D'un autre côté, on perdrait deux places par compartiment, c'est-à-dire six à huit places par voiture, et cette perte causerait une diminution de recette assez importante pour les mêmes frais de traction. Enfin, il faut bien le dire aussi, toutes les personnes qui ont voyagé dans les wagons américains connaissent les ennuis causés aux voyageurs paisibles par la circulation perpétuelle d'étrangers curieux, d'agents de surveillance ou de contrôle, qui viennent réclamer les billets, réveiller les personnes qui se reposent, ouvrir et fermer les portes avec fracas, produire des courants d'air, de trombes, de pluie ou de brouillard en entrant, etc.

Nous proposerions donc un moyen terme pour résoudre la difficulté, c'est-à-dire un wagon-buffet spécial, dans lequel on pourrait séjourner, moyennant une taxe d'entrée de 0^f.25 ou 0^f.50 par exemple, en changeant de voiture pendant l'intervalle de deux stations.

On aurait ainsi, chaque fois, une demi-heure environ, et dans ce wagon-buffet il y aurait aussi, à l'arrière, des cabinets d'aisances, séparés du buffet pas une cloison transversale, et dont les fosses, inférieures au plan du wagon, seraient largement ventilées par le courant d'air du train lui-même.

Nous croyons que si chaque Compagnie mettait en adjudication l'exploitation d'un wagon-buffet, comme elles le font déjà pour les buffets fixes, il ne manquerait pas de concurrents tout prêts à se charger de l'exploitation de cette nouvelle source de recettes.

Paris. — 1er Août 1862.

164. Généralisation des wagons-lits
pour les voyages de nuit sur les chemins de fer.

Les personnes malades ou de mauvaise santé qui sont obligées de voyager par les chemins de fer, ne trouvent encore que sur deux lignes une installation spéciale pour pouvoir coucher le jour ou la nuit en wagon.

Le prix des places y est quadruplé : c'est peut-être un coefficient trop élevé, quoiqu'à la rigueur il puisse paraître rationnel, une même personne occupant quatre places ordinaires...

Nous venons insister sur l'utilité qu'il y aurait à donner plus d'extension à cette faculté, en doublant seulement le prix des places, car, en général, une personne indisposée ou assez riche pour payer double place dans un but d'agrément voyage rarement seule.

En définitive, il y a toujours, dans un convoi, au moins deux places libres en première classe, et alors il n'y aurait que très-peu de cas où les deux places prises en trop par le voyageur spécial exigeraient réellement l'addition d'un wagon supplémentaire. Le prix double serait d'ailleurs un motif déjà suffisant pour que les coupés-lits ne fussent occupés que par les voyageurs qui en auraient besoin.

Paris. — 1er Août 1860.

165. Généralisation des roues de wagon en tôle pleine

ou recouvertes en tôle, pour éviter le soulèvement de la poussière
sur les chemins de fer.

Toutes les personnes qui ont voyagé sur certains chemins de fer, et les mécaniciens qui réparent les essieux rongés par l'action corrosive du sable, sont à même de reconnaître les graves inconvénients de la poussière soulevée par le passage du convoi, surtout par l'effet de ventilateurs à force centrifuge que produisent les roues de wagons ordinaires à rais divergents.

Sur le chemin de fer du Nord français et sur celui de l'Ouest, on a commencé à recouvrir les parties évidées des roues par des disques en tôle pleine qui les transforment, à l'aspect, en roues massives, et font disparaître en grande partie l'effet dont il s'agit. C'est un perfectionnement à recommander, aussi bien dans l'intérêt des voyageurs que dans celui du matériel.

Paris. — 1er Juillet 1860.

166. Emploi de toiles métalliques suspendues

sous les voitures pour empêcher la poussière sur les chemins de fer.

En Amérique, on empêche encore la poussière soulevée par les roues sur les chemins de fer de pénétrer dans les compartiments des voyageurs, en bordant latéralement tout l'espace occupé sous les véhicules par le train des roues, au moyen de toiles métalliques qui maintiennent le courant d'air dans l'axe du convoi. Cette disposition procure, sans grande dépense, une amélioration capitale au point de vue du comfort.

On a bien essayé, en Europe, de doubler les châssis vitrés au moyen de châssis à toile de cuivre, mais tous les voyageurs savent combien ce moyen est peu efficace et combien l'aspect de ces toiles, tachées de vert-de-gris et empâtées de poussière, est désagréable à la vue.

Les châssis supérieurs n'empêchent pas d'ailleurs la poussière de se soulever et de monter en tourbillons jusqu'au-dessus des voitures, tandis que les toiles disposées comme il a été dit ci-dessus préviennent le mal à sa source et rejettent toute la poussière à l'arrière du convoi.

Paris. — 1er Septembre 1860.

167. Ventilation des wagons de chemins de fer
pendant l'été au moyen d'ouvertures mobiles dirigées contre le vent.

Tout le monde sait qu'en été, dans les chemins de fer, la chaleur est intolérable aussitôt qu'un compartiment est complet, et il serait très-utile de s'occuper d'améliorer cet état de choses. S'il est de l'intérêt des compagnies de mettre le plus de monde possible dans chaque compartiment, il est très-désirable pour le public de ne pas s'y trouver incommodé.

Une des idées les plus simples qui puissent se présenter, pour établir dans les wagons des chemins de fer un renouvellement d'air continu ou à volonté, consisterait à se servir pour cela du mouvement progressif du train lui-même. On connaît le procédé employé dans les bateaux à vapeur, où l'air de la chambre des chaudières est renouvelé au moyen de cheminées d'insufflation en toile dirigées contre le vent.

Il suffirait d'établir, au-dessus de chaque wagon, à côté de la lampe, en avant ou en arrière, un entonnoir ouvert contre le vent, et dans lequel le courant d'air viendrait s'accumuler pour se répandre à volonté dans l'intérieur. Un tuyau mobile, terminé par une sorte de pomme d'arrosoir, répandrait l'air frais en gerbe en tel point que l'on voudrait. — Au besoin, au moyen d'un tube en caoutchouc, on le dirigerait arbitrairement tout en rompant la force du courant. Un clapet régulateur serait établi dans le tube, à la disposition des voyageurs, qui augmenteraient ou diminueraient à volonté la quantité d'air frais injecté.

En tournant l'ouverture de l'entonnoir vers l'avant ou vers l'arrière, on pourrait d'ailleurs produire à volonté une injection d'air ou un appel. Dans ce dernier cas, l'air frais affluerait par les joints et les ouvertures latérales du compartiment. L'air vicié sortirait par l'entonnoir.

Paris. — 1er Septembre 1859.

168. Fermeture des portes de wagons
au moyen de pênes à ressort.

Parmi les perfectionnements de détail à apporter au matériel des chemins de fer, on peut citer encore comme étant souvent reconnu nécessaire par les voyageurs, l'application, aux portières des wagons, de serrures à ressort, se fermant par le simple choc, et n'exigeant pas, en cas de négligence des conducteurs de train ou surveillants (ce qui arrive souvent), une manœuvre pénible et quelquefois dangereuse pour les personnes qui veulent fermer une portière laissée ouverte.

Tout ce qui peut améliorer le service des voitures publiques présente un intérêt sérieux à une époque où les voyageurs et les déplacements sont devenus tellement fréquents, qu'ils occupent la moitié ou le tiers du temps d'un grand nombre de personnes.

Paris. — 1er Juin 1859.

169. Résumé des perfectionnements à introduire
dans les voitures des chemins de fer.

A mesure que le bien-être général augmente, les besoins du public deviennent plus impérieux, et il est plus urgent d'y répondre d'une manière satisfaisante. A ce point de vue, le matériel de nos chemins de fer, surtout en ce qui concerne les véhicules destinés aux voyageurs, laisse encore beaucoup à désirer.

Tout d'abord la différence entre le confort des dernières classes et celui des premières est bien trop grande. Tandis que, dans les premières classes, la disposition des siéges et des autres accessoires de la caisse est à peu près convenable, les troisièmes sont réellement insupportables pour faire un long voyage, et les hommes les plus habitués aux privations hésitent souvent à s'en servir pour un déplacement d'une certaine étendue. S'ils ne peuvent faire autrement, ils se résignent à un supplice de jour et de nuit, et arrivent brisés de fatigue et d'insomnie à leur destination éloignée. Un pareil état de choses n'est évidemment pas satisfaisant de la part des Compagnies.

1° Il faudrait, dans les troisièmes classes, au lieu de bancs en bois, des siéges rembourrés en crin ou en algue marine, comme dans les deuxièmes.

2° La fermeture des troisièmes classes, par des châssis vitrés, est indispensable en été comme en hiver, car certaines nuits des mois de Mars, Avril, Mai ou Septembre, sont aussi froides, surtout en temps de pluie, que les plus mauvaises nuits d'hiver.

3° Il faut que le niveau des fenêtres, dans les troisièmes classes, soit assez bas pour permettre à tous les voyageurs l'aspect de la campagne. Sur certaines lignes, les troisièmes classes ont l'air de véritables prisons, où la vue du dehors serait interdite par mesure pénitentiaire.

4° Il faut des crochets, des patères, des courroies, ou mieux encore des filets, pour suspendre les bagages portatifs des voyageurs dans toutes les classes.

5° En hiver, des peaux de mouton ou au moins de la paille, comme dans les anciennes diligences, seraient nécessaires dans les deuxièmes et troisièmes classes, où il n'y a pas de calorifère à eau bouillante.

6° Mieux encore serait le chauffage général de toutes les voitures par la vapeur perdue de la machine : des expériences ont été faites dans ces derniers temps pour arriver à ce résultat, et elles ont suffisamment réussi : Le tirage du foyer de la machine augmente, et la condensation de la vapeur est plus rapide, ce qui développe aussi la force d'action des pistons.

7° Citons encore l'éclairage général de toutes les voitures au moyen de gaz portatif. Des expériences récentes ont également démontré que cette idée était réalisable, tant au point de vue technique qu'au point de vue de l'économie : on pourrait alors lire la nuit dans les voitures, augmenter ou diminuer la lumière à volonté (sauf à limiter l'action du robinet à un maximum et à un minimum), ne plus avoir l'inconvénient des taches d'huile par suite des filtrations, et obtenir un aspect général bien plus satisfaisant.

8° Des courroies de suspension pour les bras devraient être établies au moins dans les deuxièmes classes, comme dans les premières (et il y a certains types de premières classes qui en manquent).

9° Nous rappellerons encore l'utilité des passages centraux, mais seulement dans les deuxièmes et troisièmes classes.

10° Des lieux d'aisances et des urinoirs pourraient être établis dans le convoi même : si les compartiments ne pouvaient pas être mis en communication directe avec les cabinets, on pourrait au besoin installer ces derniers sur un wagon-terrasse, et s'en servir en changeant de voiture pendant l'intervalle de deux stations.

11° Des roues pleines ou recouvertes de disques en tôle pleine éviteraient ou diminueraient beaucoup le soulèvement de la poussière du ballast, en diminuant l'action de ventilation centrifuge exercée par les rais des roues actuelles. Dans les lignes où le ballast est très-sableux (celle du Midi notamment), le séjour des dernières voitures du convoi est aussi intolérable que celui des diligences d'autrefois. En Amérique, des toiles métalliques latérales et extérieures aux roues sont suspendues sous les voitures de certaines lignes pour retenir la poussière et la rejeter à l'arrière du convoi.

12° Enfin, nous rappellerons encore les coupés-lits ou les compartiments à plusieurs lits, qui ont déjà été souvent proposés, et n'ont pas encore passé dans la pratique sur toutes les lignes, au moins d'une manière accessible à la majorité des voyageurs.

On nous dira peut-être que la réalisation de tous ces avantages rendrait le séjour de toutes les classes presque équivalent pour les voyageurs, et que les deuxièmes classes seraient désertées par économie pour les troisièmes. C'est possible et c'est même désirable : Il est facile de démontrer que la réduction du nombre des classes à *deux* seulement serait une mesure bonne et pratique. Nous avons fait valoir les raisons d'économie de cette mesure pour les Compagnies au point de vue de la facilité du service de composition et de décomposition des trains, de la réduction de l'étendue des salles d'attente, et de la facilité de la perception et du contrôle.

Sur la ligne de Paris à Versailles, rive gauche, il en est d'ailleurs ainsi, de fait, et personne ne s'en plaint, ni la Compagnie ni les voyageurs.

D'un autre côté, ce n'est pas seulement la recherche d'un confort plus ou moins grand qui décide toujours le public des premières classes à payer plus cher, c'est aussi, très-souvent, le désir d'éviter la société un peu trop bruyante des troisièmes classes, la crainte de paraître faire des économies aux yeux des personnes d'une fortune égale ou inférieure, et la certitude de trouver plus de place libre pour se reposer et pour déposer ses effets. A conditions égales, ces derniers motifs suffiraient encore pour décider une minorité importante des voyageurs à prendre les premières.

Résumons-nous et disons : 1° Augmentation générale de bien-être pour toutes les classes.

2° Réduction du nombre de classes à deux seulement, avec une différence de confortable suffisante pour décider les voyageurs aisés en faveur des premières, et pas assez grande pour rendre le séjour des troisièmes insupportable pour la majorité du public.

Paris. — 1er Octobre 1861.

XXIX. — ARCHITECTURE ET BEAUX-ARTS.

170. L'Art et les Ingénieurs.

On a souvent accusé les Ingénieurs de manquer de goût, et quelquefois, il faut le dire, il a été exécuté sous leur direction des ouvrages qui ne donneront pas à nos descendants une bien haute idée de notre sentiment artistique.

Mais on a dit aussi que la nature des études et des occupations auxquelles les ingénieurs étaient tenus de se livrer excluait nécessairement les notions d'art et d'harmonie. On a dit que les sciences exactes étaient la mort de l'art, et que les peuples ignorants, les *hommes naïfs*, étaient seuls capables de créer des chefs-d'œuvre : c'est ce que nous contestons de tous points.

Nous pensons que les esprits justes, les intelligences exercées à la connaissance des phénomènes physiques et technologiques sont bien plus à même que toutes les autres de sentir et de distinguer le beau architectonique, et de créer des œuvres qui répondent aux conditions fondamentales de convenance, de stabilité et d'agrément.

Il suffit, pour en être convaincu, de rappeler quels sont les éléments essentiels de la beauté des édifices.

Ce sont : 1° la *convenance* au but pour lequel l'édifice a été créé; 2° la *stabilité* résultant des bonnes proportions et de l'harmonie des différentes pièces entre elles; 3° l'agrément extérieur ou la *décoration* proprement dite.

Les deux premières conditions sont indispensables. Un édifice sans aucune décoration extérieure peut encore être parfaitement beau s'il est approprié à son objet, et si toutes les proportions en sont heureuses. La troisième seule peut être moins facilement jugée que les deux autres. C'est sur elle que s'appuient les décorateurs pour dire que les hommes qui l'ignorent ne sont pas artistes.

Or il suffira à tout homme intelligent, pour s'instruire en l'art de décorer extérieurement les édifices, de feuilleter *avec attention* un certain nombre de recueils ou d'albums d'ornements : plus il aura l'esprit juste, plus le raisonnement sera développé en lui ; mieux il choisira les motifs qui conviendront au cas dont il s'agira, mieux il saura, au besoin, en créer spontanément d'analogues, préférables à ceux que la tradition tendrait à lui imposer.

Résumons-nous : Toute forme, reconnue belle d'un consentement unanime, repose sur la satisfaction donnée à des exigences qui peuvent être découvertes par le raisonnement et par le calcul. Toute décoration ingénieuse et spontanée peut être trouvée par un homme instruit qui aura parcouru quelques collections ou fait quelques voyages d'observation.

L'art et les ingénieurs ne sont séparés que par le fait de l'absence de ces collections et de ces modèles dans les écoles Polytechnique, des Ponts et Chaussées, des Mines, Centrale des Arts et Manufactures, des Arts et Métiers, etc. Cette absence regrettable n'influe que sur la question d'ornementation extérieure. Si l'on décorait les écoles dont il s'agit d'une certaine proportion de modèles d'ornements et d'objets d'art d'un goût irréprochable, les ingénieurs les plus distingués seraient aussi artistes que ceux qui font de l'art leur spécialité naturelle.

En résumé, *tout architecte devrait être ingénieur, et tout ingénieur devrait être architecte.*

Paris. — 1er Juin 1859.

171. Principes généraux de l'Harmonie

dans les Proportions Architectoniques.

I

Le premier principe de l'Harmonie dans les *Proportions* architectoniques est *le Sentiment de l'équilibre* ou de la stabilité dans la construction.

C'est à ce fait qu'est due la prédilection quelquefois exagérée de certains esprits pour la *symétrie.*

Peu leur importe que la symétrie ne soit pas motivée, il faut deux numéros à la même porte, l'un à droite, l'autre à gauche. Il faut deux portes à une même cour, l'une pour entrer, l'autre pour — faire symétrie. Elle est condamnée, et ne sert à rien.

Ce sont là des exagérations du besoin de symétrie.

Les plus belles cathédrales, surtout celles construites par les corporations religieuses, sont rarement symétriques dans le sens servile du mot. La tour de gauche, qui symbolisait le pouvoir spirituel, était généralement plus ornée, plus haute et plus achevée que la tour de droite, symbolisant l'élément temporel. Le portail gauche était plus riche que le portail droit.

Dans les constructions industrielles, l'obéissance aux nécessités pratiques, l'obligation de se conformer avant tout à la forme du terrain, à la nature des opérations intérieures, conduit plus souvent encore à rompre forcément avec la condition de symétrie.

Dans les constructions privées enfin, les portes cochères sont souvent mal placées au centre, les escaliers sont presque toujours mieux appropriés sur le côté ; les salons, les belvédères, les terrasses des maisons de campagne doivent être exposés du côté où la vue est la plus belle.

En résumé, la symétrie est une des plus importantes conditions de la beauté des édifices, mais il est dangereux, irrationnel de la rechercher *à tout prix*, et même aux dépens de l'harmonie de l'édifice avec son but.

II

L'expression de la nature des matériaux fournit une autre condition essentielle dans la recherche des proportions harmoniques.

Telle colonne en pierre sera trop légère si elle a pour diamètre le dixième de sa hauteur; telle colonnette en fer sera monstrueusement lourde avec la même proportion : il faut donc que le calcul et l'étude de la résistance des matériaux guide le goût dans la recherche des proportions générales ou des rapports de détail. Il faut que l'esprit puisse se rendre compte des sujétions de la matière, pour que, dans un édifice, il se trouve satisfait par les proportions adoptées.

III

L'observation des *Conditions locales et climatériques* est un autre élément à prendre en considération dans l'étude des proportions; telle fenêtre sera trop grande sous le soleil ardent de l'Afrique, qui paraîtra mesquine et insuffisante dans les pays du Nord.

On admet en Italie, en Espagne, dans les Indes, en Suisse, des saillies de toits considérables pour s'abriter du soleil, de la neige ou du froid. En France, en Angleterre et dans l'Allemagne centrale, il serait mauvais d'obscurcir les rues et d'enlever de la lumière aux appartements par des auvents aussi proéminents et des corniches aussi saillantes.

IV

Le *Besoin des rapports simples*, qui est une nécessité pour l'œil comme pour l'oreille, dans le concert des vibrations qui l'affectent, se traduit encore en architecture par la préférence donnée à certains chiffres plutôt qu'à certains autres, et l'on pourrait composer des tableaux d'éléments des édifices, ayant pour base différents accords susceptibles d'être consultés utilement pour l'étude des harmonies architectoniques. C'est ainsi que l'on a pu dire, dans la Grèce ancienne, qu'il y avait un rapport intime entre l'architecture et la musique, et que certains architectes de l'antiquité, par l'exagération d'un sentiment justifiable, croyaient devoir faire apprendre la musique à leurs élèves comme une préparation nécessaire à leurs leçons.

On comprend bien cependant que ce n'est que « toutes choses égales d'ailleurs » qu'il est bon de tenir un compte sérieux de ces rapports simples, et de ces nombres harmoniques que certains chercheurs, un peu trop pythagoriciens pour notre époque, ont voulu préconiser exclusivement comme l'*essence même* de la beauté.

V

Le *Principe des alignements d'axe* est un de ceux qui demandent le plus à être observés dans de grandes masses de constructions ou dans des dessins ou tableaux d'ensemble.

L'esprit a besoin d'un très-grand ordre dans les dispositions générales, pour se trouver satisfait et non étourdi ou troublé par la discordance des ensembles. Les alignements d'axe et le parallélisme des grandes masses ou leur retour à angle droit sont les moyens les plus simples d'obtenir l'ordre dont il s'agit.

VI

La *Correspondance des ossatures résistantes* est encore une conséquence du besoin de stabilité et du principe des alignements d'axe.

Les charpentes qui retombent sur des espaces vides au lieu de retomber sur l'axe des pleins, les trumeaux pleins portant sur de larges fenêtres à canevas léger, sont une grande faute au point de vue du principe de la correspondance des ossatures.

En un mot, les axes des pleins doivent correspondre aux axes de résistance, et les axes des vides également doivent se correspondre entre eux.

Ainsi, par exemple, les nervures verticales, piliers, colonnes ou contre-forts, doivent être dans un même plan vertical avec les nervures horizontales ou obliques. Le squelette de la construction doit être assimilable au squelette d'un être organisé :

Les points d'appui, dans ces derniers, sont toujours parfaitement continus, et jamais la nature ne s'est exposée à un tassement ou à une déformation, sous l'effort des forces extérieures ou de la pesanteur.

VII

Le principe de *l'égalité des espacements* répond à un certain besoin de simplicité et d'homogénéité qui est dans notre esprit, et qui s'oppose à ce que l'on accumule des objets sur un point d'une manière plus lourde et plus gênée que sur un autre.

Il n'y a rien d'absolu à dire à cet égard, mais, en raisonnant l'application du principe dans chaque cas particulier, on obtient des effets évidents de satisfaction pour le spectateur.

VIII

Principe de l'alternance. — La répugnance que l'on a pour la monotonie donne à l'alternance des formes et des grandeurs une certaine valeur comme principe général à observer dans les proportions : la répétition n'est d'ailleurs qu'une variété de l'alternance, puisque, pour qu'il y ait répétition, il faut toujours, nécessairement, qu'il y ait *intervalle* ou *période*.

Alors le fort alterne avec le léger, le haut avec le bas, etc.

IX

Décoration des Changements de direction, des Intersections et des Points saillants. — Dans tous les édifices bien combinés et décorés avec art, lorsqu'une ligne se brise ou, de droite devient courbe, un ornement particulier doit décorer ou atténuer aux yeux du spectateur le changement de direction dont il s'agit : tels sont les chapiteaux des colonnes, les croisements des nervures, les impostes des arcades et archivoltes, les coins ornés, etc.

Dans un but analogue, les points saillants, qui sont en général des intersections de lignes, se trouvent aussi décorés plus ou moins richement : les centres, les axes et les milieux des côtés appellent la décoration ; en un mot, tous les points où l'esprit se fixe pour un motif particulier, matériel ou moral, sont des points susceptibles de décoration, et l'harmonie veut que ces points soient plus richement ornés que les surfaces unies ou le courant des lignes, dans leurs portées intermédiaires.

Cela est si vrai, que la dorure, les métaux ciselés, les émaux et les pierres précieuses même, sont souvent appelées à concourir, par leur valeur *intrinsèque*, à donner plus d'importance aux points dont il s'agit. L'élégance, la richesse, le bon goût de beaucoup de produits de l'art ou de l'industrie ne sont dus, au fond, lorsqu'on les analyse avec attention, qu'à l'observation instinctive ou raisonnée des règles ci-dessus.

X

Enfin, pour terminer cette étude, rappelons encore la *Conformité des proportions à celles des objets connus et habituels*, comme étant (avec une importance moins grande cependant en architecture qu'en sculpture et en peinture) un élément d'harmonie.

On comprend, en effet, que le sculpteur doit avant tout se préoccuper de l'imitation, en quelque sorte mathématique, des proportions idéales du corps humain.

On comprend aussi que le peintre doive donner, de préférence, à ses arbres et ses montagnes des formes et des proportions « naturelles »; mais dans l'architecture et les autres arts où l'imitation de la nature joue un rôle presque nul, on comprend qu'il ne faut parler de cette dernière condition d'harmonie que comme d'une concession à faire quelquefois aux habitudes et aux préjugés de l'œil du spectateur.

Résumons-nous : La *Beauté parfaite*, avons-nous dit déjà dans notre *Essai sur la Philosophie des constructions*, se compose de la réalisation simultanée de trois harmonies :

1° Harmonie de l'objet avec son but ;

2° Harmonie des différentes parties de l'objet entre elles ;

3° Harmonie de l'objet avec son spectateur.

La deuxième condition est surtout celle où il faut chercher les bases des proportions. C'est ce que nous avons développé en parlant de l'équilibre, de la nature des matériaux et des conditions climatériques.

La troisième harmonie, celle de l'objet avec son spectateur, conduit à modifier les proportions dans une certaine mesure, pour satisfaire le besoin des rapports simples, et pour ne pas choquer trop violemment les habitudes de l'œil et du goût à une époque déterminée, et dans un pays donné.

Paris. — 1er Septembre 1861.

172. De l'abus des ronds et des rosettes
dans la décoration architectonique.

Un des signes les plus fâcheux de la banalité et du défaut d'imagination qui président à la décoration de la plupart de nos édifices et de nos maisons, c'est l'abus, vraiment frappant, dans certains cas, que l'on y fait des rondes et des rosettes.

Les métopes, les chapiteaux, les encadrements de fenêtre, les dessus de porte, toutes les parties de la construction en sont couvertes.

On dirait, à voir surtout certaines productions de l'école dite *Néo-Étrusque*, que le tour du compas est le seul horizon qui s'y trouve ouvert à la fantaisie artistique.

Quand ce n'est pas un cercle plat saillant sur le nu du mur, c'est une grosse patère avec un petit bouton à son centre, une étoile à pointes maigres, une marguerite roide ou toute autre invention de la même pauvreté.

Les grosses rosettes saillantes *à cinq feuilles*, que l'on sème à profusion sur les points les plus impropres à les recevoir, sont de la même école et n'annoncent pas moins de négligence dans la conception.

Faut-il en citer des exemples ? Nos lecteurs savent bien de quoi nous voulons parler, et plus d'un parmi eux s'est peut-être donné la peine de compter le nombre de ronds qui déshonorent les façades ou les intérieurs des plus riches et des plus coûteuses constructions modernes.

Nous ne trouverions rien de mieux à faire que de les enlever purement et simplement, car l'absence de toutes prétentions à l'ornement peut au moins passer pour de la sobriété, tandis que l'usage de motifs insignifiants ou ridicules n'est jamais qu'un aveu d'impuissance.

Paris. — 1er Juillet 1860.

173. Des corniches et des moulures plates
dans les profils des édifices.

La même école qui affectionne les ronds et les rosettes, se caractérise aussi par l'emploi des corniches plates et des moulures à profils roidis et redressés.

Nous ne comprenons pas que le goût public puisse tolérer d'aussi nombreuses atteintes aux sentiments les plus élémentaires de l'harmonie et des proportions.

Est-ce obéissance aux prescriptions de la police municipale qui voudrait, dans l'intérêt de l'alignement, supprimer toute espèce de saillies dans la décoration? Mais ce genre de corniches se retrouve même au fond des cours, et dans des intérieurs où certes l'artiste peut et doit avoir toute liberté.

Est-ce économie de pierre ou de plâtre?—En ce cas c'est une réduction mal placée, car on ne comprend pas que, pour quelques décimètres de pierres de plus ou de moins, un architecte consciencieux puisse se résigner à atrophier son œuvre.

Ce n'est donc encore et toujours que mauvais goût professionnel, et que traditions copiées sur les tombeaux grecs-romains, sur les monuments que l'antiquité nous a légués en abondance.

Paris. — 1er Juillet 1860.

174. Des moulures en panse de carafe,
employées par l'École Néo-Étrusque.

L'école de mauvais goût dont nous avons déjà signalé quelques formes caractéristiques (ronds, rosettes et corniches plates), se distingue encore par certaines moulures roides en *Panse de carafe*, qu'elle introduit avec une prédilection marquée dans ses soubassements et les édifices de tous genres.

D'où vient cette forme disgracieuse qui n'est ni française, ni anglaise, ni allemande, ni même européenne? Quel est l'architecte mal inspiré qui a le premier introduit dans la construction ce profil de vase étrusque?

Devons-nous donc trouver partout maintenant (car la peinture et la sculpture de la même école n'en sont pas exemptes) ces réminiscences intempestives du Latium, de la Toscane pélasgique et de Pompéi?

On sait qu'entre un galbe et un autre la démarcation est délicate à établir, mais il y a dans la répétition de cette même ligne *trainée* un parti pris tellement évident, qu'elle devient comme les autres formes que nous avons déjà indiquées, un signe représentatif de l'école, une faute qu'il est urgent de signaler.

Paris. — 1er Septembre 1860.

175. Des gravures maigres à tige serpentée

dans les dessus de portes et de fenêtres.

Tout le monde a pu remarquer les gravures maigres qui se reproduisent en abondance dans les dessus de portes et de fenêtres d'un grand nombre de maisons récemment construites : non-seulement l'enroulement ordinaire que l'on choisit dans ce cas ne signifie rien comme symbole, mais ce n'est pas, en général, une forme harmonique. C'est un lotus indien ou une marguerite vulgaire entés sur une tige rayée et accompagnés de feuilles qui n'ont jamais appartenu ni à l'un ni à l'autre de ces végétaux.

Lorsque l'on se propose de créer un *Type*, la première condition doit être au moins de le raisonner mûrement ; mais l'imitation servile de quelques maîtres, et l'abus de la symétrie sont les seules règles apparentes de cette école. Dans les gravures dont il s'agit, il y a imitation, puisque ce sont toujours les mêmes ; il y a symétrie enfantine par rapport à l'axe de la baie.

Comment ne pas regretter que des architectes souvent habiles, ne fassent pas un peu plus d'efforts d'imagination pour décorer les éléments qui jouent un si grand rôle dans les façades, et qu'autrefois on savait orner avec tant d'élégance, d'indépendance et de bon goût.

Paris. — 1er Septembre 1860.

176. Des guirlandes épaisses avec patères rondes

qui décorent quelques édifices modernes.

Une bibliothèque de la rive gauche a donné le signal de l'abus des grosses guirlandes dans un grand nombre de décorations et de façades où elles n'ont absolument aucune raison d'être.

Si dans cet édifice on voulait représenter un cénotaphe, une nécropole de livres, on y a parfaitement réussi.

Rien de lourd, de monotone et de disgracieux comme l'extérieur de cette indigeste construction, mais ce n'est pas une raison pour en reproduire les défauts ailleurs.

Nous appelons encore l'attention de nos lecteurs sur ce motif d'ornement, non pour le reproduire, bien certes, mais pour l'éviter, ou du moins pour le ramener à des proportions tolérables, et ne pas en faire une massue d'Hercule qui écrase tout le reste de la construction.

Paris. — 1er Août 1860.

177. Des entailles polygonales sur les coins
et sur les angles des édifices.

Abattre les angles des pierres par des faces polygonales brutes, enlever les arêtes dans les mêmes conditions, et gratter de maigres et grandes raies parallèles, clair-semées dans les panneaux et les fûts des pilastres, tel est le système d'ornementation que l'école dont nous parlons ajoute avec prédilection aux *Ronds* et aux *Rosettes.*

Ce mode de procéder, qui consiste à traiter la pierre comme du blanc d'Espagne ou une tige de chou que l'on taillerait au couteau, est d'une pauvreté et d'une brutalité qui révoltent tous les instincts architectoniques.

Quoi? l'on serait arrivé au xix⁰ siècle, c'est-à-dire à l'époque où l'on devrait connaître mieux les ressources de l'art, où l'on se trouve le plus à même d'étudier sur place, par la facilité des voyages, et le bas prix des photographies, les chefs-d'œuvre de toutes les époques antérieures, et l'on se bornerait à en revenir, pour décorer les édifices, aux moyens les plus grossiers et les plus barbares qui se puissent imaginer?

On ne trouverait rien de mieux, pour remplir une surface, que d'en abattre les angles et d'y gratter une série de barres, sans aucun but ni aucune signification?

Sont-ce les blocs informes de la salle des ventes, ou les baguettes verticales à trois petites pointes de la bibliothèque Sainte-Geneviève, qu'il faut considérer comme les prototypes de ces divers ornements? Ou bien sont-ils seulement, comme tout le reste, les résultats de l'*absence d'idées* qu'on retrouve dans toutes les conceptions de la même école? Quelle qu'en soit l'origine, nous ne pouvons qu'en regretter l'abus, le signaler et le classer, pour mémoire, avec les autres défauts indiqués dans ce qui précède.

Paris. — 1ᵉʳ Novembre 1860.

178. Du profil lourd des statues et des médaillons
dans certaines constructions modernes.

Une dernière chose qui frappe dans la plupart des conceptions de la même école, et que nous voulons relever encore pour en terminer, ce sont les profils tout particulièrement lourds qu'affectionnent les auteurs des statues et des médaillons qui ornent les façades ou les intérieurs.

Le nez en prolongement du front et un gros menton renflé paraissent composer l'idéal générique de tous les sculpteurs et modeleurs de cette manière.

C'est le profil grec, dira-t-on.

Mais où a-t-on vu que Minerve, Junon, Vénus, les nymphes et les grâces eussent des figures de Maritorne?

Nous ne citons pas d'exemples, parce que nous ne voulons pas sortir de la discussion de théorie et de principe que nous avons à cœur de laisser impersonnelle; mais nous pourrions indiquer à Paris, et ailleurs, mille exemples à l'appui de ce que nous disons : cette singulière mode ne peut avoir son origine que dans une exagération systématique.

Supposons même que le type grec que l'on prétend imiter soit pur et réel dans les œuvres dont nous parlons : est-ce de nos jours qu'il faut représenter l'Industrie, l'Agriculture, le Commerce, ou toute autre figure symbolique, comme des matrones d'Athènes ou de Rome, gauchement embarrassées dans des attributs qu'elles ont l'air de ne pas comprendre? Ces détails accessoires sont d'ailleurs aussi, en général, mal compris ou atrophiés par les sculpteurs.

On ne nous persuadera jamais que tous ces pastiches lourds et maladroits sont de l'art et de l'intelligence esthétique : c'est de la lourdeur et de la maladresse pure, sans aucune compensation.

Et quand on voit des hommes de bonne foi, des praticiens habiles, des recueils admirablement gravés reproduire et préconiser ces formes pâteuses et ridicules, on ne peut que déplorer cet aveuglement, et que protester, encore et toujours, contre ces absurdités; car certes, ce n'est pas là le véritable esprit de l'architecture moderne.

Paris. — 1er Novembre 1860.

170. De la nécessité d'une réforme radicale
dans l'enseignemsnt de l'École des Beaux-Arts.

Puisque tout démontre qu'il règne aujourd'hui, parmi les architectes, un goût déplorable et des répétitions de formes caractéristiques dont la commune origine est évidente, il faut en conclure que c'est l'école même qui est le foyer de ces abus, et que ce sont les professeurs de l'école qui en sont responsables.

Mais comment opérer une réforme efficace sans froisser d'honorables susceptibilités ?

Comment persuader à des hommes d'un mérite réel qu'ils ont tort de préconiser et de reproduire des formes et des systèmes qui sont d'autant plus incorrigibles que ce sont chez eux des habitudes transformées en convictions ?

Nous ne voudrions conseiller aucune mesure de rigueur, mais nous croyons qu'en adjoignant à certains professeurs actuels un professeur suppléant qui serait dans un autre ordre d'idées, en bannissant des cartons de l'école tous les modèles vicieux, en recommandant énergiquement aux professeurs nouveaux d'éviter de retomber dans les mêmes erreurs, et en refusant rigoureusement les projets et concours provenant d'ateliers *Neo-étrusques,* on n'aurait peut-être pas besoin d'en venir à des mesures trop formelles.

En tout état de cause, nous croyons remplir un devoir en signalant ces abus, et nous ne pouvons que réitérer encore le vœu que l'on remédie d'urgence à un état de choses aussi funeste. Nous nous efforcerons d'ailleurs de prêcher l'exemple en n'admettant dans nos publications et dans nos travaux que des modèles qui ne portent pas ce cachet contre lequel nous protestons et protesterons toujours, car il nous semble le renversement et la perte de toutes les saines notions de l'art au xix° siècle.

Paris. — 1er Novembre 1860.

180. Nécessité de donner aux Concours

de l'École des Beaux-Arts une direction plus pratique.

Il est impossible d'assister à l'exposition annuelle des concours qui ont lieu à l'École des Beaux-Arts, sans être frappé de l'esprit absolument *antipratique* ou *antimoderne* qui semble diriger le choix des sujets.

Ce ne sont que palais princiers, qu'ambassades, *pour une puissance de premier ordre*, que théâtres *pour une capitale* et autres projets fastueux que les neuf dixièmes des architectes n'auront jamais à traiter dans tout le cours de leur carrière.

En peinture, on prescrit des jugements de tribunaux grecs, des scènes tragiques tirées de Sophocle ou d'Euripide, des épisodes héroïques de l'histoire romaine, où l'on se plaît à ressusciter les draperies conventionnelles et les armures de fantaisie imaginées par l'école de David et et par les graveurs du temps de Louis XIV.

En sculpture enfin, ce sont encore et toujours des personnages de l'histoire grecque ou romaine qui constituent les bases du programme.

Quand donc renoncera-t-on une bonne fois à ces absurdes et inutiles pastiches ?

Quand cessera-t-on d'imposer à notre jeune génération un ordre d'idées qui ne répond pas à un seul des besoins du siècle ?

Et l'on s'étonne de ne pas trouver dans ces concours aucune œuvre remarquable, on déplore naïvement la décadence de l'art, et les rapports des commissions d'examen expriment *d'indulgents regrets* d'avoir à remettre les premiers prix à l'année suivante, et à partager des couronnes secondaires entre ceux « qui se sont le plus rapprochés de l'es-« prit du programme ! »

Est-il étonnant qu'en semant de l'ivraie il ne faille pas s'attendre à récolter du bon grain ?

Ne doit-on pas admettre que le premier devoir de l'architecte est d'être de son temps? — Pourquoi ne met-on pas au concours des Gares et Stations de chemin de fer, des Mairies et Maisons d'école, des Halles et Marchés couverts, des Tribunaux et Justices de paix, des Bains et Lavoirs publics, des Hôtels, des Maisons de ville et de campagne, des Cafés, des Magasins, des constructions modernes en un mot, semblables à celles que l'architecte se trouve appelé à exécuter chaque jour ?

Si l'on craint qu'il n'y ait pas dans de semblables sujets assez d'occasions de lavis et de tire-ligne, qui empêche de donner au concours *plusieurs sujets* au lieu d'un ?

On n'en jugerait que mieux les aptitudes diverses des candidats. Ceux qui prescrivent des palais et des colonnades ne savent-ils donc pas qu'une seule teinte malheureuse peut détruire l'effet du plus magnifique « *Rendu ?* »

Et puis, en définitive, sont-ce des architectes ou des aquarellistes que l'on veut former ?

En peinture et en sculpture, manque-t-il, dans les récents faits d'armes de nos troupes, dans les grands événements contemporains, dans la vie privée, civilisée ou non, de chaque jour, des tableaux ou des épisodes dignes d'être mis au concours ?

Non! Il est impossible de garder le silence devant de pareilles fautes se reproduisant périodiquement, officiellement, sérieusement, chaque année. Il est impossible d'assister de sang-froid à l'atrophiation systématique du goût de toute une génération d'architectes.

On l'a dit bien des fois, on l'a répété partout, l'esprit d'initiative fait défaut aux artistes, parce que l'on fixe constamment leur esprit et leurs respects sur des modèles vieux de trente siècles. M. le Ministre d'État lui-même a blâmé, s'il nous en souvient, dans l'une des dernières distributions de prix, la tendance regrettable de l'enseignement actuel.

Mais rien n'y fait, rien n'est changé, ni à l'esprit, ni même à la lettre des programmes, et, pour achever de former le sens esthétique des jeunes gens que l'on appelle à suivre les cours de l'école, on leur donne pour modèle quotidien les trois triomphantes lucarnes qui écrasent la nouvelle façade du palais des Beaux-Arts...

Paris. — 1er Janvier 1861.

181. Création d'Écoles des Beaux-Arts Départementales
dans les Douze principaux chefs-lieux de France.

Le mauvais génie qui règne à l'École des Beaux-Arts de Paris, le goût déplorable qui s'y inculque aux jeunes architectes, suivant les traditions *Néo-étrusques* des professeurs actuels, fait penser qu'un remède efficace à cet état de choses serait peut-être la création d'écoles des Beaux-Arts *Départementales*, soustraites à l'influence pernicieuse de l'école de Paris, et dirigées par des architectes indépendants.

Nous proposerions donc que les villes suivantes :

1. Lyon.	4. Toulouse.
2. Bordeaux.	5. Strasbourg.
3. Marseille.	6. Lille.

<table>
<tr><td>7. Rouen.</td><td>10. Saint-Étienne.</td></tr>
<tr><td>8. Orléans.</td><td>11. Nancy.</td></tr>
<tr><td>9. Nantes.</td><td>12. Toulon.</td></tr>
</table>

fussent dotées, le plus tôt possible, d'institutions de ce genre, qui formeraient des architectes sans préjugés antiques, non moins méritants que ceux de la *capitale*, et certainement plus capables d'apprécier les nécessités des constructions locales et modernes, que les étudiants architectes du quai Malaquais, imbus des traditions surannées d'un antique de convention.

Paris. — 1er Mars 1861.

182. Création d'Écoles françaises des Beaux-Arts
à Florence, à Venise, à Nuremberg, Munich, Prague, Dresde, Vienne et Berlin.

On envoie tous les ans régulièrement à Rome les lauréats de l'École des Beaux-Arts, comme si Rome seule pouvait offrir aux jeunes architectes des exemples propres à former leur goût et à éveiller leur imagination.

Si l'on comptait, dans la capitale du catholicisme, le nombre de constructions médiocres et de mauvais goût qui s'y trouvent mêlées, depuis les trois derniers siècles, aux monuments sérieux et véritablement bien conçus des époques antérieures, on serait effrayé de la proportion.

L'innombrable quantité de chapelles à S, de dômes ventrus, de corniches brisées et d'amours joufflus qui sont nés du génie rocailleux, puéril, mesquin, prétentieux et tourmenté des FONTANA et des Chevaliers BERNIN, y compense largement les chefs-d'œuvre ruinés de la période Flavienne et les souvenirs épars de la Renaissance proprement dite.

Saint-Pierre de Rome lui-même n'a de vraiment remarquable que sa coupole : sa façade est lourde, barrée de lignes horizontales exagérées, et son maître autel à colonnes torses et à lambrequins de tapissier en bronze est simplement absurde. Chacun le sait ou se le dit tout bas.

Il serait temps de réagir contre un préjugé qui nous vaut à Paris des légions sans cesse renouvelées de successeurs de la même manière.

Qu'on envoie les artistes séjourner à Florence, à Pise, à Sienne, à Venise, aussi bien qu'à Rome, rien de mieux; mais qu'on persiste à considérer Rome *seule* comme une école de bon goût et de beaux-arts, c'est une faiblesse classique. C'est plus qu'une faiblesse, c'est un danger.

Mais nous dirons plus.

Nous croyons que la pratique exclusive des monuments grecs et romains a fait plus de mal que de bien à l'art des constructions et aux beaux-arts en général.

L'Allemagne, la Saxe, l'Autriche, la Prusse, le Tyrol sont pour ainsi
dire entièrement inconnus aux architectes français, anglais, italiens et
espagnols. Et cependant, dans les constructions anciennes surtout, et
dans certains édifices actuels de ces pays, il y a d'innombrables sujets
d'exploration à se proposer.

Établir dans les principales villes d'Allemagne des écoles des beaux-
arts, sur le modèle de l'École unique de Rome, ou simplement y faciliter les voyages de mission des élèves, serait le moyen le plus certain
de faire sortir les jeunes architectes de cette routine qui paralyse leur
goût et leur imagination.

A Nuremberg, ils trouveraient la collection la plus nombreuse de
toutes les formes de l'ancien art allemand : les maisons à pignons
sculptés, à tourelles, à statuettes ; les fontaines à grilles historiées, les
bornes mêmes des rues, les chaînes des places, les lanternes, les détails
des portes et fenêtres, leur donneraient d'innombrables sujets de croquis et de variantes pittoresques.

A Munich, le roi Louis, dit le roi-architecte, a fait naître proportionnellement presque autant de constructions nouvelles que le règne de
Napoléon III en a vu surgir dans l'ancien Paris : bon nombre d'entre
elles offrent des éléments tout à fait nouveaux.

A Prague en Bohême, on se croirait, à chaque tournant de rue, dans
un décor d'opéra : ce sont des proportions d'une hardiesse et d'une
finesse tout à fait singulières, des ornements à combinaisons inatten-
dues, des accessoires d'un imprévu charmant.

Enfin, Vienne et Berlin, les deux capitales de l'Europe germanique,
Hanovre, La Haye, Dresde, peuvent, à un point de vue plus moderne,
donner tout autant de bons renseignements aux architectes qui les étu-
dieraient avec discernement. La Victoria-Strasse de Berlin est certainement plus belle et surtout d'un aspect plus varié que la rue de Rivoli.
Les faubourgs de Vienne, qui constituent la ville nouvelle (Josefs-stadt
et les quartiers opposés), ne le cèdent en rien aux plus beaux quartiers
de Paris.

Ainsi, pourquoi le gouvernement, ou même une société libre des
beaux-arts, ou la nouvelle École Centrale des Beaux-Arts, ne pren-
draient-ils pas l'initiative de la création de semblables écoles? Pourquoi n'accorderait-on pas des subventions pour les frais de voyage des
premiers prix? Quand les élèves devraient payer leur pension, il y en
aurait encore beaucoup qui y trouveraient avantage et agrément.

Paris. — 1er Septembre 1862.

183. Développement des cours de Construction
et des cours de Résistance de matériaux dans les Écoles des Beaux-Arts.

Nous devons appeler l'attention sur l'utilité qu'il y aurait à donner
plus d'importance, dans les écoles d'architecture, à des expositions de

dessins et de reliefs représentant des objets d'art, des façades d'édifices célèbres de la Renaissance ou des temps modernes, des statues, des vases, des verrières qui peuvent contribuer à former le goût des architectes et à faciliter la création d'objets élégants et bien proportionnés.

En même temps qu'on ne saurait donner trop de soins à l'enseignement des matières d'art et d'imagination modernes, il serait indispensable d'habituer les architectes au calcul et à l'appréciation rigoureuse de la stabilité et de la résistance des édifices.

Trop souvent des proportions lourdes jusqu'à l'empâtement, ou grêles jusqu'à l'imprudence, sont adoptées sans examen par des artistes qui ne se sont rendu compte que des effets extérieurs de la décoration.

Trop aisément aussi on sacrifie les plans et les agencements essentiels à l'aspect des façades, et l'on dirait qu'il suffit d'avoir tracé une forme harmonieuse et agréable sur un dessin pour qu'elle soit, par cela même, exécutable en pratique.

C'est pour éviter ces inconvénients qui donnent lieu à des accidents déplorables, à des tassements, à des fissures, à des flexions, à des écroulements, à des démolitions, à des remaniements sans fin dans un grand nombre de constructions civiles, que nous insistons sur une proposition déjà formulée bien souvent, mais dont les faits matériels continuent toujours encore à accuser l'incomplète exécution.

Paris. — 1er Juillet 1859.

184. Enseignement des Éléments d'architecture
dans les Écoles d'Arts et Métiers.

Les anciens élèves des Écoles d'Arts et Métiers sont, parmi les hommes sortis des écoles spéciales, au nombre de ceux qui ont le sens pratique le plus immédiat, au point de vue de l'exécution matérielle des travaux.

Initiés presque toujours de bonne heure, dans leurs familles même, aux soins et aux soucis de la vie de l'ouvrier, ils reçoivent encore, dans les écoles dont il s'agit, une instruction professionnelle très-complète. Le maniement des outils y joue un rôle plus grand que celui du crayon. L'habitude de traduire la pensée par le trait, et surtout le trait par la main-d'œuvre, donne à leur esprit un instinct spécial des facilités ou des difficultés de l'exécution, et cette faculté est une condition essentielle dans la pratique des ateliers et des chantiers.

Mais pourquoi faut-il que l'on ne trouve pas toujours, chez les mêmes hommes qui connaissent toutes les ressources de l'art mécanique, les notions élémentaires de l'architecture ou de la construction?

Pourquoi est-il indispensable que ceux d'entre eux qui auraient occasion de se placer dans les chantiers de travaux publics, aujourd'hui bien plus nombreux que les ateliers de machines, soient obligés de se relaire, en quelque sorte, une instruction nouvelle, toujours plus difficile et plus incomplète que celle d'une école où tous les cas sont prévus d'avance ?

Est-ce une nouvelle série d'écoles qu'il faudrait créer, pour les futurs Conducteurs des Ponts et Chaussées, les Piqueurs, les Chefs de travaux, les Inspecteurs de travaux, les Chefs de chantier, les Chefs de section, les Commis d'entrepreneurs, etc.

Quoi qu'il en soit, pour faciliter aux jeunes gens des écoles d'arts et métiers l'admission dans des services de ce genre, où plus d'un d'entre eux a déjà trouvé une position avantageuse, il suffirait d'ajouter au programme des cours une dizaine de leçons d'architecture, en distribuant aux élèves des planches autographiées portant les tracés pratiques des moulures, corniches, colonnes et arcades, portes et fenêtres, fondations, voûtes, charpentes des planchers, menuiseries, vitreries, etc., avec l'indication du nom de chaque pièce *sur les dessins mêmes.*

Si l'on ne peut prétendre ainsi arriver à une connaissance bien approfondie des détails de la Construction, on aurait du moins une garantie que les élèves de bonne volonté s'appliqueraient à acquérir les notions qui leur manqueraient encore, et que si, plus tard, ils se trouvent chargés de travaux de bâtiment, même en qualité de constructeurs-mécaniciens ou comme chefs d'ateliers, ils auront déjà les connaissances premières indispensables, aidées par les planches de leur cours, et des facilités suffisantes pour consulter avec fruit les ouvrages spéciaux, ou pour étudier sur place des constructions analogues à celles qu'ils seraient chargés d'exécuter.

Chalons. — 1er Décembre 1862.

185. Le Symbolisme moderne.

On a souvent dit qu'une des causes de la stérilité d'imagination des architectes du jour tenait à l'absence d'éléments caractéristiques dans notre industrie, dans nos arts, dans notre commerce. On a fait ressortir ce que le culte chrétien, par exemple, a fourni de merveilleux contingents au ciseau du sculpteur et au pinceau du verrier, on a regretté ses nombres mystiques, sa trinité, ses douze apôtres, ses archanges, ses légions de saints et de démons, ses légendes, ses miracles, ses péchés capitaux, et ses innombrables conventions ecclésiastiques.

On a fait remarquer aussi quel immense parti d'ornementation les artistes arabes ont su tirer de cette seule prescription du Coran qui leur défend de se servir de formes vivantes pour la décoration des édifices religieux, ce qui les a conduits ainsi à un développement prodigieux d'arabesques et de calligraphie monumentale.

Mais le défaut capital des inventions modernes est que l'on a voulu *faire du nouveau, à tout prix,* — par des procédés purement géométriques, sans prendre pour base aucun ensemble de conventions sociales, industrielles, architectoniques ou religieuses : naturellement on n'a pas réussi.

Mais qui empêcherait de prendre pour base des ornements symboliques modernes l'indication des attributs et des symboles qui correspondent à la recherche du Beau, du Vrai, du Bien, du Progrès en général; au développement des Sciences, des Arts, de l'Industrie, de l'Agriculture et du Commerce ; à la célébration de la Paix, de la Concorde; des Alliances entre les peuples, etc. ?

C'est là seulement qu'on trouvera des formes et des combinaisons nouvelles pour indiquer la composition et la destination de chaque édifice, de chaque objet d'art.

Il n'est pas de manifestation, si modeste qu'elle soit, de la pensée humaine, qui ne puisse se symboliser par un ensemble d'attributs, de nombres, de couleurs, de formes caractéristiques.

La locomotive, le télégraphe, l'imprimerie, la photographie, les arts mécaniques, toutes les sciences abstraites ou naturelles, peuvent avoir une expression que l'on chercherait en vain dans les mythes des cultes anciens. C'est donc là qu'il faut s'adresser pour trouver les éléments d'un véritable style moderne.

Paris. — 1er Janvier 1863.

186. Publication d'une série d'études
sur les différents Styles d'Architecture.

L'Architecture est le premier et le plus ancien de tous les arts : c'est celui qui, de tout temps, a été le point de départ et la synthèse des autres branches de l'esthétique. Aussi est-il impossible de pratiquer avec succès et compétence une spécialité quelconque des Arts industriels, sans posséder, au moins d'une manière générale, les premières notions de l'architecture.

Mais, par cela même, les erreurs et les *hérésies* involontaires des artistes sont d'autant plus nombreuses que leur instruction, sous ce rapport, a été plus superficielle : les sculpteurs, les peintres, les ornemanistes, les fabricants de meubles et d'étoffes, les bijoutiers, les mosaïstes, n'ayant pas toujours une notion bien nette des différents styles et des diverses époques, confondent volontiers ce qui appartient à l'une avec ce qui devrait être réservé à l'autre. De là ces produits hybrides, malsains, sans signification précise, sans unité, sans harmonie, qui offensent, avec raison, le goût des véritables artistes.

Le meilleur moyen de remédier à cet état de choses serait de publier, *à prix réduit*, une série d'études sur les principaux styles qui peuvent être choisis pour dominer l'ensemble d'une construction, d'un ameublement, d'une décoration quelconque.

Nous les avons déjà énumérés dans l'*Essai sur la philosophie des*

Constructions, qui forme l'Introduction de ce livre, et nous nous sommes assuré qu'il n'existe encore aucune collection complète, à la fois analytique et synthétique, qui puisse donner une idée résumée de toutes les variétés de style que nous y avons indiquées, et que nous croyons devoir rappeler ici par ordre de dates, ou d'importance esthétique :

1. Style Égyptien : 3000 avant Jésus-Christ à 30 av. J-C. (De l'origine de la théocratie égyptienne à la conquête Romaine.)

2. Style Hindou : 3000 av. J.-C. à nos jours.

3. Style Chinois : 4000 av. J.-C. à nos jours.

4. Style Hébreu et Phénicien : 1645 av. J.-C. à 135 ap. J.-C. (De la sortie d'Égypte à la dispersion des Juifs sous l'Empereur Adrien.)

5. Style Babylonien : 2680 av. J.-C. à 323 av. J.-C. (De Nemrod à la mort d'Alexandre le Grand.)

6. Style Assyrien : 2680 av. J.-C. à 64 ap. J.-C. (D'Assur à la conquête Romaine.)

7. Style Pélasgique : 2000 av. J.-C. à 1280 av. J.-C. (De l'invasion Pélasgique à la guerre de Troie.)

8. Style Celtique ou Druidique : 1000 av. J.-C. à 878 ap. J.-C. (Depuis l'origine de la race Celtique jusqu'au règne d'Alfred le Grand.)

9. Style Péruvien : 1000 av. J.-C. à 1534 ap. J.-C. (Depuis l'origine de la race Péruvienne jusqu'à la destruction de l'empire des Incas par les Espagnols.)

10. Style Grec : 1635 av. J.-C. à 146 av. J.-C. (De l'invasion des Hellènes à la destruction de Corinthe par les Romains.)

11. Style Étrusque : 1479 av. J.-C. à 309 av. J.-C. (De l'établissement des Étrusques en Italie à la conquête Romaine.)

12. Style Romain : 753 av. J.-C. à 476 ap. J.-C. (De la fondation de Rome à la chute de l'empire d'Occident.)

13. Style Latin : 476 ap. J.-C. à 1000 ap. J.-C. (De la chute de l'empire Romain à la naissance des styles Roman et Ogival.)

14. Style Byzantin : 332 à 1434 ap. J.-C. (De la construction de Sainte-Sophie de Byzance à la chute de l'empire d'Orient.)

15. Style Arabe : 622 à 1031. (De l'Hégire de Mahomet à la chute des Maures de l'Espagne — et à nos jours en Afrique et en Asie.)

16. Style Roman : 1000 à 1160. (De l'occupation de l'Italie par les Lombards, aux dernières Croisades.)

17. Style Gothique : 1160 à 1480. (Des dernières Croisades à la Renaissance.)

18. Style renaissance : 1434 à 1710. (Des Médicis à l'avénement de Louis XIII.)

19. Style Louis XIII ou Richelieu : De 1610 à 1643.

20. Style Louis XIV : De 1643 à 1715.

21. Style Louis XV : De 1715 à 1774.

22. Style Louis XVI : De 1774 à 1793.

23. Style Suisse. (Architecture moderne en bois.)

24. Style moderne. (Composé de tous les éléments de construction actuels, c'est-à-dire pierre, plâtre, brique, bois, fer, fonte, zinc, plomb, etc.)

Nous avons commencé l'année 1863 de notre *Album de l'Art Industriel* par la publication d'une *Étude sur le style Louis XVI* où l'on a suivi l'ordre naturel, qui consiste à reconnaître d'abord, par l'*analyse*, les éléments caractéristiques, tels que colonnes et chapiteaux, frises et corniches, portes et fenêtres, dessus de porte, consoles et modillons, balustrades et balcons, cadres et bordures, meubles et ustensiles divers, puis à indiquer quelques édifices principaux et caractéristiques comme synthèse.

Nous avons continué l'année 1864 par une *Étude sur le style arabe*, et, après celle-ci, nous publierons une *Étude sur le style Louis XIII*.

Nous procéderons de même pour tous les autres styles, en remontant l'ordre des temps, et en choisissant de préférence, sans nous astreindre à le suivre d'une manière régulière, ceux qui sont le plus souvent appelés à fournir des éléments aux architectes et aux décorateurs.

Paris. — 1er Juillet 1864.

187. Classification des Planches de l'Album de l'Art Industriel.
par séries relatives à chacun des Arts spéciaux.

Pour tirer le meilleur parti possible des collections de l'*Art industriel*, et pour faciliter à nos lecteurs la plus prompte recherche des documents dont ils peuvent avoir besoin dans chaque cas particulier, nous croyons utile de rappeler que l'on peut grouper toutes les planches parues, en autant d'*Albums* distincts qu'il y a de divisions indiquées dans les sous-titres variables des livraisons mensuelles :

1. Architecture;
2. Promenades et Plantations;
3. Dessin industriel;
4. Sculpture;
5. Marbrerie;
6. Mosaïque;
7. Céramique;
8. Ébénisterie et Sculpture sur bois;
9. Serrurerie artistique;
10. Fontes d'ornement et Bronzes d'art;
11. Zincs estampées et Tôles découpées;
12. Orfévrerie;
13. Miroiterie;
14. Dorure et Galvanoplastie;
15. Peinture décorative;
16. Revue Photographique;
17. Carrosserie et Sellerie;
18. Revue des Expositions des Beaux-Arts;
19. Comptes rendus des Séances des sociétés artistiques et techniques.

Cette classification pourra peut-être, un jour, devenir le point de départ d'une division effective des planches de l'*Album* en plusieurs collections détachées qui seraient vendues séparément.

Il est évident, en effet, qu'un fondeur, par exemple, qui n'aurait pas de motif bien déterminé pour recevoir au complet un ouvrage où il trouverait beaucoup de sujets étrangers à son art spécial, préférerait acquérir, à un prix plus réduit, la collection relative à la *Fonderie et aux Bronzes d'art* seulement. Un ébéniste qui ne s'intéresserait qu'aux formes diverses des meubles ou du bois sculpté, préférerait la *Série du Mobilier* et celle de la *Sculpture sur bois*.

En un mot, en nous rapprochant davantage du but immédiat de chaque art industriel, nous pourrions peut-être augmenter l'utilité de cet album tout en continuant, comme par le passé, de le publier sous forme de livraisons mixtes destinées à l'ensemble du public _rtistique.

Nous répétons encore toutefois que ce qui précède n'est qu'un projet, et que nous n'avons en vue, pour le moment, qu'un moyen d'augmenter l'utilité du recueil pour nos lecteurs actuels.

Paris. — 1er Mars 1863.

XXX. — MONUMENTS ET EMBELLISSEMENTS DIVERS.

188. Remplacement de l'Obélisque de Lonqsor
PAR UN MONUMENT A LA CONCORDE
et translation de l'obélisque au rond-point de la porte Maillot.

Une des choses les plus choquantes et les plus anormales qui existent à Paris, dans cette capitale du goût et de la raison, c'est l'élévation, au milieu d'une place de style moderne, d'un monument égyptien, d'un bloc de pierre détérioré, d'une sorte d'énigme dont le mot n'est probablement que d'un intérêt très-secondaire en proportion de la place d'honneur qu'on lui accorde au point le plus apparent de la plus belle ville du monde.

Nous voudrions qu'au centre de la place de la Concorde, au lieu de cette laide et maigre aiguille en granit qui la dépare, et qui, au lieu de Concorde, signifie Bataille et Conquête, à la gloire d'un successeur inconnu de Sésostris, on élevât un monument du plus beau marbre, avec grilles et balustrades en bronze doré, statues et symboles Européens, Nationaux, Industriels, Commerciaux et Agricoles, en harmonie avec le goût éminemment français de tous les monuments qui l'entourent.

Au-dessus d'un soubassement quadrangulaire à pans coupés, percé de quatre arcades dans l'axe des quatre chaussées qui convergent au centre de la place, on trouverait un premier étage octogonal garni de riches balcons en marbre, pour l'usage des cérémonies publiques. Des statues ou des trophées décoreraient les niches des angles. Ces figures représenteraient les huit nations les plus avancées dans la civilisation, soit : *la France, l'Angleterre, l'Allemagne, l'Italie, l'Espagne, la Russie, la Suède, les États-Unis :* On remplacerait, au besoin, ces statues par d'autres, suivant les circonstances variables de l'histoire.

Au-dessus s'élèverait un étage circulaire, également muni de balcons, en bronze doré, du style des palais voisins, et composé de huit colonnettes corinthiennes en marbre, supportant un dôme en bronze doré orné d'écailles, comme le socle de la statue de la colonne Vendôme, le tout entouré d'une rangée de balustrades en cristal.

Enfin, au-dessus de ce dôme et debout sur son sommet, se trouveraient quatre statues en cristal fondu, se tenant par la main comme les trois grâces de Jean Goujon, et représentant l'union de l'*Agriculture*, de l'*Industrie*, du *Commerce* et des *Beaux-Arts*.

Mais que faire de l'obélisque, dira-t-on? Voici notre opinion sous toutes réserves : on l'abaisserait dans l'axe des Champs-Élysées suivant le même procédé que celui employé pour son érection, et l'on opérerait sa translation au rond-point de la porte Maillot, où il serait bien mieux placé qu'au milieu de la plus belle place de Paris, entourée de palais et de monuments d'un style tout différent.

Paris. — 1er Mai 1859.

189. Couronnement de l'Arc de Triomphe de l'Étoile.

L'Arc de Triomphe n'est pas complet; il lui manque le couronnement indispensable qui doit surmonter tous les monuments de ce genre.

On a déjà proposé un aigle (Victor Hugo); mais nous ne pensons pas qu'un seul objet, quelque grand qu'il soit, puisse être d'un effet assez complet et assez riche pour couvrir et garnir, sans rompre l'harmonie des lignes, un aussi colossal monument.

L'Arc de Triomphe est déjà très-lourd par lui-même : Si on le surmonte encore d'un objet à lignes trop simples, et qui présentera nécessairement à l'œil un contour très-opaque et très-peu découpé, on l'alourdira bien davantage.

Nous pensons qu'en présence de l'usage général des Romains, qui surmontaient les arcs de triomphe de la statue du triomphateur, il faudrait mettre au concours un char triomphal en bronze, richement orné, traîné par des chevaux en quadrige, et portant une figure assise ou debout de Napoléon Ier en costume impérial, sceptre en main et couronné de lauriers.

A droite et à gauche de ce groupe principal, il faudrait placer, soit deux trophées militaires en bronze, soit deux autres groupes plus petits formant triangle frontal avec le premier, et composés de statues équestres représentant les principaux maréchaux du premier empire.

Le char et les deux groupes de statues équestres pourraient être complétés, s'il y avait lieu, pour leur donner plus de base, par des figures à pied tenant les rênes des chevaux.

Si nous avons parlé de *Concours*, c'est que nous pensons que dans des questions de ce genre, qui intéressent à un si haut degré le sentiment artistique de toute une population, on ne saurait trop faire appel aux hommes de bon conseil.

En thèse générale, nous voudrions que, pour tout ce qui touche à la décoration ou à l'embellissement des villes, on ne fît jamais rien sans consulter l'opinion publique; et pour qu'un concours de ce genre eût toute l'efficacité désirable, il faudrait, indépendamment des récompenses données aux auteurs des meilleurs projets, faire de ces projets, et avant la distribution des prix, une exposition publique avec registre d'inscription comme dans les enquêtes ordinaires.

Il faudrait faire un appel direct aux critiques de la presse et du public et, même après avoir arrêté son choix, faire encore un essai sur place même, et dans les proportions définitives, de modèles en plâtre ou en tôle provisoires qui donneraient également lieu à des observations utiles à enregistrer pour le perfectionnement de l'œuvre.

Paris. — 1er Octobre 1858.

190. Dorure des colonnes rostrales et des becs de gaz
de la place de la Concorde.

On se souvient qu'avant le badigeonnage en bronze antique des colonnes rostrales et des becs de gaz de la place de la Concorde, ces accessoires décoratifs portaient sur leurs arêtes et sur leurs ornements les plus saillants une élégante dorure qui faisait ressortir avec goût toute la finesse de leurs détails.

Pourquoi cette dorure ne serait-elle pas rétablie?

Il semble que le ton bronzé actuel est bien sombre et bien peu riche pour une place qui doit être la plus somptueuse du monde entier.

Paris. — 1er Octobre 1858.

191. Achèvement du Pont de la Concorde.

Depuis longtemps on parle de décorer les grands dés vides qui surmontent les piles du pont de la Concorde, au moyen de groupes en marbre ou de trophées appropriés à l'architecture générale du pont.

S'il nous était permis d'émettre une opinion à cet égard, nous proposerions de les surmonter de statues assises, semblables à celles qui décorent les abords de la Chambre des députés et le pont du Carrousel.

On choisirait dans l'histoire parlementaire ou judiciaire de la France les hommes les plus célèbres, dans le même ordre d'idées que SULLY, MONTESQUIEU, COLBERT, MOLÉ, etc.

Il y aurait alors, entre cette avenue naturelle du palais Bourbon et le palais lui-même, une corrélation naturelle et une harmonie de pensée évidente pour le spectateur.

Il est clair qu'il ne faudrait pas décorer avec des trophées militaires, ou des objets sans signification précise, un pont dédié à la Concorde et placé en face du sanctuaire des Lois.

Paris. — 1er Octobre 1864.

192. Achèvement de la décoration du Ministère
des Affaires Étrangères.

Il existe, au-dessus des fenêtres principales du Ministère des Affaires Étrangères, une série d'ovales en marbre *uni* qui semblent attendre une décoration pour représenter à l'œil une idée quelconque. Ne serait-il pas rationnel d'y graver en or ou en couleurs, les armoiries des principales nations du monde ?

Comme façade, le bâtiment y gagnerait, et comme Ministère des Affaires Étrangères, on en comprendrait bien mieux la signification.

Ce ne serait, du reste, que l'application de cette règle fondamentale de l'architecture, que la décoration d'un édifice doit expliquer, autant que possible, le but auquel il est destiné.

Paris. — 1er Mars 1801.

193. Rectification de la ligne des feux
de la Rue de Rivoli,
et, en général, de toutes les chaussées à pente irrégulière
dans les grandes villes.

Lorsque l'on a établi les candélabres à gaz qui éclairent la grande ligne du Boulevard de Sébastopol, on a eu l'idée ingénieuse de faire varier la hauteur des supports, suivant les mouvements du terrain, de manière que tous les centres des feux suivent une ligne droite, parallèle à la pente moyenne de cette grande chaussée.

Il n'est personne qui n'ait remarqué la beauté du coup d'œil que présente la nuit cette longue file de lumières, et l'on regrette que la même mesure n'ait pas été prise pour les becs de gaz de la rue de Rivoli, où, notamment dans le voisinage de la place Saint-Germain-l'Auxerrois, il y a un relèvement brusque, d'un aspect très-fâcheux.

Il serait à désirer que, pour l'éclairage de toutes les grandes rues qui sont droites en plan, on rectifiât la ligne des feux suivant une ligne aussi régulière que possible en élévation.

Paris. — 1er Novembre 1859.

194. Remplacement des vasques en fonte
de la fontaine Saint-Georges
par deux vasques nouvelles d'un dessin plus riche et plus élégant.

Lorsque l'on compare les belles constructions qui entourent la place Saint-Georges, et qui en font un des points les plus gracieux de Paris, à la lourde et informe fontaine qui en occupe le centre, on se demande comment le goût public n'a pas déjà fait justice depuis longtemps de cette grossière opposition, et comment on peut tolérer, dans un quartier artistique entre tous, ces deux plats informes, à panse rebondie, et ces deux œufs debout, que la mauvaise disposition des profils expose à être constamment salis par les suintements squammeux de l'eau, et par les taches de mousse que l'humidité entretient à leur surface.

Il serait bien facile cependant de trouver, parmi les nombreux modèles de fontaines en fonte à deux vasques qui ont été imaginés dans ces derniers temps, quelque forme plus heureuse, et qui fût mieux en harmonie avec le style général des édifices de la place.

Un type renaissauce, à lignes fines et à proportions plus dégagées, serait sans doute la meilleure solution à adopter.

Évidemment il y a là quelque chose à faire, et les architectes de la ville de Paris ne peuvent pas fermer les yeux plus longtemps sur une disparate qui choque les passants les moins attentifs.

Paris. — 1er Novembre 1858.

195. Création de Fontaines à boire de divers modèles
dans les villes et sur les grandes voies de communication.

En Allemagne, on rencontre très-fréquemment dans les villes, et même le long des routes, et dans les villages les plus modestes, d'élégantes fontaines, dites *fontaines à boire* (*Trinckbrünnen*), qui ont pour but spécial de désaltérer les voyageurs.

Ces petits monuments, généralement en pierre ou en fonte, quelquefois aussi en bois sculpté, sont presque toujours le don de quelque légataire bienfaisant, et portent des sculptures et des inscriptions qui en font souvent des objets historiques d'un grand intérêt.

Des bouches symétriques d'où s'échappe une eau limpide, des gobelets en cuivre étamé, en zinc ou en tôle, sont suspendus aux quatre coins de la construction par des chaînettes en fer, et constituent d'abord une ornementation naturelle de l'ouvrage. Des statuettes, placées sur le sommet de la fontaine ou dans des niches élégamment ciselées, des fleurons, des symboles de toute espèce, des cartouches portant des dates et des dédicaces, complètent l'ordonnance architectonique de l'édifice.

Tantôt c'est une statue de jeune fille accroupie, qui tient une urne d'où l'eau s'échappe en bouillonnant, tantôt un dauphin, ou quelque tête de monstre fantasque qui la jette dans la coupe du promeneur. Des bancs entourent la fontaine, des guirlandes et des arbustes la décorent.

En un mot, il y a là un élément artistique qui n'est pas assez connu en France, en Italie, en Espagne : il semble que les pays germaniques aient la spécialité de ce genre d'établissements, et c'est grand dommage ; car lorsqu'une question d'art peut s'allier à une question d'utilité pratique, d'hygiène générale, il est évident qu'il n'y a pas de pays où il ne soit bon d'en profiter.

Stuttgart. — 1er Juillet 1862.

106. De l'emploi de la végétation dans la décoration
architectonique des fontaines.

Dans plusieurs fontaines de Rome et de Florence, ainsi que dans les constructions analogues de quelques villes du Midi, la végétation se trouve combinée d'une manière très-heureuse avec la sculpture et l'hydraulique pour compléter la décoration générale du monument.

Nous citerons, par exemple, la grande fontaine de la place de Trévi, à Rome, qui est incontestablement la plus belle fontaine du monde. Dans cette construction, qui occupe tout un côté de la place, les rochers artificiels et les groupes de statues qui la composent sont entremêlés avec beaucoup de goût de plantes aquatiques et d'arbustes.

A Marseille, le jet d'eau des allées de Meilhan est également entouré et orné d'arbustes et de fleurs.

Il est évident que la végétation indique de la manière la plus expressive et la plus gracieuse la présence de l'eau, et, en partant de ce principe, fondamental en décoration, que les accessoires d'une œuvre d'art doivent avoir une signification correspondante à celle de l'ensemble, on peut dire que toutes les fontaines devraient être accompagnées et garnies de fleurs et de végétation.

Paris. — 1er Mai 1862.

197. Application du cristal à la composition
des statues et des fontaines.

Une des matières les plus durables et les moins exposées aux variations atmosphériques, le verre, ou le cristal fondu au plomb, n'a pas encore été employé pour la composition des monuments décoratifs des villes, ou, si elle l'a été, c'est dans des conditions tellement rares et exceptionnelles qu'on ne peut pas dire que cette application soit encore entrée dans le domaine public.

Et cependant qui empêcherait de couler en cristal blanc ou coloré soit d'une pièce, soit en plusieurs morceaux habilement agencés, des statues, des bassins, des colonnes, des ornements de toute espèce ? L'action combinée de la lumière et de l'eau pourrait donner lieu, dans les pièces de ce genre, aux effets les plus agréables.

On a fait en verre, dans de petites dimensions et pour des intérieurs seulement, des balustrades, des candélabres, des lustres d'un très-bel effet.

Il n'y a pas de raison pour ne pas reproduire sur une plus grande échelle, sur les places des villes ou dans les points principaux de leurs promenades, ce qui a déjà été tenté avec succès en architecture privée.

Nous appelons l'attention des architectes sur cette face encore nouvelle de la décoration moderne ; l'industrie du verre a fait de tels progrès depuis ces dernières années qu'il serait illogique de n'en pas tirer quelque ressource pour les beaux-arts.

Ce sont ces principes mêmes que nous avons toujours cherché à faire prévaloir, et dans l'application dont nous parlons, plus que dans toute autre. L'union de l'art et de l'industrie pourrait produire les résultats les plus heureux.

Paris. — 1er Novembre 1858.

198. Avantages des constructions et ornements
en cristal dans l'architecture des villes.

Dans le palais de cristal de New-York et dans celui de Sydenham, près de Londres, il existe d'élégantes tourelles en fer et en vitrerie, qui, ornées de balcons, et décorées d'oriflammes, contribuent, pour beaucoup, à l'élégance et à la variété du coup d'œil.

Il est certain qu'il y aurait opportunité à introduire largement le verre, produit indestructible et impénétrable, dans l'architecture des villes modernes.

Indépendamment de son usage comme surfaces vitrées, on peut proposer son application sous forme de statues, de fontaines, de balustrades, de colonnes commémoratives, de faîtages et de couronnements d'édifices.

Des tourelles en fer et en cristal, susceptibles de s'élever, par la résistance du métal, à de grandes hauteurs, seraient notamment un puissant élément de variété à introduire dans la monotonie de la plupart des bâtiments actuels. Leur utilité comme belvédères, sémaphores, châteaux d'eau, etc., justifierait leur exécution dans plus d'une circonstance.

A la campagne, elles pourraient aussi être utilisées comme serres chaudes ou réservoirs d'irrigation, et seraient d'un effet très-gracieux dans les parcs et les jardins.

Paris. — 1er Mars 1859.

199. Horloges décoratives et Numéros ornés
pour les dessus de rideaux et les loges de théâtres.

En Italie, tous les théâtres portent, au-dessus du rideau, une horloge plus ou moins ornée, donnant l'heure aux spectateurs, et permettant aussi à l'administration, à l'orchestre, de régler, sur une base certaine, les heures d'ouverture, de lever de rideau, d'entr'actes, d'entrée en scène, etc.

Quelquefois l'horloge est disposée de telle façon qu'un petit génie, tenant une flèche, indique l'heure sur le cadran qui tourne lui-même,

tandis que la flèche-aiguille reste fixe. C'est une idée ingénieuse qu
dissimule ce que l'indication pure et simple de l'heure par un cadran
peut avoir d'un peu trop cru, dans un lieu de plaisir.

D'autres fois les chiffres sont entourés de guirlandes de fleurs, et
l'aiguille se termine par une étoile, une fleur, un soleil, ou quelque
autre symbole destiné à la dissimuler plus ou moins et à la rendre plus
élégante.

En ce qui concerne les numéros des stalles et loges de balcon, placés
à l'intérieur du théâtre, ils ont aussi leur utilité :

Lorsque, sans montrer du doigt ni du binocle une personne de connaissance, on veut indiquer à son voisin la place qu'elle occupe, ou
qu'un rendez-vous a été pris dans une loge d'un numéro fixé d'avance,
chacun peut immédiatement, sans longues recherches, fixer les yeux
sur le point désigné. Les numéros en question sont d'ailleurs dorés,
ornés de fleurs, faits en chiffres moulés encadrés d'arabesques, de manière à atténuer également l'effet trop arithmétique à l'œil des spectateurs. Ce n'est d'ailleurs qu'une question d'habitude, et il suffit d'avoir
reconnu la commodité réelle de ces deux perfectionnements de la décoration intérieure des théâtres, pour en être partisan, et pour en
recommander l'adoption dans les salles de spectacle des autres pays.

Paris. — 1er Mai 1863.

200. Remplacement des parapets en pierre

des quais et des ponts par des garde-corps en fonte d'ornement.

Dans toutes les villes où la circulation est active, et où la question
d'art et d'aspect doit être prise en considération, on pourrait avantageusement remplacer les lourds parapets en pierre qui garnissent la
plupart des ponts et des quais par d'élégants garde-corps en fonte ou
en fer forgé. Les avantages que l'on en obtiendrait seraient les suivants :

1° *Économie* sur les parapets en pierre, au mètre courant, pour peu
que la pierre soit dure et d'un prix un peu élevé dans la localité.

2° *Augmentation de l'espace libre* sur les quais et les trottoirs des
ponts.

3° *Diminution de la charge permanente* sur les ponts.

4° Économie dans la maçonnerie par la réduction, en largeur, du
volume des piles et des culées. On peut gagner 0^m.80 ou 1 mètre en
additionnant l'espace occupé par deux parapets de 0^m.40 ou 0^m.50. Cela
représente souvent plusieurs milliers de francs de réduction sur le prix
total des maçonneries et du tablier.

5° *Agrément et variété* de l'aspect.

6° *Facilité et rapidité du montage* et du démontage.

Tous ces avantages réunis compensent largement les frais d'entretien, très-réduits d'ailleurs, auxquels peut donner lieu l'emploi du métal.

Une simple couche de peinture, renouvelée tous les huit ou dix ans sur les points les plus exposés, suffira pour le protéger contre les intempéries de l'air, et il en résultera, en outre, chaque fois, l'aspect agréable d'un travail entièrement neuf.

Lagny. — 1er Avril 1860.

XXXI. — PROMENADES ET PLANTATIONS.

201. Création de Promenades publiques
par lots concédés à des particuliers, à charge de plantation et d'entretien.

Dans les villes dont les ressources municipales sont limitées on pourrait créer très-économiquement des promenades publiques, telles que *Squares*, *Jardins*, *Plantations* aux abords des portes de la ville ou des principaux monuments, par le système suivant que nous soumettons à l'examen des ingénieurs de la voirie urbaine :

Les terrains désignés pour être plantés de fleurs ou d'arbustes, seraient divisés par lots, et concédés gratuitement aux particuliers qui en feraient la demande conformément à un cahier des charges résumé en peu de mots.

Chacun pourrait, en dehors de quelques plantations réglementaires, cultiver dans sa propriété les fleurs, arbustes, ou arbres fruitiers qu'il lui plairait d'y faire venir, et les produits de son terrain seraient sa propriété exclusive.

On aurait aussi le droit d'établir, dans chaque lot, des bancs, des kiosques, des chalets en bois découpé, etc., à une certaine distance minimum de la façade.

La seule condition faite par la Ville, serait qu'il ne pourrait être établi aucun mur plein de séparation, mais seulement des clôtures à claire-voie, en fer, ou des haies à hauteur d'appui.

Les concessions seraient d'ailleurs d'une durée limitée, par périodes décennales, ou à perpétuité, mais toujours révocables après un délai d'un an, dans le cas de mauvaise plantation ou de mauvais entretien.

L'entrepreneur ou jardinier ordinaire des promenades municipales pourrait offrir son concours à ceux des particuliers qui n'auraient pas assez de pratique ou de temps pour les travaux d'installation de ce genre.

Le public profiterait ainsi, sans frais pour la municipalité, du bon aspect qu'auraient les divers lots concédés à la propriété privée.

Melun. — 1er Mars 1862.

202. Plantation d'arbres et de fleurs dans les cours
et aux abords des Stations de chemins de fer.

Ce serait une intéressante étude à faire que celle des espèces d'arbres les mieux appropriés, dans chaque pays, à la plantation et à la décoration des abords des stations de chemins de fer. Là, en effet, les beaux arbres ou les arbustes décoratifs auraient une double utilité : 1° ils serviraient d'ombre ou d'abri, en cas de pluie ou de soleil. En second lieu, comme l'affluence du public est toujours plus grande dans ces points que partout ailleurs, en mettant à chaque espèce d'arbres des étiquettes en tôle vernie indiquant leur *nom usuel,* leur *nom scientifique,* leur *provenance* (adresse de l'horticulteur, du pépiniériste ou du propriétaire) avec la *date* de leur plantation, on fournirait au public une collection raisonnée des meilleurs modèles, et l'on pourrait en retirer un profit réel au point de vue du progrès agricole ou industriel.

Nous nous occupons, en ce moment même, de réaliser ce genre de plantations dans quelques stations de la ligne d'Ancône à Bologne (Italie) et des lignes de Lisbonne à Madrid, et de Lisbonne à Porto (Portugal).

Nous publierons, après quelques années d'expériences, les espèces plantées dans chaque localité (avec indication du terrain et de l'exposition), ainsi que les résultats obtenus. Si quelques-uns de nos lecteurs se trouvaient à même de faire des applications du même genre, nous leur serions très-reconnaissants de vouloir bien nous en faire part.

Bologne. — 1ᵉʳ Novembre 1862.

203. Établissement de tables de service en fonte
dans les promenades et jardins publics.

On ne met guère, dans les jardins et promenades publiques qui décorent les villes ou leurs environs, que des bancs et des siéges en bois, en pierre ou en fer, pour le repos des promeneurs.

Il ne serait pas moins agréable cependant d'y trouver aussi des tables, en pierre ou en fonte par exemple, à hauteur d'appui, pour lire, écrire, travailler, prendre un repas, dessiner, peindre, etc.

Ces tables pourraient d'ailleurs, pour l'instruction du public et pour la commodité des services municipaux, porter, gravées dans le métal, quelques indications utiles, telles que la méridienne, la rose des vents, le tracé des cercles horaires, les repères de hauteur de la table au-dessus du niveau de la mer et du plan de comparaison de la ville, la longitude et la latitude de son centre, etc.

Nous appelons, sur cette petite amélioration de détail, l'attention des ingénieurs des promenades et plantations des principales villes.

Jardin des Tuileries. — 1ᵉʳ Novembre 1858.

204. Plantation de deux rangées d'arbres

pour donner de l'ombre aux contre-allées de l'avenue de l'Impératrice.

Les personnes qui ont été à pied, en été, en plein soleil, au bois de Boulogne par l'avenue de l'Impératrice, savent quels sont les inconvénients de l'absence complète d'arbres sur la grande largeur de cette chaussée de promenade.

Les arbres dont il s'agit seraient placés intérieurement de 10 en 10 mètres, et le long des barrières en bois qui séparent la voie principale des deux voies latérales.

L'avenue est assez large pour que cette plantation ne puisse dérober en aucune façon aux promeneurs ni aux voitures elles-mêmes la vue du mont Valérien et la perspective des environs.

D'ailleurs, il suffirait de choisir des arbres d'une nature, d'un espacement et d'une limite de croissance convenables : il en résulterait certainement une amélioration pour les promeneurs et un embellissement pour ce prolongement important des Champs-Élysées.

Paris. — 1er Août 1860.

205. Établissement de quelques passages

à travers la barrière continue qui sépare la chaussée des voitures de celle des piétons.

Par la même occasion, on pourrait faciliter les passages entre les personnes qui vont en voiture et celles qui vont à pied, en rompant, en quelques points seulement, la monotonie de ces longues et lourdes barrières en bois vert, qui emprisonnent les promeneurs d'une manière assez peu agréable.

Si l'on veut mettre pied à terre au milieu de l'avenue, ou passer d'un côté à l'autre, il faut enjamber la barrière, ce qui est très-peu commode et même probablement interdit.

Les barrières elles-mêmes pourraient être taillées sur les arêtes vives, peintes en deux couleurs, ou remplacées plus élégamment par deux lignes de barrières nouvelles en fer et en fonte.

Paris. — 1er Août 1860.

XXXII. — CONSTRUCTIONS RURALES.

206. Les Constructions rurales économiques.

Les constructions rurales sont, de tous les genres de bâtiments que l'on peut être appelé à créer en grand nombre, ceux où il est de la plus stricte nécessité de se conformer fidèlement aux usages locaux et aux types adoptés dans les provinces où l'on se trouve placé, au moins en ce qu'ils ont d'utile et de justifiable, car en agriculture toute innovation peut renfermer une faute. Avant même de se décider à changer quelque disposition qui paraît vicieuse au premier abord, il faut examiner avec soin si elle ne serait pas motivée, faute de mieux, par quelques conditions locales forcées, ou par une longue expérience des circonstances climatériques ou économiques.

Très-souvent certains dictons des campagnes, certains procédés bizarres ou même en apparence superstitieux, ont leur raison d'être dans un principe de science d'astronomie ou de physiologie parfaitement rationnel et justifiable. Les paysans ne le savent pas sans doute, mais le constructeur qui veut leur être utile doit le savoir pour eux.

Nous avons cherché à réunir, pour chaque province agricole, une série de *Types* de fermes, métairies, maisons de paysans de différentes dimensions, etc., et nous croyons que ce doit être là le point de départ de toute bonne *Architecture rurale*.

Ces types ne sauraient d'ailleurs jamais être étudiés avec assez de soins et de détail.

Il est beaucoup de pays où la simple régularisation d'un ordre de choses existant pourrait donner lieu à des progrès de premier ordre, et amener une révolution complète dans l'état moral et matériel des populations.

C'est en vue de ces conséquences désirables, et de l'exécution en commun des principales opérations agricoles que nous avons proposé, dans les *Nouvelles Annales d'Agriculture*, l'organisation des Communautés agricoles en France, et que nous proposons aujourd'hui l'entreprise en grand pour chaque province des constructions rurales économiques.

Paris. — 1er Février 1858.

207. Création de Fermes Impériales
dans les principaux Départements de France.

L'argument le plus concluant en agriculture, c'est l'exemple, l'autorité du fait accompli.

Que de progrès seraient rendus faciles s'il existait dans chaque Département une ou plusieurs fermes modèles, fondées et exploitées sous le patronage de l'État, et où l'on appliquerait, tout en suivant les meilleurs usages du pays, tous les perfectionnements réclamés par la nature du sol et par le climat des localités !

Dans de telles exploitations, tous les terrains humides seraient drainés avec soin, les parties sèches irriguées par de nombreuses rigoles de distribution, le cheptel serait suffisant pour desservir en fumier le nombre total d'hectares qui composent la propriété, les assolements réguliers et variés, les bâtiments et le matériel disposés suivant les exigences d'un travail régulier et continu.

Certes il y aurait là de nombreux enseignements à recueillir pour l'agriculteur qui les visiterait, et les ouvriers même qui seraient employés à la ferme composeraient un personnel d'élite, instruit à la pratique des meilleurs procédés, et qui les répandrait à son tour sur tous les autres points du Département.

Nous émettons donc le vœu que l'on recueille, dans chaque région agricole caractérisée par une culture spéciale, une série d'études détaillées représentant les exploitations les mieux dirigées.

D'après ces bâtiments et ces installations caractéristiques, on étudierait une série de *types de fermes Impériales*, appropriés à chaque genre de culture et à des exploitations de différents degrés d'importance dans un genre déterminé.

Ainsi, pour fixer les idées, il faudrait distinguer les fermes modèles plus spécialement destinées à la culture et à la préparation des céréales, les fermes des pays vinicoles, celles des pays du Midi, où l'on cultive le mûrier et l'olivier, etc. Il est évident aussi que les fermes d'Alsace ou des Flandres n'ont pas la même disposition que celles de Bourgogne ou de Lorraine, et les fermes des environs de Paris diffèrent essentiellement des types courants en Normandie, en Bretagne, en Auvergne, en Sologne, dans le Berry, en Provence ou dans les Landes.

Cette première classification établie, il y aurait ensuite, pour chaque région, 5 ou 6 degrés d'importance, caractérisés par la plus ou moins grande étendue de terrain cultivé. Le nombre total d'hectares doit déterminer, par un rapport à peu près constant dans chaque région agricole, l'étendue cultivée en prairies et celle affectée aux cultures diverses.

D'après le nombre d'hectares de prairies, on peut calculer le nombre de têtes de bétail. Enfin, celui-ci détermine la nature, le nombre et l'étendue des bâtiments de la ferme, la somme nécessaire pour la construire, et le personnel indispensable pour la mettre en activité.

On pourrait donc, par exemple, établir une échelle de ce genre :

Ferme de 1ᵉʳ ordre (en terres moyennes) environ. 200 hect. et plus.
  —   2ᵉ ordre. 100
  —   3ᵉ ordre. 20
  —   4ᵉ ordre 10
  —   5ᵉ ordre. 5
  —   6ᵉ ordre. 1 et au-dessous.

En multipliant le nombre des principales régions agricoles de la France, soit 12, par le nombre des degrés qui paraissent nécessaires, on arriverait à un total de 72 types différents, pouvant répondre à peu près à tous les cas possibles, et donner lieu à un vaste développement d'études et d'applications agricoles.

Nous ne terminerons pas cet aperçu sommaire sans faire remarquer aussi que l'État trouverait, pour l'acquisition et la mise en valeur de ces propriétés spéciales, des facilités et des avantages qu'il ne serait au pouvoir d'aucun particulier d'obtenir.

Déjà il possède, dans presque tous les Départements, de vastes domaines où il n'aurait qu'à choisir pour trouver les emplacements les plus appropriés à une exploitation productive.

De plus, quelle est la commune de France qui ne céderait pas avec empressement à l'État ou à la maison de l'Empereur, un emplacement destiné à l'établissement d'un semblable centre d'activité et de production? Quel particulier pourrait trouver, au même degré que le gouvernement, le crédit, cet élément indispensable de la prospérité agricole?

L'encouragement donné à l'agriculture en général et l'augmentation de la fortune publique, qui en résulterait, ne seraient donc pas le seul résultat de l'établissement d'une série de fermes modèles, suivant les principes indiqués plus haut : il est évident que des fondations de ce genre, placées dans des terrains peu coûteux, disposées avec économie, dans les proportions les plus conformes aux usages locaux, et appuyées de toutes les ressources que donnent la science agricole et le crédit combinés, seraient d'un excellent produit annuel pour l'État, surtout si l'on donnait aux fermiers un intérêt proportionnel aux bénéfices de chaque exploitation.

Camp de Chalons. — 1er Juin 1859.

208. Les habitations ouvrières ou Cottages
pour les cultivateurs mariés.

Une des grandes causes du dépeuplement des campagnes au profit des villes est l'exiguïté et la mauvaise distribution des logements agricoles.

Tant qu'un ouvrier n'est pas marié, il peut encore subvenir tant bien que mal à son logement; au pis aller, il couche dans la grange de la ferme où il est employé, il n'a pas à se préoccuper de faire sa cuisine, de loger ou d'habiller sa femme et ses enfants ; d'ailleurs la force de son tempérament lui permet de subir beaucoup de privations qu'il ne supporterait plus dans un âge plus avancé.

Or le mariage est l'état normal de l'agriculteur, puisque c'est celui où il lui est permis de compter sur le travail de sa femme et de ses enfants, comme ouvriers gratuits, appliqué à l'héritage commun.

C'est aussi à ce moment-là que le logement, d'abord occupé par lui chez des tiers, devient insuffisant. C'est à ce moment que les besoins de sa famille le sollicitent puissamment à se faire une position plus lucrative, et c'est alors qu'il tend à gagner la ville si le travail des champs ne peut plus suffire à payer son terme et à nourrir ses enfants.

Le moyen le plus direct de résoudre cet important problème social, et de retenir dans les champs les hommes valides que le service militaire n'a pas réclamés, c'est évidemment de propager et de réaliser les maisons et logements économiques dans les campagnes, comme nous l'avons si souvent proposé pour les villes.

Nous avons déjà publié en Septembre 1859 et en Avril 1860 divers types français et anglais, pour répondre à cet ordre d'idées. Les types de 1859, composés par nous-même à l'usage de divers propriétaires, sont peut-être plus simples d'aspect, et comme disposition, que les cottages du prince Albert, mais par ce fait même, ils sont aussi plus faciles à construire, et leur prix de revient peut être notablement réduit au-dessous des limites que nous avions d'abord indiquées.

Les prix de revient les plus justes seraient à peu près les suivants :

<pre>
        Type n° 1. . . . .   3,000 fr.
        Type n° 2. . . . .   2.500 fr.
        Type n° 3. . . . .   2,000 fr.
        Type n° 4. . . . .   1,200 fr.
</pre>

Paris. — 1er Octobre 1862.

209. Création d'un type réduit de distillerie

agricole, pour les fermes et métairies.

Les exploitations rurales qui ont pour objet la culture de la betterave, de la pomme de terre, des fruits à noyau, de la vigne, des baies, des arbres à séve, etc., gagneraient beaucoup à se compléter par l'adjonction d'un matériel de distillerie pour produire économiquement les alcools, liqueurs, vinaigres de bois, etc., nécessaires à leur propre usage, ou même destinés au commerce.

Bien des résidus perdus, transformés par la distillation, donneraient lieu à des produits utiles et lucratifs.

Nous publierons dans les *Nouvelles Annales d'Agriculture* un ensemble d'appareils de petite dimension applicable à une ferme ordinaire, et nous nous ferons un plaisir de donner, à ce sujet, aux agriculteurs qui nous en feraient la demande, tous les renseignements qui seront à notre disposition.

Paris. — 1er Mars 1861.

—◦◦⟩◦⟨◦◦—

XXXIII. — MATÉRIEL AGRICOLE PERFECTIONNÉ.

210. Généralisation des machines à battre et à moissonner,

en France, Espagne, Portugal, Italie, Algérie, Hongrie, Russie méridionale, Turquie, Asie Mineure, Brésil, Australie.

La désertion des champs par les hommes les plus robustes et les plus intelligents est devenue un fait assez grave en France et dans presque tous les autres pays du continent, pour que l'on ait à se préoccuper des moyens à employer pour y porter remède, et pour ne pas laisser l'agriculture tomber dans le marasme, et aboutir au renchérissement général des denrées alimentaires.

Là encore, comme dans les travaux de construction, la substitution du travail mécanique au travail humain est la première et la plus efficace solution que l'on puisse adopter.

Sans doute les progrès de *l'Instruction primaire* dans les campagnes, l'institution des *Conférences agricoles*, la fondation des *Concours régionaux* et des *Comices agricoles*, distribuant des primes et des médailles aux plus capables, l'organisation des *Communautés agricoles*, l'application *personnelle* des grands propriétaires aux travaux d'amélioration et de perfectionnement agricole, sont les véritables moyens de préparer pour l'avenir un retour aux travaux d'exploitation rurale; mais en attendant, les conférences agricoles ne fonctionnent que dans un petit nombre de départements; les Communautés agricoles sont encore à organiser.

Avant tout, il faut que les travaux des champs se fassent. D'ailleurs, après que l'agriculture aura réalisé tous les progrès qui ne sont encore qu'en germe, l'emploi et la consommation des machines ne fera qu'augmenter, car on voudra demander à la terre tout ce qu'elle pourra donner, et l'on verra évidemment aussi augmenter la consommation générale et l'exportation.

Rappelons, en attendant, les résultats remarquables obtenus par l'emploi des machines à battre et à moissonner dans toutes les circonstances où elles ont été employées :

1° Une machine à battre de M. Pinet, employée dans la ferme de Vachery (Janvier 1857), par M. Lescure, membre de la Société d'agriculture de la Lozère, a produit 3 hectolitres de froment à 1 heure. La dépense par hectolitre (avec 7 hommes à 1f.50 la journée et 3 femmes à 1 fr.) a été de 0f.70 par hectolitre. Or, le battage au fléau coûte ordinairement 1 fr. par hectolitre. C'est donc une économie de 0f.30 par hectolitre, soit 30 p. 100.

2° M. Delanney, propriétaire à Compigny, près Pont-Audemer (Eure), a employé une batteuse Pinet avec 2 hommes pour la conduire, et a battu 800 gerbes, donnant 60 hectolitres par jour, à raison de 30 fr. pour dépense totale par jour, soit 0'.50 par hectolitre, en marchant à la force de 3 chevaux.

3° Avec une force de 4 chevaux, la même machine a battu 80 hectolitres par jour.

4° Avec une force de 5 chevaux, on a battu 1,500 gerbes, et produit près de 100 hectolitres de blé par jour, à raison de 0'.80 par hectolitre.

Le battage au fléau eût coûté, dans le même pays, environ 1'.50 par hectolitre. Économie, 0'.70 par hectolitre, soit 70 fr. pour 100 hectolitres en une seule journée.

5° M. Cueva, agriculteur à Vincennes, établit, par des expériences suivies, que le prix du battage au fléau étant de 1'.50 par hectolitre, avec perte de 2'.50 de grains par hectolitre, le battage à la mécanique ne revient qu'à 0'.50 sans perte de grains, et avec bénéfice net de 1 fr.

6° Aux expériences de Trappes (*Concours universel d'agriculture de* 1856), une machine à moissonner de W. Dray a mis 43 minutes pour moissonner 21 ares 45 centiares. Elle a marché avec une très-grande régularité.

7° Une machine Mac-Cornick, de M. Bella, a coupé 22 ares 23 centiares en 28 minutes : des faucheurs n'auraient pas mieux rasé le sol.

8° Une autre moissonneuse Mac-Cornick, de M. Laurent, a coupé 20 ares en 27 minutes, et avec le même succès de précision et de netteté que la précédente.

On voit, par ces exemples, les avantages que peut procurer l'emploi des machines en agriculture : l'expérience prouvera un jour que, dans des pays nouveaux, comme certaines régions de la France, l'Algérie tout entière, la Hongrie, la Russie méridionale, la Turquie et l'Asie Mineure, où les bras manquent souvent totalement, et où cependant la terre est triplement féconde, les machines à battre et les machines à moissonner sont appelées à produire des résultats de premier ordre.

Paris. — 1er Mars 1858.

311. Application de charrues à vapeur aux terrains homogènes,

en France, Espagne, Portugal, Italie, Algérie, Hongrie, Russie méridionale, Turquie, Asie Mineure, Brésil, Australie.

Nous venons de parler des avantages importants réalisés par la substitution des machines à battre et à moissonner aux mains-d'œuvre coûteuses du battage au fléau et du fauchage à bras d'hommes.

Sans partager les idées trop exclusives de certains agronomes, qui oublient que le travail mécanique n'est réellement avantageux que quand il s'applique à de *grandes quantités* de travail, d'une manière *régulière* et *continue*, nous ne cesserons d'insister sur la possibilité d'employer avec économie la force de la vapeur à vaincre toutes les résistances *homogènes* ou *périodiques* de l'agriculture comme de la construction.

Pourquoi, dans un certain nombre de nos terrains français, le labourage à la vapeur n'a-t-il pas réussi?

Cela a été dû à deux causes principales :

1° Au point de vue économique, parce qu'en France le morcellement de la propriété est un obstacle souvent insurmontable (au moins quant à présent) au développement des grandes opérations agricoles;

2° Au point de vue matériel et technique, parce que les terrains auxquels on appliquait les machines étaient trop rocheux, ou d'une adhérence argileuse tout à fait exceptionnelle.

Mais le groupement de petits propriétaires en *Communautés agricoles* permettra, dans un temps peu éloigné, de cultiver de grandes étendues de terre à la machine, par voie d'entreprise.

D'un autre côté les ingénieurs, éclairés par l'expérience, choisiront de préférence, pour l'application des procédés perfectionnés, les terrains où ces procédés pourront donner de bons résultats.

C'est dans les grandes plaines d'alluvion de la France, en Algérie, et dans tous les pays encore en friche cités plus haut, qu'il faut appliquer d'abord l'agriculture à la machine.

Pesth (Hongrie). — 1er Avril 1858.

212. Création de dépôts de matériel perfectionné
dans les principaux Chefs-lieux d'arrondissement.

Ce qui empêche la plupart des propriétaires d'acquérir des machines à battre, des machines à moissonner, des manéges, des semoirs, des coupe-racines, des charrues perfectionnées , etc., c'est tout à la fois le manque des capitaux nécessaires et l'exiguïté des surfaces de terrains auxquelles ces moyens rapides s'appliqueraient avantageusement.

En un mot, les machines sont souvent trop chères pour la petite quantité de travail qui est à produire.

Et cependant le manque de bras, dont on se plaint dans beaucoup de pays, appelle plus vivement que jamais le concours des machines en agriculture.

Il est incontestable que l'application de moyens plus expéditifs constituerait une économie de main-d'œuvre considérable, et que, partout où les appareils perfectionnés ont fonctionné en *régime normal*, ils ont donné d'excellents résultats.

La solution de la difficulté serait donc l'établissement, dans tous les Chefs-lieux d'Arrondissement, et même dans les Mairies des principales communes, de dépôts de *Matériel agricole en location* qui pourrait ainsi servir à un plus grand nombre de propriétaires, tout en n'occasionnant à chacun d'eux qu'une dépense proportionnelle au service rendu.

Si certains appareils, tels par exemple que les machines à moissonner, étaient réclamés par plusieurs propriétaires en même temps, on procéderait par ordre d'inscription, et, grâce à la rapidité triple, quadruple et décuple des procédés mécaniques, on n'en viendrait pas moins à bout d'expédier la totalité du travail dans le même délai qui serait exigé par la main-d'œuvre ordinaire. Il ne serait même pas indispensable que l'État ou la Commune intervinssent toujours dans la question : il suffirait que les cultivateurs les plus aisés de chaque localité fissent l'acquisition des objets dont il s'agit, et les prêtassent ensuite, moyennant une juste indemnité, aux autres habitants qui en auraient besoin.

Paris. — 1er Février 1859.

213. Généralisation des manéges mobiles
pour diverses mains-d'œuvre de l'Agriculture et de la Construction.

Un grand nombre de travaux agricoles ou industriels qui se font encore aujourd'hui à bras d'hommes pourraient être effectués avec bien plus de rapidité et d'économie, si l'on y appliquait la force des chevaux.

Il suffirait pour cela d'un manége simple, d'un rendement utile constaté, d'un transport peu coûteux et d'une facile installation.

Les manéges à colonne, dont nous avons publié un modèle dans le *Portefeuille* de Février 1856, pourraient aisément remplir les conditions précitées.

Déjà ils sont appliqués avec succès dans un grand nombre de localités pour battre le blé en grange, pour hacher la paille, couper les racines, concasser les graines, les vanner et les tamiser, élever de l'eau, battre le beurre, etc.

On peut aussi les employer à faire mouvoir des scieries circulaires à volant pour le débit rapide des bois de chauffage et de construction, pour le malaxage des mortiers et des ciments, pour l'élévation des matériaux, pour la fabrication des briques, des tuyaux de drainage, des carreaux de terre, etc.

Tous ces usages sont autant de remèdes à la pénurie et à la cherté des bras dans certains pays ; autant de moyens de rendre plus économiques les produits agricoles.

Paris. — 1er Juillet 1859.

214. Introduction des charrues en fer,
des machines à moissonner et des machines à battre dans le Portugal.

Nous croyons devoir indiquer à ceux de nos lecteurs qui s'occupent de construction de matériel, de vente de machines et de progrès agricole, un vaste champ d'applications, qui est encore, en quelque sorte, inconnu à l'industrie française.

La supériorité ou, tout au moins, l'égalité reconnue de nos produits, pourrait donner lieu, en Portugal, à de nombreuses affaires, et réaliser des améliorations bien désirables.

Nous avons parcouru, récemment, les principales provinces du Royaume, et partout nous avons été frappé de l'état de négligence et d'infériorité absolue où s'y trouve l'agriculture.

Le pays est riche cependant. Quelques-unes de ses parties pourraient, avec une bonne culture, quintupler de valeur.

Mais les *majorats* et la *grande propriété* sont le cas général. Une loi va permettre, dit-on, l'abolition des majorats. De ce fait naîtra, sans doute, pour le Portugal, un remaniement complet dans les conditions de la propriété rurale.

Plus d'un terrain, aujourd'hui inculte parce que les hypothèques et les pertes de capitaux ont condamné leur propriétaire à l'inaction, seront revendus en détail et fructifieront entre des mains plus actives et plus intéressées à les faire valoir.

En résumé, là comme dans beaucoup d'autres pays de l'Europe, l'agriculture n'est pas ce qu'elle devrait être, ce qu'elle pourrait être, et c'est pour nous une raison de plus de persévérer dans notre œuvre de propositions et d'incitations répétées, pour faire connaître, provoquer et réaliser, si faire se peut, tous les progrès qui restent encore à réaliser dans cette branche capitale de l'activité humaine.

Lisbonne. — 1er Avril 1861.

215. Adoption de machines à double hélice
et à mouvement continu pour la fabrication des tuyaux de drainage.

On sait que le principal inconvénient des machines à faire les tuyaux de drainage consiste dans l'intermittence de leur mouvement, et dans la nécessité de remplir à nouveau la machine avec de la terre grasse, chaque fois qu'un coup de piston est donné et qu'une filière de tuyaux est sortie.

Les machines primitives, à un seul cylindre, ont fait place, presque partout, aux machines à double cylindre et à mouvement alternatif, dans lesquelles on remplit l'un des cylindres pendant que l'autre se vide.

Mais ces machines même ont encore le grand inconvénient d'exiger une main-d'œuvre pénible pour tasser et serrer la terre, à chaque fois que l'on remplit l'appareil, afin d'éviter dans la masse l'interposition de l'air qui marbre les tuyaux de crevasses et les rend inégaux et cassants à la cuisson.

On a donc cherché à résoudre la difficulté par l'adoption d'une machine à hélice et à mouvement continu, exécutée d'abord en Angleterre, puis perfectionnée et vulgarisée en France par M. BRETON, constructeur-mécanicien à Tours. Mais dans cet appareil la terre fuit souvent corps avec l'hélice et tourne avec elle sans descendre.

Au contraire, dans la machine que nous proposons, les deux hélices se partageraient l'effort sur la terre, qui ne peut plus faire masse avec l'une ou l'autre, parce qu'elles engrènent constamment ensemble.

L'avantage qui en résulte sera une plus grande rapidité, une plus grande continuité et une plus grande économie dans la fabrication.

Nous n'avons pas pris de brevet pour cette disposition. Chaque constructeur pourra donc l'appliquer librement.

Tours. — 1er Juin 1861.

XXXIV. — DRAINAGE ET IRRIGATIONS.

216. Achèvement du réseau des canaux d'irrigation
en *France*.

L'action fertilisante des eaux est si généralement reconnue, qu'elle n'a plus besoin d'être démontrée, et cependant on est frappé de voir encore tant de Départements de notre pays, tant de points spéciaux dans les provinces les plus éclairées, où l'on néglige d'utiliser, à ce point de vue, les ressources que la nature a mises à la disposition des propriétaires et des communes.

Citons des exemples :

Saône-et-Loire. — Dans le Département de Saône-et-Loire, sur 130,000 à 140,000 hectares de prairies naturelles que renferme ce Département, il n'y a pas les deux cinquièmes qui participent aux bienfaits de l'arrosage.

Il reste donc 80,000 hectares environ, dont un bon système d'aménagement des eaux doublerait au moins le revenu.

Gard. — Depuis longtemps il existe un projet de canal d'irrigation sur la rive droite du Rhône, depuis Beaucaire jusqu'à la mer, un autre projet pour améliorer le régime du Gardon, un troisième pour l'irrigation du Delta du Rhône. Il serait temps de les mettre à exécution.

Var. — M. Bosc, géomètre en chef du cadastre, à Draguignan, a dressé une statistique complète où il a décrit : 1° Les principales vallées du département, en indiquant, pour chaque cours d'eau, le volume à l'étiage, le volume en hautes eaux et la pente avec les usages agricoles ou industriels déjà existants, et les moyens d'utiliser les eaux restant disponibles, pour des irrigations nouvelles.

2° La *plus-value* à obtenir, par l'arrosage, sur les divers points du

Département, et qui donnerait un chiffre de 169 fr. par hectare de terres arrosées, le *revenu* moyen des terres sèches étant de 33'.50 et celui des terres arrosées de 202'.50 (202'.50).

Vaucluse. — Des projets existent pour l'exécution ou l'achèvement des canaux du Cadenet, de Mérindol, de Pierrelatte, de Lisle. Il est très-désirable que l'on termine promptement ces travaux.

Pyrénées-Orientales. — Plusieurs fois déjà nous avons signalé les grands avantages que la belle province du Roussillon retirerait de la diffusion des eaux d'arrosage sur tous les points où des réservoirs naturels pourraient être créés : la moitié, le tiers à peine des surfaces irrigables sont effectivement arrosées. Et cependant des plus-values extraordinaires seraient obtenues dans ces terrains, échauffés par le soleil, et qui ne demandent que de l'eau pour développer avec abondance tous leurs germes de fertilité.

Haute-Garonne. — L'initiative prise par M. MAITROT DE VARENNE, actuellement ingénieur en chef du département du Finistère, a doté la Haute-Garonne d'un projet de réseau qui demanderait à être exécuté dans son ensemble pour produire tous les résultats qu'il comporte. Déjà plusieurs parties en sont commencées. Nous en avons rendu compte dans les *Nouvelles Annales d'Agriculture*. Il faut espérer que le tout sera bientôt un fait accompli, grâce aux crédits nouveaux alloués spécialement pour les améliorations agricoles.

Hautes-Alpes. — Il s'agit d'exécuter ou de terminer les travaux suivants :

1° Dérivation du torrent de Buech, pour arroser Bersac, Serres et Montrond ;

2° Dérivation de la Savernesse (rive droite) ;

3° Dérivation de la Durance près Tallard, pour arroser l'amont de Sisteron ;

4° Canal de Gap.

Basses-Alpes. — Dans ce Département, les endiguements et irrigations demandent à être combinés, pour exécuter une dérivation de la Durance à Saulac, et le canal de l'Aragne, dérivé de Bucet.

Cantal. — Les vastes pâturages de ce Département sont, pour la plupart, complétement dépourvus d'irrigations. Il s'agirait de dériver les principaux torrents sur les pentes moyennes des vallées. Un projet d'ensemble est encore à faire. Du moins nous ne pensons pas qu'il existe, et cependant les irrigations seraient un point capital dans un Département dont l'élève des bestiaux et la vente de leurs produits sont la principale, sinon l'unique ressource.

Charente-Inférieure. — Enfin, dans la Charente-Inférieure, les desséchements importants qui y ont été pratiqués semblent avoir fait perdre de vue la nécessité des irrigations qui en sont cependant le complément indispensable.

Dans ce Département, les couches supérieures du sol sont limoneuses et tourbeuses. Elles se dessèchent très-rapidement aux vents violents du printemps. En n'étendant les irrigations que sur 500 mètres de distance à droite et à gauche de chaque cours d'eau (développement total 350 kilomètres), on arroserait une surface d'au moins 30,000 hectares, et l'on donnerait au sol une plus-value d'au moins 1,000 fr. par hectare, soit 30 millions pour l'ensemble du Département.

Terminons en disant qu'aux Départements qui précèdent on pourrait en ajouter bien d'autres qui réclament chaque année des améliorations analogues.

En résumé, il ne devrait pas se rendre à la mer un seul litre d'eau qui n'ait rendu, sur la surface du pays, son *maximum* d'effet utile au point de vue agricole et industriel.

. Marseille. — 1er Avril 1860.

217. Entreprise générale des Irrigations,
en *Espagne*, en *Portugal* et en *Italie*.

Lorsque, sous l'empire des Kalifes de Cordoue, l'Espagne était sillonnée d'innombrables canaux d'irrigation, et quand du temps des Romains, des aqueducs immenses amenaient partout les eaux dans les campagnes de l'Italie méridionale, on n'aurait pas supposé sans doute qu'à l'époque moderne, sous le régime de la civilisation la plus avancée, ces mêmes pays seraient transformés en steppes arides, et plus arriérés en agriculture que tout le reste de l'Europe.

C'est cependant la réalité.

Aussi, la première pensée qui vient à l'esprit du voyageur qui traverse ces régions, sous un soleil ardent, et sans trouver ombre de végétation pendant des journées entières, c'est de reconstituer et de perfectionner, avec les ressources de l'art moderne, l'état de choses qui avait développé à un si haut degré, dans les temps anciens, la prospérité agricole de ces contrées : les irrigations sont naturellement la première œuvre à entreprendre à ce point de vue.

Sans enfouir, de prime abord, des capitaux trop considérables dans des zones éloignées, il suffirait de commencer par rechercher les points qui seraient, topographiquement, les mieux disposés pour être l'objet des améliorations projetées : les bords de l'Èbre, du Tage, du Douro, de la Guadiana, du Guadalquivir en Espagne et en Portugal; les rives des nombreux cours d'eau qui descendent des deux versants de l'Apennin en Italie, seraient les premières surfaces à explorer.

Il faudrait choisir, outre cette condition essentielle du voisinage d'un cours d'eau, les deux autres avantages suivants :

1° Être à proximité d'une grande ville, ou d'une Station de chemin de fer, pour faciliter les travaux, la main-d'œuvre et l'exportation des produits agricoles;

2° Être à *l'aval d'un rapide*, c'est-à-dire d'un point où le profil en long du fleuve présente une inclinaison brusque, permettant de couvrir facilement, par une dérivation faite à l'amont, une grande surface de terrains inférieurs.

Pour donner suite à cette idée, nous chercherons à constituer, pour les trois pays dont il s'agit, une *Compagnie générale d'entreprise d'Irrigations économiques*. Nous avons déjà pu réunir les principaux éléments financiers dont le concours serait nécessaire pour commencer les travaux sur les premiers points désignés.

Mais il est évident que l'examen préalable des travaux à améliorer ne saurait jamais être fait avec trop de soin, pour ne pas risquer de compromettre, par quelques entreprises peu fructueuses, l'avenir de cette industrie.

Paris. — 1er Août 1863.

218. Encouragement des irrigations en Algérie.

Sous le ciel d'Afrique, l'irrigation est le plus puissant et le plus indispensable agent de la production agricole.

Retenir les eaux par des barrages, les extraire par des puits artésiens, les accumuler au moyen de tranchées imperméables dans le sous-sol des plaines, puis les diriger, les répandre avec intelligence, c'est décupler la fertilité des terres, c'est en conquérir de nouvelles.

Mais les forces de l'industrie privée ne suffisent pas toujours pour obtenir ces résultats. L'État, de son côté, ne pourrait les réaliser entièrement qu'au moyen de sacrifices trop considérables.

C'est donc par la voie mixte des *concessions libres* des terrains à défricher ou à arroser, par des *exemptions d'impôts*, par des *primes proportionnelles*, par des *subventions* accordées aux compagnies qui en entreprendraient la mise en valeur, et enfin par certains *travaux d'utilité générale* faits au compte de l'État, qu'il serait possible, tout en ménageant les intérêts du Trésor, d'obtenir des résultats de premier ordre.

Alger. — 1er Juin 1860.

219. Curage périodique des cours d'eau
non navigables.

Au triple point de vue de l'amélioration du régime des eaux, de l'hygiène publique et de l'emploi des résidus provenant du curage, on ne saurait trop insister sur la nécessité de réglementer, dans tous les Départements, le curage des petits cours d'eau.

Déjà, dans plusieurs régions agricoles, les Ingénieurs en chef, de concert avec les Agents-voyers, ont formellement imposé aux propriétaires le curage annuel, bisannuel ou décennal des ruisseaux et des rivières secondaires.

Le faucardage ou arrachage des herbes aquatiques doit aussi, dans ce dernier cas, être compris au nombre des mesures prescrites.

Ces travaux d'entretien régulier sont d'ailleurs autant à l'avantage des propriétaires qu'à celui du service public. Les produits du curage ou du faucardage peuvent très-bien être employés comme engrais, soit isolés, soit combinés avec d'autres agents plus ammoniacaux ou plus actifs.

D'un autre côté, le libre écoulement des eaux est un bien pour les terres humides, autant que leur libre arrivée est une ressource pour l'arrosage des terres sèches. Le curage, qui les empêche de croupir et de répandre des émanations insalubres, est une mesure complémentaire indispensable, pour leur meilleur aménagement à la surface du territoire et dans les diverses propriétés.

Saint-Dié (Vosges). — 1er Mai 1860.

220. Contre-fossés latéraux d'assainissement
à l'amont des barrages.

Tout le monde connaît les graves inconvénients qui résultent, en agriculture, du relèvement des eaux par les usines au moyen de barrages à déversoirs.

Les terres voisines sont inondées par infiltration : des prairies fécondes sont transformées en marécages : des champs fertiles sont délavés, et les sucs des engrais enlevés par les eaux souterraines. Là où les effets sont les moins marqués, on voit encore des ajoncs, des prêles, des roseaux, des orchidées et diverses autres plantes paludéennes naître au milieu des récoltes, et le produit de la récolte elle-même diminuer par suite des effets pernicieux de l'humidité.

On remédierait à tous ces inconvénients de la manière la plus simple et la plus radicale en creusant, à droite et à gauche des cours d'eau surhaussés, et à l'amont des terres que l'on voudra protéger, des contre-fossés latéraux dont la profondeur atteindrait le niveau ancien des eaux et accompagnerait la rivière jusqu'au point où naît le remou produit par le barrage.

On planterait les digues elles-mêmes ou leurs talus de saules, de peupliers et autres végétaux aimant les eaux souterraines. Les terres enlevées des fossés d'assainissement serviraient d'ailleurs aussi d'endiguement aux cours d'eau.

Montereau. — 1er Juillet 1860.

221. Assainissement des chambres d'emprunt
des chemins de fer
par la plantation d'oseraies et par le creusement de fossés de décharge parallèles et continus.

Tous les chemins de fer établis en pays plat, à une hauteur supérieure au niveau des inondations des fleuves voisins, sont longés, à droite et à gauche, par des excavations ou chambres d'emprunt plus ou moins irrégulières, d'où l'on a tiré les terres nécessaires aux remblais.

En été, ces chambres d'emprunt deviennent le déversoir naturel des eaux de pluie ou des eaux souterraines, et il s'en exhale des miasmes nuisibles, en même temps qu'elles sont d'un aspect très-peu agréable pour les voyageurs.

Il serait utile de creuser, dans l'axe des chambres d'emprunt dont il s'agit, des fossés de décharge parallèles à l'axe du chemin de fer, qui mettraient toutes les chambres d'emprunt en communication entre elles, et avec le point le plus bas de la plaine traversée, ravin, thalweg ou cours d'eau.

En même temps on planterait sur les bords, et ensuite dans le fond *des chambres d'emprunt, des brindilles d'osier qui ne tarderaient pas à s'y développer, et à achever d'assainir et de combler les espaces plantés, par l'effet naturel de la végétation.*

On sait, en effet, que les arbres absorbent les émanations nuisibles, et surtout carboniques, pour n'en rendre que l'oxygène, et que, d'autre part, ils arrêtent la poussière, les feuilles sèches, etc., et en provoquent le dépôt à leurs pieds par le seul effet du ralentissement du vent.

On obtiendrait ainsi le double résultat d'assainir les chambres d'emprunt elles-mêmes, et de créer des canaux collecteurs ou draineurs pour toutes les eaux excédantes des terrains avoisinants.

Déjà le chemin de fer de Lyon est entré dans cette voie aux environs de Paris, et en a obtenu les meilleurs résultats.

Dans les pays très-bas, comme la Hongrie, la Hollande, la Russie méridionale et centrale, ce serait un véritable bienfait pour des milliers d'hectares improductifs, avoisinant les chemins de fer.

Pesth. — 1er Septembre 1859.

222. Utilisation agricole des chambres d'Emprunt
des chemins de fer, par leur division en bandes transversales saillantes.

Si, au lieu d'assainir seulement les chambres d'emprunt, on voulait les mettre en culture, cela pourrait se faire aussi dans les terrains qui en vaudraient la peine. On relèverait les fonds par des sillons larges de 2 ou 3 mètres, alternés avec des espaces d'eau de la même largeur : on planterait, sur les terres-pleins, des cultures maraîchères telles qu'artichauts, salades, haricots de marais, choux de Milan, et autres plantes qui demandent à la fois du soleil et de l'humidité. Les excavations dont il s'agit, surtout celles exposées au midi, seraient très-favorables à ce genre de cultures spéciales.

Si le terrain extrait des fonds ne renfermait pas assez de terre végétale, il serait encore possible d'améliorer la surface des billons par des emprunts aux terres labourables du voisinage ou par des dévasements périodiques.

Châlons. — 1er Août 1862.

223. Dessèchement des terrains marécageux
avant l'installation des villages.

Une des causes les plus fréquentes des maladies et des fièvres qui déciment certains centres de population nouvellement établis, par exemple dans les plaines de l'Algérie, c'est la permanence des marécages qui avoisinent les points dont il s'agit.

En faisant précéder tout établissement de colonie par un dessèchement général des terrains avoisinants, et en ne les autorisant même que dans ces conditions, on remédierait à bien des mortalités déplorables, et l'on réaliserait en même temps un acte d'humanité et une entreprise agricole avantageuse.

Alger. — 1er Mars 1860.

224. Assainissement de la Camargue,
Département des Bouches-du-Rhône.

Dans les Départements du Midi, où le ciel est avare de ses eaux pendant une grande partie de l'année, on a dû chercher de bonne heure à tirer parti des eaux courantes : aussi, dans les Bouches-du-Rhône, où se trouvent beaucoup de riches propriétaires, chaque source, chaque rivière a donné lieu à un réseau d'irrigation. Encouragé par les résultats déjà obtenus, le Conseil général de ce Département, depuis plusieurs années, sollicite de l'État la reprise des études du projet d'*Assainissement de la Camargue*. Il a fait remarquer que la richesse de ce vaste territoire serait accrue, dans une proportion notable, du moment qu'on l'aurait assaini.

En 1847, il a développé les grands avantages qui résulteraient de cette entreprise. Il a surtout fait observer que l'irrigation est devenue plus pressante que jamais depuis l'introduction de la culture du riz.

Cette plante présente le précieux avantage de pouvoir prospérer dans les terrains salés, jusqu'ici improductifs. On comprend dès lors l'intérêt qu'offre sa culture dans les pays maritimes.

Depuis, le Conseil général a émis le vœu que l'établissement des machines à vapeur reconnues nécessaires pour l'assainissement obtienne des secours de l'État.

Enfin, en 1850, le préfet des Bouches-du-Rhône a organisé une commission composée de propriétaires, d'administrateurs et d'ingénieurs, afin d'étudier la question de l'*Amélioration agricole de la Camargue*.

Par les nombreux efforts tentés dans ce but, on voit combien se fait vivement sentir le besoin d'un *système d'irrigation* pour *l'assainissement de la Camargue*. Et nous en avons assez d'exemples en France ; lorsque l'on est bien convaincu d'un besoin, on trouve toujours les moyens d'y satisfaire ; espérons dès lors que nous verrons bientôt rendues à la culture les riches plaines du *Delta* de la Provence. Ce sera une précieuse conquête pour l'agriculture générale.

Marseille. — 1er Mai 1859.

225. Desséchement des marais de la Corse.

Quand on examine la situation de la Corse, on est frappé de ce fait que, quoique abondamment pourvue de richesses naturelles, elle est toujours restée pauvre et presque sans culture. En effet, cette île renferme plusieurs marais, dont les exhalaisons délétères compromettent gravement la salubrité des environs. Aussi, pour la Corse, la question du desséchement des marais est une question capitale.

Porto-Vecchio possède un beau port, à peu de distance de Civita-Vecchia, à deux pas de la Sardaigne, entouré de magnifiques forêts : Malgré ces avantages, pendant l'été, la contrée reste déserte, et, par suite, la misère et les plus tristes infirmités deviennent le partage de la majorité des habitants.

Pour remédier à ce triste état de choses, le Conseil général a plusieurs fois appelé l'attention du gouvernement sur la question du desséchement des marais qui avoisinent les villes de Bastia, Calvi, Porto-Vecchio, Saint-Florent, Santa-Giulia et autres.

Si ce territoire était assaini par le desséchement des marais, la population active ne serait plus obligée de quitter le littoral ; elle créerait des établissements durables qui auraient toutes les chances de succès. L'agriculture, les carrières, les mines, trouveraient un écoulement plus facile pour leurs produits au moyen de ports améliorés rendus plus habitables et où, dès lors, le commerce et l'industrie viendraient se fixer, également séduits par la beauté du climat, la salubrité des environs et les bénéfices de l'exploitation d'un pays presque neuf.

Il serait temps d'agir : l'intérêt du pays le lui commande énergiquement, et tout son avenir se trouve engagé dans cette question.

Marseille. — 1er Juillet 1859.

226. Assainissement des Maremmes de Toscane.
Création de 400 Poderi dans la Colmate de Castiglione et dans les montagnes de Melete.

La colmate de Castiglione est située sur le bord de la mer, dont elle est séparée par une dune protectrice de 1 à 3 kilomètres de largeur.

Elle s'étend des portes de Grosetto, chef-lieu de la province des

Maremmes, au port de Castiglione della Pescaja, où débouchent une partie des eaux qui la sillonnent.

L'étendue des terrains dépendant de la colmate est d'environ 9,000 hectares, dont 6,000 appartiennent au gouvernement.

Ce fut sous le règne du Grand-Duc Léopold 1ᵉʳ que furent commencés les remarquables travaux de colmatage de ce territoire.

Ils avaient pour but de dessécher les marais, ou plutôt de les faire disparaître, en les comblant par des atterrissements convenablement dirigés, de la Bruna et surtout de l'Ombrone dont les eaux sont chargées, lors des crues, d'un abondant et fertile limon.

Par suite de ces travaux, le sol est actuellement, sur presque toute l'étendue de la colmate, élevé de plusieurs mètres au-dessus du niveau de la mer, et présente sur certains points des épaisseurs d'alluvion de 4, 8 et jusqu'à 10 mètres.

Tel est le territoire qu'il s'agit de livrer à l'agriculture, territoire aujourd'hui couvert, en grande partie, de roseaux gigantesques, et même, sur quelques points, de broussailles impénétrables.

Les travaux qui restent à *exécuter* pour la mise en valeur de la colmate de Castiglione sont de deux sortes :

1° Les travaux d'ensemble, pour la mise en valeur, la salubrité et l'assainissement de ce territoire ;

2° Les établissements agricoles, constructions et exploitations rurales, destinés à recueillir les fruits des travaux une fois terminés.

C'est surtout de ces derniers qu'il faudrait s'occuper dès à présent pour achever l'assainissement des parties déjà mises à l'abri des eaux.

a. — Entourer de plantations d'arbres et de bocages régulièrement groupés, les points les plus salubres, destinés à devenir des fermes ou des centres de population.

b. — Établir toutes ces fermes ou *poderi* suivant des alignements qui rendraient plus facile l'exploitation générale du terrain.

c. — Les construire conformément à une série de *types* semblables de différentes grandeurs pour faciliter leur construction économique et leur aménagement intérieur.

d. — N'y installer que des habitants choisis des pays circonvoisins, déjà familiarisés avec les circonstances climatériques ordinaires du territoire à améliorer.

e. — Leur faciliter les premières années de séjour par des exemptions d'impôts et de redevances de toute espèce, et même, au besoin, par des avances remboursables par annuités et des subventions pures et simples.

Telle serait la marche à suivre pour tirer parti d'une région évidemment destinée à un grand développement agricole, et pour réaliser, dès à présent, une partie des espérances que fait concevoir l'avenir.

Paris. — 1ᵉʳ Juillet 1858.

227. Création de Canaux d'irrigation
dans le Département de la Meurthe.

L'art des irrigations est peu pratiqué dans la Meurthe. Cependant beaucoup de terrains paraissent susceptibles d'en profiter avec avantage, et, aujourd'hui, ce n'est pas une question d'un médiocre intérêt que d'augmenter la surface du terrain irrigable en France. Aussi le Conseil général du Département dont il s'agit signalait récemment avec insistance qu'il existait beaucoup de marais et prés marécageux qui pouvaient être desséchés et assainis à peu de frais, ainsi que le prouvent quelques entreprises de cette nature exécutées avec succès.

Une autre cause d'amélioration pour l'agriculture de la Meurthe, c'est que la Seille et plusieurs autres cours d'eau peuvent, au moyen de barrages, inonder et colmater une partie des terrains voisins par des dépôts limoneux.

On voit donc que, dans ce pays, il serait très-utile d'opérer les améliorations d'hydraulique agricole, et au bout de peu de temps, au moyen de frais bientôt couverts, il verrait sa richesse agricole considérablement augmentée.

Paris. — 1er Avril 1859.

228. Les Irrigations du Roussillon.

Projet de barrage de la Tet (Pyrénées-Orientales).

Tout le monde sait que la belle plaine du Roussillon, traversée vers son centre par la Tet, est une des terres les plus fécondes de l'Empire, et que, depuis que le chemin de fer du Midi y pénètre, elle tend de jour en jour à se transformer en un immense jardin. Or, comme le grenadier et l'aloès poussent partout en pleine terre, on peut dire que cette partie du territoire qu'on pourrait appeler l'Espagne française, donne tous les produits de l'horticulture péninsulaire. Déjà en 1856, alors que les voies ferrées ne touchaient pas encore au département des Pyrénées-Orientales, on estimait à 2,887,000 fr. le produit annuel des potagers du seul territoire de Perpignan. La mer emportait en Angleterre et en Russie la masse de ces productions. Aujourd'hui elles ont Paris et tout le nord de la France pour nouveaux débouchés. Aussi tout le pays se couvre-t-il de jardins avec une rapidité extraordinaire, et l'on peut prévoir que l'horticulture, la production des fruits et la culture maraîchère auront bientôt envahi toutes les terres susceptibles d'être arrosées.

Sous le soleil du Roussillon, en effet, l'eau est aussi indispensable que le fumier, et « l'eau fait des miracles » dit un proverbe du pays. Aussi est-ce aux canaux d'irrigation ouverts avant les Romains par les Gaulois-Narbonnais et les Celtibériens que cette terre promise doit sa merreilleuse fécondité, et que nous devons de n'avoir pas à cette extrémité orientale des Pyrénées le triste pendant des Landes.

Les Romains, les Visigoths, les Arabes, n'ont fait qu'étendre et perfectionner, mais dans les limites restreintes de l'industrie de ces temps anciens, des travaux contemporains imités des Étrusques, et l'industrie moderne n'a pas encore tourné les yeux vers cette source de richesses. Cependant les chemins de fer sont venus, il y a six mois, demander au Roussillon des produits qu'il ne peut plus tirer que des eaux de ses montagnes, ces eaux, dont on peut dire depuis le mois de Février dernier (inauguration du chemin de Narbonne au Vernet) qu'elles vont désormais engloutir tous les ans des millions dans la Méditerranée, si l'on ne se hâte de les arrêter au passage, et de les faire monter aux étages qu'elles n'ont point encore abordés.

Le projet que nous allons exposer n'embrasse qu'une partie de ce vaste et intéressant problème, mais la solution indiquée pour un cas particulier est applicable à l'ensemble, et le succès sur un point l'assurera sur toute la ligne.

Il s'agit de barrer la Tet à l'amont de Montlouis, à 2,000 mètres au-dessus de la mer, dans une région déserte et entièrement inculte; de retenir ainsi 23,547,053 mètres cubes d'eau, de compléter l'arrosage de 6,113 hectares qui manquent d'eau en Juillet et Août, et d'élever du prix de 750 fr. à la valeur de 5,000 fr., 3,886 hectares de terres arides; le tout moyennant une dépense de 2,800,000 fr. seulement. Revenu net: 25 à 30 p. 100 du capital engagé, sans compter l'augmentation de la richesse du pays.

Il y a vingt ans que l'on étudie ce projet. L'avant-métré des travaux a été dressé dans tous ses détails avec le plus grand soin, et des règlements qui datent d'hier pour des cas partiels, mais en tout semblables à celui-ci, ne laissent pas le moindre doute sur la quotité des abonnements, c'est-à-dire sur les bénéfices de l'entreprise.

Entrons seulement, à ce sujet, dans quelques détails.

Description de la vallée de la Tet.

La vallée de la Tet présente au-dessus de Montlouis deux emplacements propres à l'établissement de vastes retenues d'eau, aux deux points dits de la *Bouillouse* et du *Pla des Abeillans*.

Le réservoir de la Bouillouse serait situé au centre des montagnes, à 2,000 mètres au-dessus de la mer, dans une région inhabitée et sans culture. Le barrage en maçonnerie aurait 18 mètres de hauteur, 484 mètres de longueur et 8 mètres d'épaisseur au sommet. La capacité du réservoir serait de 20,398.419 mètres cubes, et l'eau s'en échapperait au moyen de trois étages de vannes.

A une distance de 400 mètres en aval de la Bouillouse, la vallée de la Tet présente un second élargissement, le Pla des Abeillans, également très-propre à l'établissement d'un deuxième réservoir; le barrage aurait

15 mètres de hauteur, et le réservoir une capacité de 3,148,504 mètres cubes.

Ces deux barrages seraient fondés sur un granit compacte, et, comme cette roche paraît très-homogène dans tout le pourtour des deux réservoirs projetés, les pertes se réduiraient à celles de l'évaporation, qui est bien faible à 800 mètres au-dessous des neiges perpétuelles, et aux fuites par les vannes du barrage inférieur. Ajoutons que le vaste cirque des montagnes qui enveloppent la Bouillouse et le Pla des Abeillans ne présente que des surfaces gazonnées ou des roches lisses, en sorte qu'on n'aurait à craindre ni éboulements ni atterrissements.

Au moyen de ces deux réservoirs, d'une capacité totale de 23,547,058 mètres cubes, on pourrait disposer, en tout temps, d'un volume d'eau de 5 mètres cubes par seconde, à prendre dans la Tet à Ille.

Là commence le premier des quatorze principaux canaux qui arrosent 6,113 hectares 83 ares des meilleures terres du Roussillon ; ce sont les canaux d'Ille, de Millas, de Thuer et de Perpignan, lesquels manquent d'eau pendant l'étiage.

Or, d'après les ordonnances réglementaires en vigueur dans le pays, le débit d'un canal d'arrosage à l'origine doit être calculé à raison d'un demi-litre par seconde et par hectare. Une réserve de 23,500,000 mètres cubes d'eau, débitant 5 litres à la seconde, pourra donc en fournir $3^m.057$ aux 6,113 hectares en question, et arroser en outre 3,886 hectares de terres sèches.

Ce nouvel arrosage, qui exigerait l'ouverture d'un autre canal de $33,768^m.70$ de longueur, desservirait principalement les communes de Sainte-Colombe, Loupia, Terrato, Pouteilla, Trouillas, Conohes, Mils, Pollistres, Villeneuve, la Kaho, et les parties non arrosées du territoire de Thuir et de Perpignan. C'est cette zone, connue dans le pays sous le nom d'*Aspres*, qui, privée d'eau, reste en partie inculte, ensevelie dans ses sombres garrigues, et ne vaut pas actuellement 800 fr. par hectare.

La dépense totale de ce travail, largement calculée, s'élève à 2.800,000 fr., savoir :

Barrage de la Bouillouse.	1,535,276f.84
Barrage du Pla des Abeillans	380,840 .64
Indemnités de terrains et frais imprévus	183,873 .48
Travaux du canal.	522,310 .11
Indemnités de terrains et frais imprévus.	177,659 .80
Total.	2,800,000 .00

Ce qui porterait le mètre cube d'eau approvisionné à 0f.10, seulement *en capital* à dépenser une seule fois, pour toute la durée du service.

Marseille. — 15 Septembre 1862.

229. Drainage des habitations.

Le drainage des habitations dans les villes, et surtout dans certains villages, n'est pas moins utile que l'assainissement des terres labourées. Cette application du drainage aux maisons et aux édifices publics se rencontre très-rarement en France. Elle est très-répandue au contraire en Angleterre et en Écosse, où de nombreuses localités sont munies, à droite et à gauche des rues, ainsi que sous les cours des maisons, de drains plus ou moins gros, plus ou moins développés.

Dans beaucoup de villages où l'humidité des rues et des ruelles est permanente, dans plus d'une ville même où le système des égouts est incomplet, le drainage par tuyaux en poterie serait un moyen économique d'assainir la localité.

Nous avons parlé, dans un de nos précédents numéros, d'une église assainie par drainage au moyen d'une dépense minime.

Nous avons vu dans le département du Loiret une maison de campagne dont le rez-de-chaussée était absolument inhabitable par suite d'infiltrations du puits et des fosses d'aisances, ainsi que d'une source du voisinage.

Un simple fascinage établi à une profondeur d'environ $1^m.50$ tout autour de l'édifice a suffi pour dériver toutes les eaux d'infiltration vers un canal souterrain qui va déboucher dans un petit cours d'eau voisin de la propriété.

Enfin, en drainant tout autour d'un puits ou d'une fosse d'aisances, par une simple ceinture de tuyaux, on peut également arriver à supprimer, soit l'infiltration des eaux insalubres dans le puits, soit la pénétration des émanations organiques des fosses dans les caves de la maison.

Orléans. — 1ᵉʳ Décembre 1858.

230. Assises bitumineuses contre l'humidité.

Lorsqu'un édifice est situé de manière que ses parties basses puissent être envahies par l'humidité, le moyen le plus économique de l'en préserver est d'établir pendant sa construction, et au-dessous du niveau des planchers, une couche d'asphalte de Seyssel, dûment fine et homogène, afin d'éviter toute crevasse et toute cassure ultérieure.

(C'est la disposition prescrite par l'instruction ministérielle qui règle le mode de construction du rez-de-chaussée des poudrières.)

Elle peut s'appliquer également avec succès aux maisons situées au bord d'une rivière, dont les fondations seraient baignées par l'eau.

Il est important, pour l'efficacité de ce mode de préservation, que les bords du bitume soient bien nets, et qu'il n'y ait pas d'enduit, par-dessus sa surface, qui permette à l'humidité de s'élever par capillarité jusqu'au-dessus du niveau de la couche préservatrice.

On a aussi proposé pour le même objet des feuilles métalliques; mais ce mode, tout en donnant déjà de bons résultats, n'a pas l'efficacité de la couche de bitume.

Paris. — 1er Décembre 1858.

XXXV. — ENGRAIS ET AMENDEMENTS. — PRAIRIES.

231. Transport des engrais et amendements
par wagons spéciaux à prix réduits, sur les chemins de fer.

Les chemins de fer transportent, à prix réduits, et suivant des tarifs spéciaux et exceptionnels, la houille, ce pain de l'industrie. C'est principalement la concurrence des canaux, et des diverses lignes de chemins de fer, qui ont produit ce résultat avantageux.

Puisque la prospérité de l'agriculture est, de l'avis de tous les législateurs et de tous les économistes, la base première de la richesse des nations, ne doit-on pas souhaiter vivement de voir aussi le transport des matières premières de cette industrie fondamentale jouir du privilége d'un transport à prix réduit?

Nous demandons que le guano, la marne, la chaux destinée aux opérations agricoles, les sels grossiers, le calcaire, les cendres, les engrais artificiels, en un mot toutes les matières désignées spécialement pour l'amélioration des terres soient transportées au même tarif réduit que la houille, ou à des tarifs plus bas encore.

Déjà quelques pas ont été faits dans la voie de cette amélioration. Le bon marché des transports agricoles a été reconnu comme essentiel pour le développement de plusieurs pays jusqu'à ce jour déshérités.

Des routes agricoles ont été décrétées pour les Landes, la Sologne et la Corse. Des canaux de desséchement et d'exportation ont été établis au même point de vue. C'est le devoir des voies ferrées de faire une concession à l'Agriculture. Puisque l'industrie lui enlève ses bras et ses capitaux, il est bien juste qu'elle lui rende quelques facilités en échange.

Orléans. — 1er Décembre 1861.

232. Utilisation des eaux d'égout comme engrais.

Les eaux d'égout des grandes villes renferment des quantités considérables de matières azotées qu'il serait désirable de restituer à l'agriculture. Dans l'état actuel des choses, ces eaux sont déversées dans les rivières qu'elles infectent, et les matières fertilisantes qu'elles contiennent sont perdues sans aucun profit.

L'écoulement des eaux d'égout dans les cours d'eau présente donc le double inconvénient d'altérer la pureté des fleuves et de priver l'agriculture d'une masse considérable de produits fertilisants.

On a songé plusieurs fois à employer directement les eaux d'égout à l'arrosage des champs. Mais la disposition des lieux rend souvent cette pratique impossible, surtout à cause des frais qu'exigeraient la distribution et l'emmagasinage des liquides dont il s'agit.

Pour utiliser les matières fertilisantes contenues dans les eaux d'égout, on ne peut donc songer à les répandre directement sur le sol. On ne saurait davantage se proposer de les concentrer dans des récipients spéciaux.

Le meilleur moyen de les exploiter consiste à les traiter par précipitation, afin d'en extraire économiquement, et sous un faible volume les parties actives et susceptibles de servir d'engrais.

M. Wicksteed, ingénieur anglais, a cherché le premier à obtenir sous forme d'une masse insoluble, et par conséquent facile à séparer et à isoler, les produits essentiels, les matières spécialement fertilisantes contenues dans les eaux d'égout. Il a suffisamment atteint ce résultat par l'emploi de la chaux très-divisée.

On amène les eaux, chargées de matières azotées, dans des bassins de précipitation : on les mélange avec un lait de chaux et on laisse le dépôt se faire sous l'action de cette base. Ce dépôt, à l'état de boue liquide, est extrait du réservoir et soumis à l'action d'une sorte d'*essoreuse* à force centrifuge, qui le transforme en pâte susceptible d'être moulée en briquettes.

Les résultats obtenus à Leicester (Angleterre), par le procédé dont il vient d'être question, permettent d'en espérer les effets les plus avantageux.

Dans les villes où les eaux d'égout ne sont pas trop délavées par les eaux d'arrosage, on peut tirer évidemment un très-bon parti de ce mode d'emploi : nous n'affirmerions pas qu'à Paris on puisse facilement l'appliquer, mais il y aurait peut-être moyen de trouver un autre mode qui permît d'utiliser les 2 millions de kilogrammes d'azote que les égouts de Paris entraînent chaque année à la Seine et à la mer.

Paris. — 1er Juin 1859.

233. Emploi de la vase des rivières comme engrais.

La question capitale de l'agriculture, en France, c'est l'augmentation de la quantité des engrais.

Nous n'avons pas assez de bestiaux pour fumer toutes les terres qui pourraient être cultivées.

Nous n'avons pas assez de prairies, par rapport à la surface des terres arables, pour nourrir le nombre de têtes de bétail qu'il faudrait pour constituer une culture normale.

En attendant que ces principes élémentaires soient appliqués dans les campagnes, il est du plus grand intérêt de rechercher toutes les sources possibles d'engrais et de matières organiques azotées qui peuvent, avec plus ou moins d'avantages, remplacer l'engrais de ferme proprement dit.

Nous venons de parler du parti que l'on peut tirer des eaux des égouts pour en extraire une matière solide, utilisable pour l'engraissement économique des terres.

La vase des rivières, surtout quand elle est à base marneuse ou mixte, contient aussi des principes fécondants qu'il peut être très-bon de recueillir, soit par dragage direct, soit par colmatage et par dépôts spontanés.

On sait que, pour provoquer des sédiments dans le lit d'une rivière, il suffit de ralentir en quelques points la vitesse des eaux, et qu'aussitôt tous les corps que cette vitesse maintenait en suspension se tassent et se déposent en couche plus ou moins épaisse.

L'agriculteur peut donc, à l'époque où les eaux charrient le plus de vase, les faire arriver avec une vitesse réduite sur les parties les plus basses de ses terres, où elles s'étendront en nappe et déposeront tout leur limon fécondant.

C'est l'opération connue sous le nom de colmatage.

Il peut employer plus efficacement encore les produits du curage des petits cours d'eau, la terre noire, la vase et les herbes qui en proviennent, et qui renferment toujours plus ou moins de principes carboniques, salins ou azotés.

De cette manière il y trouvera le double avantage de maintenir, dans les ravins naturels ou artificiels, la libre circulation des eaux d'irrigation et de drainage, en même temps qu'il enrichira la surface de ses champs de tous les principes organiques que l'action combinée de la chaleur et de l'humidité y aura développés.

Orléans. — 1er Octobre 1859.

234. Emploi des animaux carbonisés comme engrais.

M. le marquis DE BRYAS a fait, il y a quelque temps, une expérience de fabrication d'engrais animal, qui consistait à carboniser, au moyen d'acide sulfurique, les corps d'animaux morts, et à neutraliser le produit en le mêlant avec de la chaux vive, ce qui forme alors un plâtre artificiel combiné à des résidus organiques, qu'il a trouvé très-fécondant pour les terres.

Le mélange doit être malaxé lui-même avec du fumier de ferme ordinaire, pour n'avoir pas une action trop énergique.

En présence de la pénurie des engrais naturels en France et de la cherté des bons engrais artificiels, il est utile d'appeler l'attention sur tous les moyens possibles d'obtenir les éléments azotés et carboniques indispensables à un sol normal.

Orléans. — 1er Octobre 1859.

235. Généralisation du système des engrais liquides.

Les premières applications importantes des engrais liquides à la fécondation du sol ont été faites en Angleterre et datent de l'année 1846, c'est-à-dire de la proclamation du droit de libre entrée des blés étrangers dans le Royaume-Uni.

La nécessité de lutter avec la concurrence étrangère obligea depuis lors les cultivateurs anglais à employer les procédés les plus énergiques pour doubler et tripler au besoin les récoltes fourragères, et pour augmenter, dans le plus grand rapport possible, la production des céréales.

C'est en cherchant à éviter avec soin toute déperdition de matière utile dans les engrais, que l'on fut conduit à condenser, sous forme liquide, la plus grande somme des matières azotées et carboniques des fumiers de ferme ou des engrais artificiels, à arroser les composts pour en recueillir le purin dans des citernes spéciales, à y mêler les urines et les matières fécales recueillies dans les habitations, à les compléter enfin artificiellement par toutes les additions de matières animales ou végétales, qui pouvaient servir d'aliment à la végétation.

C'est de ce moment que l'on apprit à couvrir les dépôts de fumier pour les mettre à l'abri du soleil qui les desséchait et en dégageait, sous forme de gaz, les principes les plus utiles. On approfondit les fosses elles-mêmes, et on les rendit étanches pour que le purin, produit par le délavage des eaux de pluie ou par l'arrosement artificiel, ne puisse plus se perdre par infiltration, ou vicier l'eau des puits de la ferme. On comprit alors que les fumiers perdaient plus de moitié de leurs principes actifs en restant exposés à l'air libre, soit dans les cours des fermes, soit même sur le terrain, et que, sous forme liquide, ils seraient à la fois plus faciles à concentrer, et plus rapidement absorbés par le sol.

Ce fut alors que les fumiers furent mélangés avec les terres, sous forme d'arrosages *par canalisation* ou *par aspersion*.

On peut citer comme exemples remarquables de cette double méthode, les résultats obtenus aux fermes du comté d'Ayr, en Écosse, où plusieurs domaines de 100 à 300 hectares, préalablement drainés, ont vu leur production en bétail doubler en peu d'années, l'engraissement et la production de la viande succéder à celle du beurre et du lait qui étaient, selon les anciennes coutumes du pays, les principaux objets de l'exploitation. Dans la ferme de Myer-Mill, appartenant à M. KENNEDY, et qui présente 250 hectares de surface, toutes les matières excrémentielles des bestiaux sont réunies dans quatre réservoirs voûtés contenant ensemble un peu plus de 1,800 mètres cubes de liquide, soit environ 8 mètres cubes par hectare. Ces réservoirs sont munis d'un agitateur, formé d'un arbre vertical armé de palettes, afin d'éviter l'accumulation des matières au sortir de l'étable.

Toutes les écuries et étables sont d'ailleurs munies de planchers à claire-voie, système Huxtable, parce que cette disposition est bien plus favorable à la transformation de toutes les déjections en engrais liquide. A mesure qu'elles passent à travers la claire-voie des planchers, les matières tombent dans un canal où circule périodiquement un courant d'eau qui les entraîne dans les réservoirs où elles subissent une fermentation lente et régulière qui doit durer trois à quatre mois, et être combinée avec une agitation prolongée.

Les réservoirs successifs sont destinés à étendre l'engrais de plus en plus, au moyen d'une addition d'eau en quantité variable de 1 à 4 fois le volume de l'engrais liquide concentré dans le premier réservoir.

Enfin, l'engrais ainsi étendu d'eau est puisé à l'aide d'une pompe à vapeur et refoulé dans des réservoirs supérieurs d'où ensuite la distribution s'en opère naturellement dans les conduites.

On peut aussi puiser l'engrais avec une pompe à bras, en bois ou en métal, ou mieux, au moyen d'un manége à un ou deux chevaux, pour le verser dans des tombereaux à tonneaux d'arrosage qui le conduisent alors aux champs, ou dans les prés.

Lorsque l'on voit les résultats remarquables obtenus en Angleterre et dans les provinces du Nord de la France, par une méthode aussi simple, et qui peut, en définitive, se réduire à un arrosage régulier d'engrais couverts, et à la concentration des purins dans une citerne spéciale, on s'étonne qu'en France, où la production fourragère est quatre fois moindre de ce qu'elle devrait être, on persiste à laisser les engrais exposés au soleil et à la pluie, dans les cours des fermes, ou devant les portes des maisons.

On se demande comment les paysans peuvent laisser écouler jusque dans les rues des villages, où elle va se perdre, la partie la plus précieuse de leurs provisions d'engrais, et pourquoi la méthode simplifiée des engrais liquides, telle que nous l'indiquons pour une exploitation d'une importance secondaire, n'est pas encore généralement adoptée dans un pays où l'on se plaint tous les jours de la rareté et de la cherté des bons fumiers.

Orléans. — 1er Octobre 1859.

236. Emploi des urines concentrées comme engrais.

M. Duval, chimiste, a fait récemment à la Ferme Impériale de Vincennes des expériences de concentration qui permettraient de réunir sous un assez petit volume les sels ammoniacaux et autres, contenus dans les excréments liquides de l'homme et des animaux.

Une invention non moins utile consisterait dans un mode rationnel d'emmagasinage des urines des villes, en supprimant et absorbant les émanations putrides qui s'en dégagent, et en permettant ainsi de les transporter sans inconvénients jusqu'aux points d'utilisation.

Nous serons en mesure prochainement de donner, sur le procédé Duval, des renseignements plus détaillés, et nous tiendrons nos lecteurs au courant des diverses méthodes proposées pour réaliser le même perfectionnement.

Paris. — 1er Août 1860.

237. Multiplication des prairies artificielles.

On ne saurait trop insister sur l'utilité qu'il y aurait pour l'agriculture française d'augmenter le nombre et l'étendue des prairies naturelles ou artificielles, par rapport aux terres arables proprement dites.

L'Angleterre peut nourrir par hectare moyen cinq fois plus de bestiaux que la France, et produire ainsi cinq fois plus d'engrais et cinq fois plus de viande, parce que le rapport des prairies aux terres arables y est de 1 à 1, tandis qu'en France il n'est que de $\frac{1}{5}$ à 1.

On voit que la proportion est mathématique.

La base de toute agriculture rationnelle est la production abondante et économique des engrais. Aussi la production moyenne du blé par hectare en France n'est guère que de 10 $\frac{1}{2}$ hectolitres, tandis qu'en Angleterre elle est de 25 hectolitres, soit plus du double.

Que nos agriculteurs cherchent donc à remédier à ce mal.

Il y a lieu d'introduire dans les assolements adoptés pour les terres arables françaises une proportion plus grande de foin, de luzerne et de betteraves.

Il y a nécessité d'entretenir, dans toutes les propriétés, même de moyenne importance, une proportion de prairies naturelles plus grande que celle que l'on y trouve à présent.

Orléans. — 1er Septembre 1858.

XXXVI. — DÉFRICHEMENTS ET REBOISEMENT.

238. Développement des plantations de Pins
en Champagne.

Les plantations de pins sont la seule végétation qui réussisse, sans grands frais de culture, dans les plaines arides de la Champagne.

Pourquoi reste-t-il, à côté de parties couvertes d'épais bocages de cette essence, de vastes terrains incultes où évidemment les mêmes soins produiraient les mêmes résultats?

Est-ce insuffisance d'activité de la part des propriétaires ou pénurie de capitaux? Ce dernier obstacle ne saurait en être un, car les résultats des plantations déjà faites sont bien connus et démontrés : il n'y a aucune chance aléatoire dans le placement.

De tous côtés, les bois manquent et haussent de prix ; les inondations menacent les rivières des fleuves parce que le sol est dénudé dans les pays où ils prennent leur source, la terre est aride parce qu'aucune végétation, avant-coureur de la vie organique, n'y arrête les eaux et n'y provoque le dépôt de la poussière fécondante des vents.

Dans les Landes, on a fixé des dunes et enrichi le pays par des plantations de pins bien entendues, et pratiquées sur une vaste échelle.

En Champagne, comme dans les Landes, il y a une nature ingrate à corriger et un désert de plusieurs milliers d'hectares à conquérir.

Chalons. — 1er Novembre 1858.

239. Les Pépinières communales.

S'il existait, dans chaque localité, une pépinière publique placée sous la direction d'un horticulteur spécial, ou, à son défaut, sous la surveillance de l'instituteur primaire, on verrait bientôt, sur tous les points de la France, une grande amélioration dans l'art de produire et de faire prospérer les arbres utiles — un des arts que l'on néglige le plus dans notre pays — un de ceux qu'il serait pourtant le plus essentiel d'encourager.

Le renchérissement graduel des bois de construction, le retour de plus en plus fréquent d'inondations désastreuses causées par le déboisement des vallées, l'absence de plantations d'agrément aux abords et au centre des principales villes, l'aspect nu et misérable d'un grand nombre de villages, ne tiennent qu'à ce qu'on ne s'y occupe ni d'arboriculture ni de sylviculture ; à ce qu'on n'attache pas de prix au remplacement des espèces anciennes, à la propagation des espèces nouvelles.

Pour réaliser l'idée que nous émettions plus haut, il suffirait que, dans chaque commune, les propriétaires les plus influents, ceux qui auraient à leur disposition les moyens d'action les plus faciles, se fissent attribuer par la commune, sous le patronage de l'État, un terrain placé dans une situation propice, et consacré à la création d'une pépinière modèle où l'on réunirait les plus beaux sujets de chaque espèce.

Chacun y apporterait le tribut d'un certain nombre de plants choisis qui, à leur tour, serviraient à en produire d'autres.

Les échanges organisés entre les différentes sociétés d'arboriculture des Départements voisins enrichiraient à leur tour le fonds commun, et au besoin l'État pourrait allouer aux communes les plus pauvres une subvention spéciale pour couvrir les premiers frais d'appropriation.

Les produits de la pépinière communale, qui pourraient avoir un ou deux hectares de surface par exemple, seraient cédés *gratuitement* pour tous les usages municipaux et *à prix de revient* ou avec bénéfice modéré aux personnes qui voudraient garnir leurs vergers, leurs cours et leurs jardins d'arbustes droits et sains, soit pour la production des fruits, soit pour le simple agrément.

De cette manière on couvrirait aisément les frais de la création et de l'entretien de la pépinière, en même temps qu'on aurait fait une chose utile, et l'on aurait ajouté une ressource de plus au budget communal.

Fontenay. — 1er Mars 1860.

240. Reboisement de l'Algérie.

Un des points qu'il serait indispensable de prendre en très-sérieuse considération, dans la réorganisation agricole de l'Algérie, serait le reboisement, aussi complet que possible, d'un grand nombre de plaines arides, propres cependant à la végétation forestière, mais qui ont été dénudées depuis les temps les plus reculés, sans que jamais personne ait tiré parti de leur défrichement.

Il existe notamment, dans la province d'Oran, des campagnes où, sur vingt lieues de parcours (d'Oran à Bel-Abbès, par exemple) on rencontre à peine quelques arbres rabougris qui s'élèvent au-dessus des broussailles.

Il serait assez urgent que les colons, et même les Arabes, s'occupassent activement du reboisement de ces contrées, notamment en chênes-liéges, en oliviers, en figuiers, etc.

Chez les Tartares du Daghestan, aucun homme ne peut se marier avant d'avoir planté *cent* arbres à fruit. Chez certaines peuplades sauvages de l'Amérique, la naissance d'un fils est toujours célébrée par la plantation de plusieurs arbres. Il serait fâcheux qu'on ne pût pas faire, par raison et par esprit de progrès, dans une colonie française, ce que les hordes les plus barbares et les peuplades les plus ignorantes pratiquent ainsi spontanément.

Alger. — 1er Novembre 1859.

241. Reboisement des montagnes du Midi
par des plantations de Châtaigniers.

Dans le Roussillon, cantons d'Arles-sur-Thec et de Prats de Mollo, on a transformé en très-belles châtaigneraies plusieurs pentes de montagnes qui, il y a vingt ou trente ans, ne présentaient que des ravins stériles et des pâturages improductifs.

Dans les montagnes des Albéras (arrondissement de Céret), voici comment procèdent les propriétaires pour obtenir économiquement ce genre de plantations : ils abandonnent pendant quatre ans, à de pauvres gens, des portions de terrain qui sont par ceux-ci défrichés, travaillés et semés tout de suite en pommes de terre ou en seigle. Les défricheurs sont obligés de semer en même temps, en ligne et à une distance donnée, des châtaignes qui, protégées par les fanes des pommes de terre ou les tiges du seigle, réussissent très-bien. Ces terrains se trouvant travaillés et semés tous les ans, les jeunes plantes de châtaigniers sont dans un bel état de végétation lorsque les défricheurs rendent, après la quatrième année de culture, les terrains aux propriétaires. Par ce procédé, qui a été utile et avantageux à de pauvres familles, les propriétaires se trouvent en possession de terrains qui déjà, à la sixième année, commencent à donner quelques produits provenant de l'élagage. Les branches d'élagage servent à faire des cerceaux. Le châtaignier, qui vient très-bien dans les montagnes de l'arrondissement de Céret, y est surtout cultivé par la tonnellerie.

Les parties entièrement nues et arides peuvent être plantées en acacias.

Au moment où, de toutes parts, on s'occupe du défrichement des plaines et du déboisement des montagnes, pour établir, dans la culture générale, l'équilibre normal qui doit y exister, nous ne pouvons qu'appeler vivement l'attention des propriétaires des pays montagneux sur ce moyen aussi simple qu'efficace d'atteindre une partie du but proposé.

Marseille. — 1er Juillet 1860.

242. Défrichements combinés avec la culture

pour obtenir le plus grand résultat possible des terres arables en Berry.

On a dit souvent que les fonds consacrés à l'amélioration de la terre rapportent un meilleur revenu que ceux qui ont été employés à en faire l'acquisition.

Or, il y a deux manières de tirer parti du sol, soit en faisant des frais pour rendre plus productives les parties de la terre ordinairement cultivées, soit en mettant en culture les terrains restés en friche.

Pour ces derniers, et spécialement dans le Berry, le noir animal est surtout convenable. Pour les autres il faut se servir de la chaux, en fumant autant que possible avec du fumier d'étable. C'est en opérant de ces deux manières, et en rendant les deux procédés solidaires l'un de l'autre, que l'on a obtenu les meilleurs résultats.

Voici comment les deux opérations ont été combinées : Sur les terres en friche ou depuis longtemps reposées et n'ayant pas encore reçu l'élément calcaire, on a employé le noir animal, qui coûte moins cher que le fumier ou le guano; avec le noir, on a eu non-seulement des grains, mais des pailles avec lesquelles on a fait des fumiers; avec ces derniers, on a pu chauler les terres déjà en culture, et on s'est ainsi procuré des fourrages, notamment du trèfle et du raigrass; avec les nouveaux fourrages, on a nourri plus de bétail, augmenté les fumiers d'étable et de basse-cour, et développé l'exploitation. Pour ménager les ressources, on a ajouté, pendant un certain temps, quelques hectares aux cultures ordinaires, sans augmenter le nombre des attelages, en faisant seulement travailler ces derniers quelques heures de plus. On n'a pris une nouvelle charrue que lorsque le développement de l'exploitation l'a exigé, et alors qu'il a été possible de disposer de plus de fourrages. En appelant l'attention sur ce mode de procédé, nous croyons rendre service à tous les Agriculteurs qui posséderaient des terres situées dans des conditions analogues aux domaines du Berry, et ce type est assez fréquent dans tout le centre de la France.

Orléans. — 1er Novembre 1860.

243. Encouragement des expériences
de défrichement par les appareils à vapeur.

Les pays où des défrichements sont à faire sont généralement déserts, malsains, difficilement accessibles, et la main-d'œuvre la plus élémentaire y coûte souvent très-cher.

C'est donc dans ces pays surtout que l'emploi des moyens mécaniques serait avantageux, et l'on ne saurait trop appeler l'attention sur le perfectionnement des appareils à vapeur destinés à travailler la terre, sur l'encouragement des expériences et des applications faites dans ce sens.

Pour faciliter l'extension des opérations de drainage, le gouvernement français a ouvert à l'agriculture un crédit de *cent millions*, et acheté des machines à faire les tuyaux qu'il a déposées, pour modèle et pour emploi, dans toutes les préfectures et principales sous-préfectures.

Pourquoi, en vue du défrichement des parties cultivables de l'Algérie, de la Sologne, de la Champagne, des Landes, de la Bretagne, du Morvan, etc., ne prendrait-on pas aussi l'initiative de l'emploi des machines à défricher? Pourquoi les propriétaires riches n'imiteraient-ils pas l'État? Pourquoi les Compagnies agricoles ne se constitueraient-elles pas dans ce but?

Nous savons que certaines machines à labourer ont été proposées, qui n'ont pas produit tous les résultats pratiques désirables.

Nous ne préconisons pas plutôt l'emploi de tel ou tel appareil, mais nous croyons que si, en Amérique, des machines locomobiles de 20 ou 30 chevaux peuvent être employées pour les grandes opérations de défrichement, rien n'empêche que des machines d'une force moindre ne soient utiles en France, Espagne, Portugal, Italie, Hongrie, Russie méridionale, Turquie, Asie Mineure, etc., partout, en un mot, où les terrains seraient assez horizontaux et assez homogènes pour en permettre l'application.

Séville. — 1er Octobre 1861.

XXXVII. — ACCLIMATATION.

244. Propagation de la culture de la patate
dans le Midi de la France.

La patate tient, dans le régime alimentaire des habitants des contrées tropicales du Nouveau-Monde, une place aussi importante que celle que la pomme de terre occupe en Europe. Ces deux végétaux, bien qu'appartenant à des familles différentes (la patate est rangée dans la famille des liserons), ont cela de commun, qu'elles fournissent des tubercules d'un volume considérable, charnus et farineux. Mais la patate, très-riche en sucre et d'une saveur douce par conséquent, tranche, sous ce rapport, avec toutes les racines comestibles que nous employons, et avec le fond salé de la cuisine française. Aussi, un agronome célèbre a-t-il cru trouver la principale cause du peu de faveur qui a accueilli la patate dans ce qu'elle était trop sucrée pour un aliment, et pas assez pour une friandise. Du reste, on sait combien il est difficile à un nouvel aliment d'être adopté généralement, surtout s'il a une saveur *sui generis* un peu prononcée. La pomme de terre elle-même n'a conquis sa place que grâce au dévouement, à l'infatigable persévérance de PARMENTIER, et c'est une curieuse histoire que celle des obstacles de tout genre qui l'entravèrent, et des moyens qu'il dut mettre en jeu pour parvenir à ses fins : un fait qui prouve combien les habitudes des organes du goût sont tyranniques, c'est qu'on a remarqué que les enfants très-jeunes n'éprouvent aucune répugnance pour des substances auxquelles l'homme fait ne s'accoutume que très-difficilement.

Le seul grand pays de l'Europe où la patate soit l'objet d'une consommation courante et générale est la partie méridionale de l'Espagne. Néanmoins, sa culture, introduite il y a une vingtaine d'années dans les environs d'Orange (Vaucluse), a été adoptée dans quelques communes, et à Paris il est peu de marchands de comestibles qui n'en vendent pour curiosité dans la saison. Il ressort cependant d'expériences faites sur une échelle assez vaste pour être concluantes que, dans tout le Midi de la France, la culture de la patate serait peut-être plus profitable que celle de la pomme de terre, parce que celle-ci redoute singulièrement la sécheresse et est beaucoup plus exigeante sur la nature du terrain. En effet, tandis que la pomme de terre ne donne ses produits assurés que dans un sol frais, la patate végète et grossit malgré le hâle des étés du Languedoc et de la Provence.

On a dit avec raison que la patate était moins nourrissante que la pomme de terre, et que sa culture entraînait plus de soins, plus de main-d'œuvre, plus de dépense. Il est vrai que, d'après les analyses de M. Payen, elle ne représente que les cinquante-cinq centièmes de la valeur nutritive de la pomme de terre; qu'en France, pour cultiver la patate, il faut commencer par se procurer du plant venu sur couche et le repiquer ensuite en place. Mais on ne doit pas perdre de vue, d'abord qu'un hectare de patates peut donner jusqu'à 30,000 kilogrammes de racines; que tandis que les fanes de pommes de terre n'ont presque aucune valeur, les tiges de la patate constituent un excellent fourrage dont le poids atteint celui de la récolte des tubercules, et que d'après M. de Gasparin, ce fourrage équivaut au triple de son poids en foin ordinaire. Quant au soin qu'exige la levée du plan et le repiquage, la même difficulté se présente pour la culture du tabac, et aujourd'hui beaucoup d'agriculteurs ont adopté le même système pour les betteraves et le colza; ils trouvent que ce surcroît de travail et de dépenses est largement couvert par l'accroissement du produit.

Marseille. — 1er Mars 1859.

245. Développement de la plantation du chêne-liége

dans les Landes et en Algérie.

Lorsque l'on examine les plantations d'essais qui ont été faites aux environs de la station de *la Bouhère* sur le domaine Impérial des Landes, on remarque que, de tous les arbres et arbustes plantés en quinconce dans les terrains qui longent le chemin de fer, ce sont les chênes-liéges et les acacias qui ont pris le développement le plus énergique.

Il faut en conclure que, comme plantations utiles, le chêne-liége peut donner, dans les Landes, de bons résultats pratiques.

Il vient d'ailleurs très-bien aussi dans les parties les plus incultes de l'Espagne.

Aux abords des nombreux vignobles de la Gironde, de la Dordogne et des Basses-Pyrénées, la culture de l'arbre qui fournit le bouchon est d'autant plus rationnelle, que son développement peut être considéré comme une sorte de complément naturel de celui de la vigne.

Bordeaux. — 1er Octobre 1860.

246. Propagation du ver à soie de l'ailante

dans tous les Départements du Centre et du Midi de la France.

Le succès définitif et constaté des intéressantes expériences de M. Guérin-Méneville sur l'acclimatation du ver à soie du vernis du Japon, permet aujourd'hui d'exprimer le vœu d'une extension sérieuse de cette nouvelle branche de la sériciculture.

M. le Comte DE LAMOTHE-BARACÉ, dans son domaine de Chinon, du Coudray-Montpensier (Indre-et-Loire), a planté des ailantes, spécialement en vue de cette industrie, et plus de 100,000 cocons ont été récoltés.

M. MARCHAND, 50, rue des Petites-Écuries, à Paris, se charge d'envoyer à peu de frais, à toutes les personnes qui en feront la demande, des plants d'ailantes et des œufs du ver à soie dont il s'agit.

Les résultats de la culture de cet insecte seraient d'une importance réelle pour l'obtention d'étoffes intermédiaires en qualité entre la soie et le coton. On ne saurait donc trop engager les propriétaires à en faire au moins l'expérience et à en faire connaître les résultats.

Ferme Impériale de Vincennes. — 1er Février 1861.

247. Création de Compagnies spéciales
pour l'acclimatation et l'exploitation de certains produits agricoles.

La *Société d'Acclimatation* est une institution de premier ordre, au point de vue de l'augmentation des richesses agricoles de notre pays. Elle a déjà rendu de grands services par l'initiative qu'elle a prise, et par les exemples qu'elle a donnés.

Mais la nature même de son action, qui est toute d'initiative et d'expérience, ne lui permet pas facilement de se constituer en Société industrielle pour l'exploitation proprement dite de tel ou tel produit.

Elle peut bien fournir, même à un point de vue commercial, des échantillons et des étalons pouvant servir à la multiplication des espèces nouvelles qu'elle recherche et préconise; mais si elle devait ensuite suivre dans toutes leurs conséquences la reproduction et la vente des rejetons successifs, elle aurait à centraliser, à elle seule, dans l'avenir, une majeure partie de l'agriculture du pays.

Nous croyons donc qu'il serait utile, nous dirons même indispensable, que des sociétés spéciales pussent se former sous son patronage pour continuer son œuvre à un point de vue purement industriel, pour créer et pour vendre sur une large échelle tous les végétaux, produits divers et animaux acclimatés par elle, qui ne se répandent pas avec toute la rapidité désirable, parce que des fonds *spéciaux* ne se consacrent pas à en développer l'industrie.

Badajoz. — 1er Septembre 1861.

—••○⚬○○—

XXXVIII. — ÉLÈVE DES CHEVAUX. — ANIMAUX DOMESTIQUES.

248. Révision de la loi relative aux vices rédhibitoires
des animaux domestiques.

Lorsque des chevaux ou des bestiaux sont vendus, on sait qu'il existe certains cas de maladies impossibles à constater d'avance, au moment de l'achat, mais où l'acheteur conserve le droit de rendre l'animal au vendeur, après constatation régulière des vices existants.

La loi du 20 Mai 1838 énumère les maladies qui sont considérées comme vices rédhibitoires, et fixe des délais variés pour l'exercice de l'action en garantie, suivant les espèces d'animaux.

Or, la *pleuro-pneumonie* épizootique, par exemple, n'a pas été comptée au nombre des cas prévus par la loi.

Les délais ne sont pas assez longs pour permettre de bien reconnaître certaines maladies.

La distance kilométrique à laquelle l'action en garantie cesse, demanderait à être fixée à 20 lieues (80 kilomètres) environ.

Enfin, il existe une trop grande tolérance pour laisser circuler sur les marchés et les foires de bestiaux des animaux atteints de maladies contagieuses, ou provenant de localités reconnues infestées par des épizooties.

D'un autre côté, la *fluxion périodique des yeux* a été classée au nombre des vices rédhibitoires, et cette maladie, qui peut être produite artificiellement, a donné lieu à des abus, et occasionné ainsi des atteintes graves aux intérêts des cultivateurs. Enfin, l'application de la loi aux poulains âgés de moins de deux ans a également des inconvénients.

Nous produisons ici ces différentes observations, afin de démontrer l'utilité d'une rédaction nouvelle de la loi dont il s'agit ; les améliorations légales ne sont pas moins importantes pour l'agriculteur praticien que les perfectionnements matériels.

Poissy. — 1er Juillet 1860.

XXXIX. — HYGIÈNE AGRICOLE. — DESTRUCTION DES PLANTES PARASITES ET DES ANIMAUX NUISIBLES.

249. Nécessité d'une loi réglant la destruction
des végétaux nuisibles.

De même qu'il existe des lois pour l'échenillage et la destruction des animaux nuisibles, il serait bon de réglementer, d'une manière uniforme, l'extirpation des plantes qui, suivant les terrains et les climats, sont le fléau des cultures utiles :

> Le Chardon,
> La Cuscute,
> La Folle-avoine,
> Le Bleuet,
> Le Coquelicot,

La Bruyère,
La Fougère,
Le Genêt d'Espagne,
Le Genièvre,
Les Prêles,
Le Palmier nain d'Algérie,
Le Laurier-rose, etc.,

pourraient être l'objet de prescriptions administratives, et de primes d'encouragement par hectare assaini.

Des prix pourraient être décernés pour la découverte des meilleures et des plus efficaces méthodes d'extirpation. L'État pourrait les faire connaître, soit par le *Moniteur des campagnes*, soit par tous les autres moyens de publicité dont il dispose.

En ce qui concerne les *Nouvelles Annales d'Agriculture*, déjà nous avons recueilli quelques notes à ce sujet. Nous continuerons à enregistrer successivement les procédés tendant au même but, et nous nous empresserons de publier tous ceux que nos lecteurs voudront bien nous indiquer, avec exemples à l'appui.

Paris. — 1ᵉʳ Septembre 1860.

250. Nécessité d'une loi nouvelle sur l'échenillage
et la destruction des animaux nuisibles.
Nomination d'un agent spécial pour chaque canton rural.

L'échenillage, qui a pour but de préserver les arbres et les récoltes des ravages d'insectes destructeurs, est une véritable question d'utilité publique.

Les arrêtés des préfets relatifs à cette mesure doivent avoir leur effet à partir du 20 Février de chaque année, et les opérations doivent être faites par les propriétaires ou les fermiers.

Ceux-ci doivent couper les bourses de chenilles, et brûler sur place les toiles et les bourses, afin d'empêcher les œufs d'éclore vers les premiers beaux jours. L'incinération doit être faite de manière à éviter tout danger d'incendie pour les bois et les constructions avoisinantes.

Lorsque les propriétaires ou fermiers ne font point écheniller, les maires doivent ordonner l'échenillage d'office, par des ouvriers dont les salaires sont recouvrés contre les récalcitrants sur de simples quittances, rendues exécutoires par le juge de paix, avec payement d'une amende édictée par la loi de Ventôse, et l'article 471 du Code pénal.

Malheureusement, la loi est mal exécutée, ou ne l'est pas. Tous les préfets ne prennent pas, chaque année, d'arrêté pour ordonner l'échenillage. Les maires n'ont pas le soin de visiter les terrains pour vérifier la destruction des bourses, et, de cette incurie, résultent de grandes pertes pour l'agriculture.

Enfin, la loi ne s'applique qu'aux chenilles seulement, tandis que des centaines d'autres insectes non moins nuisibles, comme les hannetons, les charançons, l'oïdium, etc., causent d'inappréciables dégâts ; et elle suppose que l'échenillage ne peut avoir lieu qu'en hiver, tandis qu'on l'exécute avec succès en toute saison, et notamment de Juillet en Août, et d'Octobre en Décembre.

Le seul moyen de créer, dans les campagnes, une initiative efficace et permanente contre les animaux nuisibles de toute espèce, serait de revêtir de la fonction spéciale de les détruire, un agent de l'administration qui serait payé à l'année d'une part, et recevrait, en outre, une prime proportionnelle à la quantité d'animaux détruits, ou à la surface de terrain expurgée par lui. Bien certainement la valeur des récoltes préservées par sa vigilance compenserait cent fois et plus le chiffre de son salaire.

Nous souhaitons vivement que le gouvernement reprenne son projet général d'une loi contre les animaux malfaisants, et nous croyons qu'une des principales dispositions de cette loi devrait être de remettre le soin matériel des procédés de destruction entre les mains d'un homme chargé d'en suivre l'exécution.

Paris. — 1er Mai 1861.

Paris. — 1ᵉʳ Mai 1861.

XL. — COLONISATION. — CRÉATION DE VILLES ET DE VILLAGES.

251. Création de Villages Départementaux en Algérie.

Réunir dans une même colonie des habitants provenant d'une même ville ou d'un même département de France, est une idée qui serait de nature à faciliter beaucoup la colonisation algérienne.

On peut admettre, en effet, qu'il y a bien plus de chances d'unité et de bonne harmonie dans une population homogène obtenue par ce moyen, que dans une population mixte, décomposable en fractions de divers pays ou de divers Départements, et qui deviennent aisément hostiles les unes aux autres.

Nous croyons donc utile d'appeler l'attention sur cet objet, qui peut avoir son importance en ce moment où l'on s'occupe d'une organisation définitive de notre colonie africaine.

Il suffirait que l'administration de chaque Département prît l'initiative d'une mesure de ce genre, en sollicitant, pour les émigrants placés sous sa protection, une circonscription territoriale déterminée, et en engageant, par des facilités ou des priviléges spéciaux, les émigrants de son cercle d'action à s'y rendre de préférence.

On trouverait, dans cette combinaison, le double avantage d'appeler plus directement la sollicitude des maires et des préfets de France sur certaines localités algériennes, et, en même temps, on encouragerait l'émigration du trop-plein de la population des villes françaises par la certitude de retrouver au loin les relations, les mœurs et les usages de la mère patrie.

Strasbourg. — 1er Septembre 1858.

252. Remplacement du système des concessions
de terrains par la vente pure et simple.

Les inconvénients inhérents au mode d'allocation des terrains par voie de concession ne pourraient-ils pas disparaître, aujourd'hui que l'état civil de l'Algérie semble se consolider tous les jours davantage, au moins dans certaines régions, en remplaçant ce mode, en quelque sorte militaire, par le système des ventes ordinaires, au plus fort enchérisseur. Nous ne conseillerions cependant cette amélioration que dans les parties définitivement pacifiées.

Les États-Unis sont là pour démontrer les avantages du système de la vente sur celui de la concession.

Il faudrait aussi que toutes les concessions faites jusqu'à ce jour fussent affranchies graduellement des clauses résolutoires.

Paris. — 1er Mars 1860.

253. Création de Magasins de Matériel
pour la Colonisation en France et à l'Étranger.

On a souvent reproché à la France et à divers autres pays du centre et du midi de l'Europe de ne pas savoir coloniser. On a cité l'exemple de la prospérité des colonies Anglaises et Américaines, et l'on en a conclu que la race Anglo-Saxonne seule avait le secret de fonder au loin des établissements durables et florissants.

Or, il semble qu'une des causes principales, quoique secondaire en apparence, de l'infériorité des colonies fondées par les émigrants Français, Espagnols, Italiens, etc., consiste dans la difficulté qu'a le voyageur-colon de se procurer économiquement, au départ du pays natal, les *vêtements* spéciaux, le *matériel* et les *ustensiles* nécessaires pour s'établir dans un autre climat, aussi commodément que dans sa famille.

Il existe à Londres, à New-York, à Dublin, de vastes magasins qui renferment, depuis la maison mobile à deux étages jusqu'aux épingles et aux aiguilles à coudre, tous les objets nécessaires pour créer, en vingt-quatre heures, un village au milieu d'un désert.

On peut se procurer là des tentes, des cuisines, des ateliers de menuiserie, des forges, des tours, des fonderies, des moulins portatifs, des distilleries économiques, des métiers à tisser, des cribles et des épurateurs pour la recherche de l'or, des laboratoires et des pharmacies, en un mot, tous les accessoires de l'industrie moderne.

Il y a plus; on peut acheter, à prix fait, sans avoir besoin de choisir, un matériel complet de 250 fr., de 500 fr., de 1,000 fr., de 10,000 fr., à volonté, dont on vous remet la liste détaillée. Une heure après qu'on s'est décidé à partir, on peut faire embarquer à bord d'un navire ou porter sur un wagon tout ce qui est nécessaire pour passer deux ans, dix ans, vingt ans, dans telle partie du monde que l'on a choisie pour résidence.

Il est incontestable que ces grandes facilités de déplacement et d'installation entrent pour beaucoup dans la promptitude avec laquelle un Anglais ou un Américain se décide à porter son travail dans telle ou telle région où il en croit le produit plus avantageux.

Il se trouve bien aussi, à Paris, des bazars dits « de voyage » où l'on peut se procurer tous les objets nécessaires pour avoir, en route, le confort de la vie ordinaire, mais c'est alors à des prix généralement élevés, et les objets de luxe que l'on y trouve ne sont destinés qu'à des voyageurs riches. Or, c'est dans l'*économie* des acquisitions de ce genre qu'est précisément toute la question. Tant qu'il n'y aura pas dans un pays des magasins de colonisation proprement dits, des bazars *universels* comme ceux dont nous avons parlé plus haut, les installations des émigrants seront onéreuses et insuffisantes, et les colons ne trouveront dans leurs nouvelles résidences que l'insuffisance des moyens pour le présent, et le découragement pour l'avenir.

Le Havre. — 1ᵉʳ Décembre 1861.

XLI. — INSTRUCTION ET ENCOURAGEMENTS AGRICOLES. PERSONNEL.

254. Les Conférences agricoles.

Un des moyens les plus efficaces pour propager dans les campagnes les bonnes méthodes de culture serait la généralisation d'un fait qui est actuellement mis en pratique dans les départements de la Seine-Inférieure et du Calvados.

Les conseils généraux de ces départements ont pensé avec raison que des conférences agricoles faites dans les chefs-lieux de canton, après la halle, seraient, de tous les modes d'enseignement, le plus sûr et le plus fécond en résultats utiles.

Des conférences de cette nature, faites dans de telles conditions, offrent en effet deux avantages bien essentiels qu'il importe de signaler : elles ont lieu précisément au moment où les cultivateurs qui ont terminé leurs affaires peuvent être aisément réunis sans dérangement et sans perte de temps pour eux.

En second lieu, l'enseignement qui leur est destiné est essentiellement pratique et procède, par des faits, par des exemples, par la description des méthodes usitées dans les pays les plus avancés en agriculture.

En tout état de cause, il serait essentiel de charger de ce genre de conférences des hommes spéciaux et exercés. Il faudrait leur faciliter les moyens de résumer leurs leçons dans des livrets d'un prix aussi modique que possible, afin qu'ils pussent les répandre aisément parmi les habitants des campagnes naturellement économes.

En adoptant dans tous les Départements un moyen si naturel et si direct de vulgariser les saines idées en agriculture, il est hors de doute que l'on en retirerait bientôt les meilleurs résultats, et que, dans tous les pays où il existe encore de ces routines contraires aux notions les plus élémentaires de l'économie rurale, elles disparaîtraient plus rapidement qu'en laissant leurs partisans aveugles sans avertissements et sans conseils.

Châlons. — 1er Janvier 1858.

255. Les Dépôts de matériel agricole.

Lorsque l'on veut appliquer le drainage ou les irrigations à un pays· divisé par lots d'une petite étendue, il devient presque impossible d'exécuter ces travaux d'amélioration générale sans le concours simultané de tous les propriétaires dont les parcelles sont traversées par les conduites d'amenée ou d'évacuation des eaux.

Le morcellement des propriétés rurales produit en outre la cherté de la main-d'œuvre quand chaque possesseur de terres est obligé d'avoir, à son propre compte, un personnel et des instruments spéciaux.

Le labour, les répandages d'engrais, les semailles et les moissons deviennent plus onéreux de jour en jour, parce que les champs sont désertés sur beaucoup de points, et que la rareté des bras s'ajoute aux inconvénients de la division du sol.

Il serait désirable que, dans chaque village, le propriétaire le plus riche et le plus influent prît l'initiative d'organiser l'exécution en grand, comme entrepreneur général, des principales opérations agricoles nécessaires à chacun en particulier.

Un dépôt d'outillage et de matériel perfectionné pourrait être établi chez lui, ou dans un point quelconque facilement accessible à tous, et la location des outils serait taxée à un prix suffisant, soit en argent, soit en nature, pour rémunérer à la fois l'achat, l'entretien et les risques généraux du possesseur.

Ainsi, par exemple, une seule machine à labourer pourrait servir à plusieurs milliers d'hectares.

Une seule moissonneuse pourrait remplacer des centaines d'ouvriers.

Une bonne machine à battre pourrait desservir une, ou même plusieurs localités.

Pour amener ces résultats si utiles, il suffirait, nous le répétons, que chaque propriétaire principal s'entendît avec ses voisins les plus immédiats, et entreprît, avec leur concours, les opérations agricoles dont il a été question plus haut. C'est le germe et l'organisation naturelle des *communautés agricoles*. Sans doute il sera difficile, dans certains pays, d'obtenir cette bonne harmonie indispensable ; mais ce qui est impossible aujourd'hui peut devenir facile demain. L'instruction remplacera la routine, et l'intérêt pécuniaire plaidera naturellement pour la raison.

Orléans. — 1er Mars 1858.

256. Enseignement de l'agriculture
dans les écoles primaires.

Un des moyens les plus efficaces de rendre le travail agricole attrayant, et de combattre les routines contraires aux progrès à réaliser, serait de consacrer, dans toutes les écoles primaires, quelques leçons au moins chaque année à l'enseignement des premières notions d'agriculture.

De grands tableaux coloriés, représentant les dispositions générales des couches terrestres, les profils et contours des principaux accidents du sol, les travaux d'irrigation et de *drainage* de quelques localités caractéristiques, les principaux modèles de matériel agricole perfectionné et quelques bons types de *Constructions rurales économiques*, devraient être mis constamment sous les yeux des élèves.

Quelques promenades intéressantes pourraient être faites pour leur expliquer sur place les noms et les usages des objets relatifs aux grandes ou aux petites exploitations agricoles.

L'introduction des agents mécaniques dans l'agriculture devrait être préconisée pour les travaux d'une importance suffisante.

Les avantages de la réunion de plusieurs propriétaires pour l'exploitation en commun de leurs terres, sous le régime de l'entreprise, devraient être montrés comme le remède naturel aux inconvénients du morcellement indéfini du sol.

Des concours, des prix et des médailles pourraient compléter cet ensemble de mesures.

De cette manière on préparerait, dès l'enfance, les esprits des agriculteurs et des propriétaires à reconnaître la supériorité des méthodes nouvelles, et l'on poserait, de la manière la plus certaine, les premières bases de l'agriculture nouvelle.

Orléans. — 1er Août 1858.

257. Fondation de prix spéciaux
pour les meilleurs mémoires sur les questions d'agriculture locale.

Bien des questions agricoles de premier ordre sont à l'étude sans que les résultats des expériences faites se trouvent toujours condensés et formulés en mémoires réguliers, et sans que les procédés à suivre dans une localité déterminée soient distingués des méthodes générales applicables en théorie seulement.

C'est ce genre d'*études locales*, pour une région donnée, pour un département, pour un arrondissement même, qu'il importe d'encourager et de faire connaître. Mais la plupart du temps, les agriculteurs compétents n'ont pas le temps nécessaire pour s'y consacrer utilement. Les instituteurs primaires, qui pourraient s'en charger sous leur direction, sont tellement absorbés par la nécessité de faire face à leurs besoins journaliers en donnant des leçons particulières, en étudiant les cours et les leçons publiques, que ce serait pour eux un véritable sacrifice d'argent que de perdre quelques heures par jour à un travail purement désintéressé, et qui ne leur rapporterait que des distinctions honorifiques.

C'est donc par des prix comportant des compensations pécuniaires qu'il faut chercher à dédommager les hommes spéciaux du temps consacré à la rédaction écrite de leurs conseils, et de leurs expériences. Pour l'agriculture aussi, le temps est de l'argent, et, en fin de compte, il y aura service pour service, car un seul conseil pratique peut faire réaliser à un grand nombre de propriétaires des bénéfices décuples du montant du prix accordé.

Voici, à l'appui de cette idée, un exemple que l'on ne saurait trop recommander aux principaux centres agricoles : C'est la liste des prix proposés par la Société d'agriculture de Seine-et-Marne. Suivant la nature des pays, on choisirait les sujets les plus utiles pour la réalisation de progrès faciles et immédiats.

PRIX FONDÉS PAR LA SOCIÉTÉ D'AGRICULTURE DE MELUN EN 1862.

A décerner en 1863.

Prime de 200 *fr., et médaille d'or de* 100 fr. à l'auteur du Mémoire le plus complet sur le mode d'engraissement le plus prompt et le plus lucratif des bêtes des races ovine et bovine dans le département de Seine-et-Marne.

Prime de 400 *fr., et médaille d'or de* 100 *fr.* à la personne qui aura indiqué le moyen de préserver les fromages de Brie des vers qui les altèrent pendant l'été, sans changer leur goût ni leur aspect particuliers, ce qui permettra, pendant toute l'année, la fabrication de ces produits de la Brie.

Prime de 400 *fr., et médaille d'or de* 100 *fr.* à l'auteur d'un traité et modèle de comptabilité agricole le plus facilement applicable dans les fermes.

A décerner en 1864.

Prime de 400 *fr., et médaille d'or de* 100 *fr.* à l'auteur du meilleur Mémoire traitant les questions suivantes :

1° Travail comparatif du bœuf et du cheval.

2° Quel est le meilleur mode d'attelage du bœuf?

Les concurrents devront :

a. Étudier au point de vue pratique le travail comparé du cheval et des animaux de l'espèce bovine ;

Discuter avec soin les avis émis à cet égard par les divers auteurs ;

Appuyer leur opinion sur des *expériences répétées ;*

Tenir compte des frais d'acquisition, de nourriture, de surveillance, d'entretien, de défaite, en cas de maladies incurables ou de mort;

Apprécier le travail, la vitesse, la force et l'adresse de ces différents animaux ;

Constater leur rendement en viande et en fumier, etc.

b. Indiquer le meilleur mode d'attelage à employer pour l'espèce bovine;

Comparer l'usage du joug et du collier ;

Indiquer les avantages et les inconvénients de chacun d'eux, sous le rapport de l'application de la force et de la rapidité du travail, en conservant l'intégrité des fonctions vitales ;

Faire connaître les accidents qui peuvent résulter de l'emploi de l'un ou de l'autre de ces procédés;

Confirmer enfin les conclusions de ces mémoires par des opinions précises résultant d'expériences nombreuses faites sous les yeux de l'auteur.

Paris. — 1er Novembre 1860.

258. L'Agriculture industrielle.

L'agriculture est une fabrication économique des produits végétaux et animaux. Pour être avantageuse, elle doit, comme toute autre industrie régulière, être basée sur la réduction des frais généraux par la division du travail.

Or, dans l'état actuel des choses, la division du travail agricole n'existe pas : pour chaque hectare attribué à un propriétaire isolé, par suite du morcellement indéfini des terres cultivables, il faut créer un matériel spécial et un ensemble de mesures d'améliorations indépendantes.

On augmente ainsi les frais généraux au lieu de les diminuer.

Le seul remède à ce mal évident consisterait à grouper les propriétés voisines sous forme de *Communautés agricoles* pour en attribuer le labour, la fumure, l'ensemencement, la moisson, à un même matériel pris successivement en location par les différents maîtres du terrain.

C'est l'agriculture à l'entreprise, l'agriculture industrielle.

Quand on aura compris les avantages de ce mode d'opérer, on aura réellement, et seulement alors, régénéré l'agriculture en France.

Le Havre. — 1er Juin 1860.

259. Organisation des Communautés agricoles.

Le seul remède aux inconvénients du morcellement de la propriété en France, consisterait, nous le répétons, dans l'*Association*, dans le *Groupement*, dans la *Réunion*, librement consentie, des parcelles appartenant à différents propriétaires de la même localité.

Les *Communautés agricoles* seraient la mise en commun des terres voisines, appartenant à plusieurs personnes, à tous les habitants d'une commune au besoin, sous une même direction, gérance ou règle, choisie d'un commun accord, et dans un ordre régulier où chacun aurait sa part proportionnelle au travail.

Aujourd'hui, lorsque l'on veut appliquer le drainage ou les irrigations à un pays divisé par lots d'une petite étendue, il devient presque impossible d'exécuter ces travaux d'amélioration générale, par suite des divisions fâcheuses qui existent entre les différents possesseurs du sol.

Malgré la loi qui impose les servitudes de passage, il faut créer presque toujours autant de travaux distincts qu'il y a de parcelles séparées, et il est évident qu'il en résulte une augmentation de frais considérable. Une autre augmentation des frais généraux de l'agriculture tient à ce que chacun est obligé d'avoir, à son propre compte, un personnel et des instruments spéciaux.

Le labour, le répandage des engrais, les semailles et les moissons, pourraient se faire à des conditions beaucoup moins onéreuses si le travail agricole était organisé de telle sorte qu'un même entrepreneur pût exécuter ces opérations pour tous les champs à la fois, suivant les indications des divers ayants droit et suivant la culture spéciale voulue pour chacun d'eux.

De même, au moyen d'un dépôt central d'outillage et de matériel perfectionné, comme nous l'avons déjà indiqué, on pourrait obtenir des résultats très-économiques.

Enfin, l'*Échange* des parcelles éloignées les unes des autres, ou enclavées d'une manière incommode, contre des parcelles équivalentes qui seraient contiguës, s'effectuerait en même temps que la réunion sous un même chef, et chacun y trouverait encore l'avantage de pouvoir surveiller plus aisément les travaux des terrains qui lui appartiendraient.

Paris. — 1er Avril 1859.

260. Les Jardins d'ouvriers
dans les Usines et Manufactures.

L'inaction du soir et du dimanche, le manque de distractions agréables lorsque l'ouvrier est rentré chez lui, constituent une des causes les plus générales de l'inconduite, du gaspillage d'argent et de l'ivrognerie, qui sont les fléaux de beaucoup de réunions d'artisans.

Nous avons déjà appelé l'attention sur l'utilité qu'il y aurait à établir des *Bibliothèques populaires* dans tous les quartiers des grandes villes.

Pour les usines situées à la campagne, ou dans des terrains assez vastes pour permettre ce genre d'accessoires, on devrait s'appliquer à créer des jardins, des potagers, des champs même, où chaque ouvrier aurait son carré de terre, dont les produits appartiendraient à sa famille, et qu'il lui suffirait d'ensemencer, de cultiver et d'entretenir à ses heures de loisir.

Dans certains cas, le directeur de l'usine pourrait même se charger de faire faire, pour le compte des ouvriers cultivateurs, certains travaux de préparation générale, le labourage du sol, par exemple, qui exige un matériel spécial.

Au moment où l'on se plaint de tous côtés de la désertion des campagnes par les jeunes agriculteurs qui vont se faire ouvriers dans les villes, il peut n'être pas inutile de s'occuper des moyens de transformer à leur tour les ouvriers en agriculteurs, et de réveiller en eux ce goût, qui n'est souvent qu'endormi, des occupations champêtres et d'un travail agricole productif.

Paris. — 1er Septembre 1859.

261. Moyen d'empêcher l'émigration des ouvriers
des campagnes vers les villes.

Il n'est pas d'agriculteur en France qui ne déplore chaque jour, et ne signale avec énergie les fâcheux résultats du départ des ouvriers des campagnes pour les villes, et les effets désastreux qui en résultent au point de vue du renchérissement de la main-d'œuvre et de la mauvaise volonté des travailleurs.

Il est donc urgent de rechercher les moyens les plus efficaces pour remédier à cet état de choses, et pour compenser les effets d'une attraction souvent injustifiable, par des avantages immédiats, sérieux et réels faits au travail des champs.

Les moyens à employer pour cela ne peuvent être que de trois espèces :

1° *Concours pécuniaires* des particuliers ou de l'État, pour donner aux travaux agricoles le crédit qui est la base nécessaire de toute industrie à long terme.

2° *Améliorations matérielles* de l'*habitation*, de la *nourriture* et du *vêtement*, pour donner au séjour des villages l'agrément et le bien-être que peut comporter la demeure dans les villes.

3° *Encouragements moraux et honorifiques*, par la création de concours et de comices nombreux, par la distribution de primes et de médailles, par la création d'une médaille agricole spéciale, assimilable à la médaille militaire, par l'exemple donné aux agriculteurs secondaires par les agriculteurs principaux.

Ainsi, il serait nécessaire d'établir des *Caisses de Crédit agricole* ou de *Crédit rural* dans tous les chefs-lieux d'arrondissement, au lieu de les centraliser à Paris, entre les mains d'administrations souvent coûteuses et qui exigent, pour prêter, des formalités interminables.

Il faut assainir et embellir les villages, en imposant aux constructeurs ruraux quelques règles indispensables d'alignement, de bonnes proportions et d'hygiène, que les agents-voyers feraient observer. Il faut empêcher les cultivateurs, dans leur propre intérêt, de perdre sur la voie publique les eaux d'égout et de fumier, et d'entasser devant leurs maisons des amas de matières putrides qui s'y délavent à la pluie, s'y dessèchent au soleil, et y causent, en été surtout, des effets permanents d'insalubrité. Il faut établir des *constructions communales économiques* propres et élégantes, des *Mairies* et *maisons d'école* étudiées suivant des types rationnels et appropriés aux besoins des localités, des *marchés* couverts, des *abattoirs*, des *bains* et *lavoirs publics*, des *fontaines*, des *monuments* commémoratifs pour l'embellissement des places et des voies publiques.

Enfin, tout le monde connaît les bons effets des encouragements moraux, et les avantages de la plus grande publicité possible donnée aux récompenses obtenues, ainsi que les bonnes relations et les instructions réciproques qui résultent des Comices et des Concours agricoles.

Pour faciliter les cérémonies et pour les rendre moins coûteuses, il faudrait créer une sorte de matériel spécial dans chaque Département, qui serait transporté de village en village, partout où il y aurait quelque progrès important à mettre en évidence, quelque effort intelligent à signaler. Ainsi il suffirait que, dans chaque département, la *Société d'agriculture* locale prît l'initiative de ce moyen d'action, et l'on verrait bientôt des avantages sérieux en résulter, tant au point de vue de l'abandon des vieilles routines, qu'à celui du goût agricole développé dans les jeunes générations.

Pour compléter l'ensemble de ces mesures *directes*, qui s'adressent aux ouvriers agricoles eux-mêmes, il faudrait faire valoir réciproquement, aux yeux des ouvriers des villes, les avantages qu'ils abandonnent, en préférant des professions industrielles, où le chômage, les maladies des villes et les changements fréquents d'atelier ou de résidence compensent ce qu'ils peuvent gagner en plus les jours de travail.

L'agriculteur intelligent n'a pas un seul jour à perdre pendant toute l'année. Les travaux de la ferme se substituent aux travaux des champs aussitôt que ces derniers deviennent moins faciles.

C'est tout l'ensemble de ces mesures directes ou indirectes qu'il faudrait chercher à réaliser pour vaincre l'obstacle et pour remédier au mal signalé.

Nous nous empresserons toujours de citer et de décrire toutes les applications que nous pourrons en rencontrer, car là est l'avenir moral du travail agricole, au point de vue de sa concurrence inévitable avec le travail industriel.

Paris. — 1er Janvier 1860.

262. Création de Comités d'Initiative
pour les améliorations agricoles dans chaque Département.

Aucun perfectionnement n'est possible si quelques hommes actifs ne s'y consacrent entièrement, et si les avantages qu'il peut procurer ne sont sans cesse mis en évidence par la parole et par l'exemple.

Un des moyens les plus efficaces d'arriver à la prompte réalisation de tous les faits utiles et nouveaux en agriculture serait la création de *Comités d'initiative* se divisant le travail des progrès à introduire, et prêchant résolûment d'exemple, par l'application et par le fait matériel.

Si, dans chaque département, les dix principaux agriculteurs, ceux qui sont le plus énergiquement décidés à réaliser le bien, pouvaient s'entendre et se réunir pour user de toute leur influence à l'effet de réaliser un *programme* déterminé, on verrait bientôt de notables changements dans les campagnes, et les applications faites par les comités seraient le point de départ d'un accroissement certain de la richesse agricole du pays.

Les sociétés d'agriculture semblent mieux à même qu'aucune autre réunion de personnes, de nommer et de constituer, en choisissant les plus actifs et les plus dévoués de leurs membres, les *Comités* dont il s'agit.

Tout le monde sait que les sociétés elles-mêmes sont composées d'éléments très-divers où des considérations purement administratives, et souvent même politiques ou religieuse, interviennent par la force des choses.

En déléguant à un *Comité spécial* le soin des propositions et l'initiative des exemples, on établirait un ordre régulier dans la marche des améliorations, et l'on obtiendrait certainement des résultats plus prompts et plus nettement accusés.

Paris. — 1er Avril 1860.

263. Création de cours abrégés d'Agriculture
Dans les Lycées et colléges.

Nous avons déjà parlé de l'avantage qu'il y aurait à introduire, dans le programme des *écoles primaires des campagnes*, quelques notions d'agriculture, en fixant surtout l'attention des élèves au moyen de grands tableaux coloriés, de dessins, de modèles, de promenades agricoles et de *Faits matériels* de toute espèce.

Il ne serait pas moins bon de remédier aussi à l'ignorance souvent extrême qui existe, dans les classes dites instruites, au sujet des questions les plus élémentaires de la pratique des champs.

Le thème grec et la version latine occupent depuis trop longtemps une place que l'on devrait réserver, dans les lycées et collèges, à des notions plus utiles et surtout plus durables.

Espérons donc qu'à force de répéter et de demander ce qui est incontestablement le meilleur moyen de rendre l'agriculture familière aux classes aisées, on prendra des mesures nécessaires dans ce sens, et que les propriétaires interviendront alors plus directement et plus utilement dans les travaux faits sur leurs terres.

Paris. — 1er Août 1860.

264. Création de livrets pour les ouvriers agricoles.

Pour assurer le bien-être et l'avenir des ouvriers des campagnes, il faut, avant toute chose, *organiser régulièrement le travail agricole* et donner aux propriétaires, comme aux journaliers, une garantie réciproque.

Le livret, cette institution si utile pour les ouvriers des villes puisqu'il leur sert à la fois d'état personnel, d'état de service, de papier civil et de recommandation auprès de leurs patrons, ne pourrait-il pas être appliqué aussi à la main-d'œuvre des champs, et apporter ainsi plus d'ordre et plus de régularité dans l'offre et la demande du travail?

En ce qui concerne la *forme*, ce serait purement et simplement la disposition des livrets d'ouvriers usités dans les villes, et dont des modèles existent partout. Il suffirait de les approprier à leur destination nouvelle en y changeant peut-être quelques désignations de détails.

En ce qui concerne les *voies et moyens*, un simple article dans le futur Code rural suffirait pour le rendre obligatoire sans inconvénient.

En attendant et, dans chaque Département, un arrêté préfectoral pourrait le prescrire, sans qu'il fût nécessaire de faire intervenir une loi.

Nous appelons sur cet objet la sérieuse attention de tous les agriculteurs, car à défaut de Code et d'arrêté administratif, chaque propriétaire pourrait même, au besoin, en prendre l'initiative, et le rendre obligatoire pour les hommes qu'il emploie chez lui.

Il est incontestable que l'avenir d'un ouvrier serait d'autant plus assuré qu'il serait porteur de meilleurs certificats, et l'indifférence pour l'inconnu, qui le ferait rebuter dans d'autres conditions, se changerait pour lui en intérêt et en bienveillance, s'il pouvait présenter à chaque nouveau maître d'honorables et pressantes attestations de ceux chez qui il avait déjà travaillé.

Paris. — 1er Janvier 1861.

265. Fondation d'une Caisse de retraite
pour les ouvriers agricoles.

Après la création de *livrets* pour les ouvriers des campagnes, une des mesures les plus utiles pour encourager le travail agricole serait la fondation d'une caisse de retraite spéciale, analogue à celles qui fonctionnent dans plusieurs villes pour secourir la vieillesse des ouvriers industriels.

Les voies et moyens que l'on peut indiquer pour réaliser cette idée seraient les suivants :

1° La création de sociétés de secours formées par les principaux propriétaires de chaque canton, qui contribueraient, au moyen d'une cotisation annuelle proportionnée à leur fortune, au soulagement des misères les plus pressantes de leurs anciens serviteurs;

2° L'allocation de fonds spéciaux par le conseil général de chaque département. Quand on ne consacrerait qu'une somme de 2 ou 3,000 fr. par an au soulagement des infortunes les plus dignes d'intérêt, cette allocation créerait un précédent utile et pourrait s'augmenter dans les cas particuliers;

3° Les dons volontaires et legs testamentaires, qui ne font jamais défaut aux œuvres charitables de ce genre, lorsqu'elles sont dignement représentées;

4° Enfin, s'il y avait lieu et possibilité de le faire, le prélèvement de 1/2, 1 ou 2 pour 100 sur les appointements et salaires des hommes auxquels les pensions de retraite seraient réservées.

Cette dernière mesure devrait, pour le commencement, être réservée; car les salaires des ouvriers des champs ne sont pas toujours assez élevés pour qu'une réduction, si minime qu'elle soit, ne puisse pas donner lieu à des réclamations légitimes.

Cependant le principe général des caisses de retraite proprement dites est bien le concours, *dans une certaine mesure*, de ceux-là même auxquels elle doit profiter; et c'est au double point de vue de la prévoyance de l'avenir et d'une sorte de retenue de garantie pouvant donner plus de stabilité à l'ouvrier, qu'elle peut être mentionnée au nombre des voies et moyens de la création des caisses dont il s'agit.

Paris. — 1ᵉʳ Juillet 1861.

266. Création d'une Médaille agricole
pour l'encouragement des services rendus par les ouvriers des campagnes.

De même que l'on a créé une médaille militaire, une autre pour les actes de dévouement, de sauvetage, et que, dans plusieurs pays, il existe des médailles dites du mérite civil, il serait désirable de compléter les mesures d'encouragement à l'agriculture par la création d'une sorte de Légion d'honneur spéciale, donnant droit et obligation de porter une *médaille agricole.*

Sans doute les médailles décernées en assez grand nombre dans les comices et concours constituent déjà une distinction honorifique qui a une grande valeur aux yeux des agriculteurs, mais le point de vue n'est pas le même : d'abord elles ne s'adressent pas principalement aux ouvriers, elles ne se portent pas d'une manière apparente, sauf dans quelques rares occasions ou cérémonies agricoles ; elles ne constituent pas un titre de retraite, si modeste qu'elle soit, pour la vieillesse du titulaire.

Cette mesure pourrait donc se combiner, dans certains cas, avec la fondation de caisses de retraite pour les ouvriers agricoles.

Comme forme, la médaille pourrait être en cuivre, de petite dimension pour être plus économique et facile à porter.

Les empreintes et légendes pourraient être mises au concours.

Le ruban pourrait être vert, à lisérés d'or formant palmettes.

Comme les titulaires de la médaille de Sainte-Hélène deviennent tous les jours moins nombreux, la médaille agricole ne pourrait pas être confondue avec cette médaille militaire. C'est une simple idée que nous émettons aujourd'hui, et il ne nous appartient pas de rechercher les voies et moyens de son exécution ; mais, quelle que soit la suite possible de cette mesure, elle ne pourrait évidemment qu'exercer une heureuse influence sur la moralisation des ouvriers des campagnes.

Paris. — 1er Août 1861.

267. Utilité du Concours des Instituteurs primaires
pour la mise en pratique des Progrès agricoles.

Tant qu'une amélioration agricole n'est pas recommandée, expliquée, défendue au besoin, par une personne qui se donne pour mission de la faire adopter dans une localité déterminée, et tant qu'une expérience au moins n'en est pas faite avec intelligence et persévérance, on peut être certain que le progrès restera à l'état de *desideratum*, et qu'il n'en sortira qu'un vœu stérile et sans effet.

Qui peut mieux seconder, dans les campagnes, l'esprit d'initiative et de perfectionnement que les hommes appelés, par leurs fonctions mêmes, à diriger l'esprit des nouvelles générations vers les connaissances utiles ?

Si les Sociétés agricoles, la Société d'acclimatation, la Société centrale d'agriculture se mettaient en relations directes, régulières (au besoin rémunérées), avec les instituteurs des principales localités de chaque arrondissement, il ne pourrait en résulter que beaucoup de bien.

On leur enverrait des échantillons, des modèles, des livres, en leur donnant, sous une forme délicate, des primes et des récompenses, lorsqu'ils auraient obtenu des résultats positifs. On ne pourrait que seconder les vues du Gouvernement lui-même, dans le sens du progrès agricole, et l'on améliorerait la position matérielle des instituteurs, en même temps que l'on augmenterait leur influence morale.

Paris. — 1er Novembre 1861.

XLII. — INSTRUCTION DES OUVRIERS. — ÉCOLES. — BIBLIOTHÈQUES POPULAIRES. — COURS D'ADULTES. — CONFÉRENCES.

268. Création de Bibliothèques secondaires
dans les Quartiers industriels et les faubourgs des grandes Villes.

L'ignorance, et l'oisiveté pendant les jours de repos ou de chômage sont les deux plus grands obstacles que l'on puisse avoir à combattre dans l'organisation du travail : il n'est pas de moyens qu'il ne faille employer pour détruire ces deux causes funestes d'inconduite, pour répandre l'instruction générale, pour créer des occupations à la fois utiles et agréables aux ouvriers pendant leurs heures de loisir.

Nous avons déjà parlé, dans une proposition précédente, de l'avantage qu'il y aurait à enseigner les premières notions d'agriculture dans les Écoles primaires, afin d'éclairer et de développer le goût des travaux agricoles dans les campagnes et dans toutes les régions de la société.

Les ouvriers des villes n'ont pas moins besoin, malgré leur degré d'instruction relativement supérieur, d'augmenter encore la somme de leurs connaissances, et de remplir utilement par des distractions intelligentes ou par des promenades hygiéniques, les intervalles de leur travail.

Pour cela, il serait très-désirable de voir s'établir dans les principaux quartiers industriels et dans les faubourgs des grandes villes, des Bibliothèques populaires composées mi-partie d'ouvrages littéraires et mi-partie d'ouvrages industriels.

Ces établissements devraient être assez vastes pour contenir deux ou trois cents lecteurs.

Ils offriraient aux ouvriers désœuvrés, le soir ou le dimanche, un passe-temps gratuit, en même temps qu'un abri paisible contre les mauvais temps et les froids de l'hiver.

Les Catalogues, complétés par tous les ouvrages nouveaux qui seraient admis par une commission d'examen, seraient assez étendus pour comprendre 10 à 15,000 volumes.

On y trouverait les livres d'agrément et les traités scientifiques qui font trop souvent défaut aux grandes bibliothèques.

La surveillance serait faite par quelques aides-bibliothécaires, qui excluraient, après récidive, les hommes trop bruyants.

Il faudrait multiplier surtout les ouvrages illustrés, les recueils de dessins, les vues des différents pays, les albums d'architecture, de machines, d'ornements ou d'histoire naturelle, et garnir toutes les parois libres des salles par de grands tableaux coloriés qui représenteraient les principales formes architectoniques, industrielles ou agricoles, avec des désignations inscrites sur chaque objet, sans légendes ni renvois.

Des recueils de dessins et des opuscules sur divers sujets d'utilité générale pourraient être distribués gratuitement aux lecteurs les plus assidus, comme une sorte d'encouragement et de récompense offerte à leur bonne volonté.

Paris. — 1er Octobre 1858.

269. Création d'Écoles spéciales de dessin

dans tous les Chefs-lieux d'arrondissement.

Le dessin est la langue naturelle de l'industrie et de la construction.

La forme, l'exécution, le *fait matériel* y jouent toujours un bien plus grand rôle que la théorie et l'idée.

Il faut donc exercer, dès leur jeune âge, les enfants qui doivent devenir plus tard artisans, industriels ou constructeurs, à traduire leurs idées à l'aide du crayon, et à représenter avec plus ou moins de fidélité les objets qui les intéressent.

Indépendamment du point de vue d'utilité professionnelle, il est évident que les occupations graphiques et artistiques, le dessin, l'aquarelle, le lavis, la peinture, et, dans un autre ordre d'idées, la musique ou la lecture des œuvres littéraires, exercent une puissante influence morale sur l'esprit de ceux qui s'y adonnent, et contribuent, plus énergiquement et plus pratiquement que toutes les exhortations et tous les principes, à élever leurs pensées et à combattre les effets de l'oisiveté.

C'est dans un but analogue d'instruction et d'occupation pendant les heures de loisir que nous proposons la Création de *Bibliothèques populaires* gratuites, dans tous les quartiers industriels des grandes villes.

Si l'on donnait suite à ces divers moyens d'augmenter la somme des ressources intellectuelles mises à la disposition du plus grand nombre, on en obtiendrait certainement des résultats heureux en peu de temps, et l'on verrait dans le commerce et l'industrie bien moins de ces produits informes et sans expression qui accusent une industrie purement matérielle et un art, esclave de la mode, qui ne s'impose que du maître à l'ouvrier.

Paris. — 1er Janvier 1857.

270. Création de Bibliothèques militaires
dans toutes les Villes de garnison.

Le recrutement enlève tous les ans à l'Industrie, au Commerce, à l'Agriculture, des milliers de bras que l'état militaire ne leur rend qu'après plusieurs années d'inaction relative.

On sait quel effet peu favorable produit trop souvent le régime des casernes sur des hommes qui auraient été de bons ouvriers ou de bons employés, si leur temps perdu avait été utilisé à quelque occupation réfléchie (1).

L'autorité militaire admettra-t-elle que des travaux utiles de lecture, d'écriture ou même des travaux de métier, ne nuisent pas à la discipline? Il y aura certainement des officiers et des généraux qui considéreront les exercices littéraires ou manuels comme contraires au maintien de l'obéissance passive qui est quelquefois pour eux le dernier mot de l'art de la guerre.

Mais il y a heureusement d'autres avis, non moins influents, qui, aujourd'hui, basent le dévouement de l'armée sur son progrès moral, et sur le développement de ses sentiments de dignité personnelle. C'est à ces avis, plus conformes au sens moderne, qu'il faut s'adresser pour provoquer la création de bibliothèques militaires dans les principales villes de garnison.

Même quand on ne devrait y trouver que les œuvres de Vauban, et des officiers de Génie, les œuvres de Napoléon Ier, celles de Thiers sur le Consulat et l'Empire, des relations de voyages et de nombreux traités d'histoire ancienne et moderne, joints à des ouvrages d'industrie et d'agriculture, de physique et d'histoire naturelle, avec une collection des meilleurs ouvrages littéraires anciens et modernes, on aurait déjà fait une œuvre utile, et il est difficile d'admettre que de semblables préoccupations puissent empêcher un homme de faire son devoir comme soldat dans le présent, et comme ouvrier ou employé dans l'avenir.

Paris. — 1er Juin 1861.

271. Développement des Cours d'adultes
LIBRES, PUBLICS ET GRATUITS.

Depuis que les ouvriers des campagnes, soit agriculteurs, soit industriels, affluent dans les villes, par suite de la facilité que leur en donnent les chemins de fer, il devient de plus en plus nécessaire de veiller à ce que leur ignorance, combinée avec leur désir d'*arriver quand même*, au succès et au travail productif, n'engendre pas des dangers sérieux pour l'avenir social.

---

(1) Voir aussi, à ce sujet, la proposition 300.

Les cours publics et gratuits à l'usage de *tous*, ne sauraient donc être trop multipliés, pour compenser l'absence d'éducation et d'instruction première, qui sont le plus grand malheur possible dans notre état de civilisation.

Les hommes dévoués qui se chargeraient de consacrer leur temps et leurs soins à combler cette lacune de l'instruction générale ne sauraient donc être trop encouragés, et l'on ne saurait trop les exhorter à la persévérance dans une action aussi utile et aussi méritoire à tous les points de vue.

Paris. — 4 Janvier 1863.

272. Multiplication des Conférences
sur des sujets détachés de littérature, de science, d'histoire, de géographie, d'hygiène, de philosophie sociale, etc.

Par les mêmes raisons indiquées ci-dessus, et aussi parce que les « Gens du monde » comme on appelle la classe riche et relativement oisive, ne savent pas toujours beaucoup mieux que les ouvriers, si Confucius est antérieur ou postérieur à Jésus-Christ, ou s'il faut passer la mer pour aller de Marseille à Calcutta, — nous désirerions que l'on multipliât indéfiniment, en quelque sorte, les *Conférences* où ceux qui savent, parlent librement à ceux qui ne savent pas.

Ici ce ne serait plus un enseignement régulier, périodique, presque obligatoire, à but déterminé.

Ce serait l'instruction générale, élégante, savante, amusante, intéressante surtout ; afin de fixer, par l'attrait d'une conversation spirituelle, ou d'une éloquente improvisation, les personnes qui hésiteraient entre les plaisirs de l'esprit et les plaisirs des sens ; entre la promenade sans but et une utile et agréable méditation.

Paris. — 4 Janvier 1863.

XLIII. — EXPOSITIONS ET CONCOURS.

273. Création d'une Exposition publique permanente
des œuvres des artistes vivants.

Il devrait exister, dans chaque ville principale, à Paris, à Lyon, à Marseille, à Bordeaux, et dans les capitales de l'étranger qui n'en seraient pas déjà pourvues, des Expositions publiques et permanentes des Beaux-Arts.

Ces expositions, gratuites certains jours de la semaine, seraient ouvertes moyennant un droit d'entrée d'autres jours, pendant lesquels les artistes pourraient y travailler plus librement à la copie ou à l'étude des tableaux exposés.

Un comité spécial se chargerait de la perception du droit d'exposition, de la recette des entrées aux jours réservés, de la vente et de la reproduction des ouvrages exposés, avec le consentement des artistes. Les galeries, parfaitement éclairées et disposées pour l'objet dont il s'agit, devraient être situées dans le quartier le plus fréquenté de chaque ville, et avoir une entrée très-apparente, déjà garnie de tableaux, de statues et de photographies, avec vestibule largement ouvert sur la voie publique.

Dans l'intérieur, des siéges et des tables commodes devraient être disposés pour le repos et le travail des visiteurs.

Chaque tableau devrait porter son titre, la date de son achèvement, le nom et l'adresse de son auteur.

Il serait peut-être même bon d'y ajouter, dans un cartouche mobile, une mise à prix fixée par le Comité de vente, d'accord avec l'exposant, et dont le minimum serait arrêté au moment de l'admission.

Une telle combinaison aurait de nombreux avantages :

Elle rapprocherait le public de la question d'art, qu'il n'est que trop souvent disposé à négliger.

Elle permettrait à chacun d'aller choisir, parmi les ouvrages exposés, qui seraient classés *par séries de sujets analogues*, celui qui conviendrait le mieux à son goût et à ses préférences.

Les artistes, de leur côté, trouveraient dans le libre accès du public auprès de leurs œuvres une occasion d'encouragements utiles ou de profitables leçons.

Ils trouveraient enfin, dans le patronage du *Comité de direction*, une garantie de vente presque certaine, et de placement aussi avantageux que possible.

Nous prions toutes les personnes qui partageraient notre avis, de vouloir bien nous indiquer les perfectionnements que l'on pourrait apporter à ce programme et nous éclairer de leurs bons conseils.

Il nous semble impossible qu'une idée aussi simple ne puisse pas passer un jour du domaine des projets dans celui des faits, et qu'en réunissant toutes les opinions favorables qui peuvent exister dans le même sens, on ne puisse pas arriver promptement à une heureuse solution.

Paris. — 1er Mars 1859.

274. Création d'Expositions spéciales
pour l'Art industriel.

L'art industriel se trouve, dans la plupart des expositions, relégué à un rang secondaire.

Ainsi, dans les expositions des Beaux-Arts, une galerie latérale et comme perdue dans les dépendances du bâtiment, se trouve généralement affectée au *Dessin industriel :* les produits *céramiques* sont relégués dans les vestibules et les escaliers ; les *mosaïques* sont placées dans des coins des salons, le long des corridors, ou sous les tables d'exposition des autres produits.

Il serait temps de créer pour les arts industriels, tous réunis, tels que la *Photographie*, les *bois découpés*, les *arts céramiques*, les *mosaïques*, les *parquets à la mécanique*, les *zincs et les cuivres estampés*, les *fontes d'ornement*, etc., des expositions toutes spéciales et qui ne seraient pas les moins intéressantes, bien certainement.

Alors seulement justice serait rendue à l'importance réelle de toutes les industries dont nous venons de parler, et les hommes placés à leur tête ne seraient plus réduits à solliciter et à obtenir à grand'peine une place sacrifiée, à côté des tableaux d'église et des vues de batailles.

Paris. — 1er Janvier 1860.

275. Exposition publique et permanente
des produits brevetés.

Le meilleur moyen de favoriser l'industrie et le développement rapide des idées nouvelles est d'offrir aux inventeurs les deux éléments qu'ils cherchent toujours avec le plus d'ardeur, la publicité et le capital.

Une exposition publique et permanente des produits brevetés, complétés par une caisse centrale des inventeurs, serait la réalisation matérielle des avantages dont il s'agit.

Pour avoir droit à l'exposition publique, il suffirait de payer une taxe proportionnelle à la valeur de l'objet exposé, ou, en cas d'absence d'indication de la valeur, une taxe fixe convenablement établie.

Pour avoir droit aux avances de la caisse centrale, il faudrait que l'invention, préalablement brevetée, ait été jugée d'une application avantageuse par le Comité de direction, et alors des expériences seraient ordonnées, des produits destinés au commerce seraient fabriqués immédiatement d'après les indications de l'inventeur.

En tout état de cause, les galeries de l'exposition dont il s'agit devraient être établies au centre d'un quartier très-fréquenté, leur accès devrait être facile et apparent. l'entrée devrait en être gratuite, sauf peut-être trois jours réservés pour les expériences où il serait perçu un droit spécial.

L'établissement serait d'ailleurs complété par un café, un buffet, un vestiaire, un salon de travail, etc.

Une semblable création, faite avec soin et sous une direction compétente, également éloignée des entrainements et des préventions des capitaux, pourrait réaliser les plus grands avantages pour ces inventeurs, et rendre des services réels et incontestables à l'industrie en général.

Il serait facile d'obtenir que chaque industriel un peu aisé donnât un concours, même important, à la réal⸳⸳⸳ ⸳⸳⸳ de cette idée.

Les sacrifices que font certaines maisons, pour une publicité bien moins efficace et bien moins complète, donnent la mesure de ce que demande l'esprit de concurrence et le besoin de faire connaître au public les produits qu'on lui destine.

Nous avons déjà proposé une exposition permanente de ce genre pour les œuvres des artistes vivants, tels que peintres, sculpteurs, mosaïstes, graveurs, architectes. La même organisation pourrait convenir parfaitement à une exposition permanente des arts industriels.

Nous nous bornons aujourd'hui à indiquer cette idée. Plus tard, s'il y a lieu, nous reviendrons sur les voies et moyens de sa réalisation.

Paris. — 1er Février 1860.

276. Adoption du principe des Concours publics
pour tous les Projets d'utilité générale.

L'avantage des concours publics pour mettre en lumière toutes les solutions possibles d'une même question est tellement évident qu'il est inutile de le démontrer.

Ce qui fait l'objet de la présente proposition, c'est l'adoption d'un ensemble de mesures ou, si l'on veut, d'un programme général plus efficace et plus rationnel que celui qui a été appliqué récemment au concours de l'Opéra de Paris.

C'est aussi l'extension de ce même principe à des projets d'une autre nature que ceux d'architecture proprement dite.

Ainsi, lors du concours de l'Opéra, trois inconvénients fondamentaux ont été reconnus :

1° On a donné *trop peu de temps* aux concurrents pour mûrir leurs projets et pour faire les études.

2° *On n'a pas fixé des récompenses assez élevées pour les grands prix et assez nombreuses pour les médailles secondaires* pour engager tous les bons architectes à concourir, et pour rémunérer ceux des concurrents dont les projets, quoique non admis, étaient assez complets pour servir à donner des idées utiles.

3° Le *secret du nom des concurrents n'a pas été assez sérieusement tenu*, et la partialité a pu s'introduire dans les jugements malgré le bon vouloir des juges.

Il est bon d'appeler l'attention du public sur ces divers inconvénients, et de faire des vœux pour qu'il en soit pris bonne note, dans une occasion prochaine (par exemple le Concours pour le projet des *Eaux de Paris*).

Paris. — 1er Juillet 1861.

XLIV. — INDUSTRIES NOUVELLES A DÉVELOPPER.

277. Machines à vagues.

Toute personne qui a vu la mer remonter et redescendre perpétuellement sur ses grèves, sans que jamais cette action violente se soit trouvée l'objet d'aucune mise en valeur industrielle, a pu songer aux moyens de transformer en un travail utile cette force brutale, qui ne sait que détruire, et un moyen possible d'en tirer parti : L'objet de notre proposition est de fixer les idées sur ce qui se consomme tous les jours sans résultat, sur toute la surface de l'Océan.

Deux questions sont à examiner à ce point de vue :

1° Utilisation des marées ;

2° Utilisation des vagues.

Mais l'action des marées est trop lente : l'élévation et la descente journalière de l'eau, par mètre carré, représente un très-petit nombre de chevaux par hectare ; — nous en avons fait le calcul, et nous pensons que le moyen le plus efficace de tirer parti de la force dont il s'agit serait d'utiliser l'ascension et la descente des flots, le ressac, la lame, la vague, en un mot l'oscillation *visible* des eaux, qui a lieu à chaque minute.

Ce point de vue présente, en outre, cet avantage important d'être à la fois applicable aux eaux de la Méditerranée, de la mer Noire, de la mer Baltique, de la mer Caspienne, qui n'ont pas de marées sensibles, aussi bien qu'aux eaux de l'Océan.

Des flotteurs en tôle, montant et descendant avec l'eau, le long de pieux à vis en fer, de pilotis en bois, ou dans des puits en maçonnerie, seraient l'élément essentiel du système.

Un semblable flotteur, plongeant de 100 mètres cubes dans la mer, montant et descendant de 1 mètre seulement à chaque lame qui passe, représenterait déjà un travail permanent de près de 500 chevaux de force.

Utiliser ce travail au moyen de pompes qui élèveraient l'eau, pour la transformer en force motrice, au moyen d'engrenages à crémaillères, à chaînes ou à rochets, applicables à des usines également fondées sur pieux à vis, telles sont les idées à développer pour mettre en application ce principe.

Il y a d'ailleurs autant de moyens de transformation qu'il y a de moyens mécaniques d'utiliser un mouvement de va-et-vient quelconque.

Nous reviendrons sur cette question : Pour le moment nous nous bornons à la proposer.

Paris. — 1er Avril 1863.

278. Fabrication des câbles métalliques en France.

Nous avons déjà signalé, dans une de nos livraisons du *Portefeuille des Machines*, l'imperfection relative où se trouvait encore en France l'industrie des Câbles Mécaniques, et nous avons énuméré les services nombreux que ce genre de câbles pouvait rendre, soit comme organes de transmission des forces motrices, soit comme guides des bacs et navires, soit comme moyen de suspension des bennes dans les mines, comme haubans pour chèvres et appareils de transbordement, ou comme attaches de toute nature dans les travaux publics et privés.

Ayant récemment eu occasion d'employer des Câbles Métalliques, et l'élévation arbitraire des prix des fabricants nous ayant obligé d'en faire exécuter dans nos propres ateliers, nous trouvâmes que c'était un travail de la plus grande facilité, et que le prix de revient réel était bien inférieur aux prix actuels du commerce.

Nous ne pouvons donc qu'engager les industriels, qui seraient en mesure d'annexer cette production spéciale à leur fabrication courante, d'essayer de le faire.

Nous avons demandé des renseignements à plusieurs producteurs anglais, et, si les documents que nous attendons peuvent contribuer à l'avancement de la question, nous nous empresserons de les publier.

Paris. — 1ᵉʳ Septembre 1858.

279. Création d'usines spéciales pour la tôle forte.

Le grand développement qu'ont pris les constructions métalliques, depuis un petit nombre d'annés, ont conduit les maîtres de forges à perfectionner leur fabrication, et l'on est arrivé à la production courante de ·fers spéciaux de tout calibre, de toutes dimensions jusqu'à 0ᵐ.50 de hauteur de section notamment. Le même progrès ne s'est pas manifesté dans la fabrication des tôles fortes, réclamées pourtant en grande quantité par les besoins de l'industrie, depuis que la construction d'un grand nombre de ponts et de navires blindés a montré tout le parti qu'on peut en tirer. La production des tôles de grande dimensions laisse généralement à désirer au point de vue économique et souvent aussi à celui de l'homogénéité et de la résistance.

En présence de la demande toujours croissante de ces tôles et des difficultés spéciales que l'industrie est obligée de surmonter pour les obtenir, on doit penser que la création d'usines où l'on fabriquerait exclusivement les tôles fortes serait tout à fait opportune, et aussi profitable aux intérêts généraux et à l'art des constructions qu'aux métallurgistes qui se livreraient à cette fabrication. La grosse tôlerie serait ainsi séparée des forges ordinaires, et il en résulterait une plus grande division du travail, un soin tout particulier réparti sur les meilleurs moyens de faire progresser cette nouvelle branche distincte de l'industrie métallurgique.

Au nombre des imperfections qui ont arrêté ou entravé la production des tôles fortes, il faut citer surtout les pertes de temps nombreuses éprouvées avec les laminoirs ordinairement employés, et qui s'élèvent à environ trois fois le temps du laminage proprement dit. Il en résulte : refroidissement de la pièce de tôle, défaut de régularité dans le laminage des feuilles, obligation de donner plusieurs chaudes, et, par suite, pertes nouvelles de temps, de combustible, de fer, de matériel et de main-d'œuvre.

M. Sauvage-Marit a cherché à remédier à ces divers inconvénients par un laminoir à triples jumeaux bien étudié, qui a été décrit dans le *Bulletin du musée de l'Industrie belge*, mais que nous ne faisons que mentionner ici, voulant seulement indiquer dans quelle voie de perfectionnement on pourrait entrer de suite, si l'on voulait monter une usine spéciale à tôle forte.

Bruxelles. — 1er Août 1859.

280. Création de hauts fourneaux dans le Roussillon.

Il n'existait jusqu'à ces derniers temps dans le Département des Pyrénées-Orientales que des forges catalanes consommant une grande quantité de combustible.

Le premier haut fourneau proprement dit a été construit il y a un an dans l'arrondissement de Prades.

Cette année on en établit un autre dans l'arrondissement de Ceret et un troisième dans celui déjà cité de Prades.

Il serait bien à désirer que ce progrès fût encouragé. et que les abondants minerais qu'on exporte chaque année par Port-Vendres le fussent de préférence à l'état de gueuses de fonte ou de fers laminés.

Perpignan. — 1er Novembre 1859.

281. Emploi des actions mécaniques dans la chimie
industrielle.

Il est bien démontré pour nous que la chaleur, la lumière, l'électricité même ne sont que les dérivés d'un seul phénomène fondamental, *les mouvements invisibles des atomes des corps.* On sait aussi que toute action chimique est précédée ou suivie d'un dégagement de chaleur, de lumière ou d'électrité. Il est donc évident que les deux ordres d'idées sont intimement liés ensemble, et c'est un principe très-simple de *théorie pratique* que de prendre ce fait pour base d'une série d'expépériences et d'inventions nouvelles.

Tout le monde sait que certains vins gagnent en qualité lorsqu'ils ont fait de grands voyages en mer, et le Bordeaux, *Retour des Indes,* est considéré depuis longtemps par les gourmets comme supérieur au même vin qui est resté en cave sur place. Un agriculteur de la Gironde a même fait des essais pour fabriquer artificiellement du Bordeaux de ce genre, sans faire la dépense du transport sur mer : il a suspendu des tonneaux sur un mécanisme oscillant, mis en mouvement par un moteur hydraulique, et la qualité du vin est devenue supérieure à celle du même vin conservé immobile.

Plus récemment, un inventeur a trouvé un procédé de *tannage mécanique*, où le cuir, mélangé avec l'écorce de chène hachée qui constitue le *tan*, tourne dans de grands tonneaux suspendus autour d'un axe horizontal et mis en mouvement par des engrenages. Il s'imprègne ainsi, en peu de jours, du tannin qui le rend souple, tandis que, par le procédé des fonds immobiles, il fallait des semaines, des mois, des années entières pour arriver au même résultat.

On sait aussi, et c'est un principe élémentaire en chimie, que les *gaz à l'état naissant* et les *gaz en mouvement* ont bien plus d'action, c'est-à-dire un pouvoir oxydant ou désoxydant bien plus marqué sur les corps qu'ils longent ou qu'ils traversent que les mêmes gaz au repos.

A quoi tiennent ces phénomènes si divers? Il est facile d'en trouver la cause dans *la plus grande facilité* qu'ont les molécules en mouvement de se présenter à d'autres molécules voisines par les *faces* ou les *axes* convenables pour s'agréger physiquement ou se combiner chimiquement.

C'est, en un mot et à un autre point de vue, l'action du tamisage par un tamis secoué, qui met constamment les grains de sable ou de blé en présence des ouvertures destinées à les laisser passer, comparées à ce qui se passe au repos lorsque ces mêmes grains s'agglomèrent et s'arc-boutent, en quelque sorte, dans un état d'équilibre instable, qui empêche leur passage à travers les mêmes orifices.

Pourquoi ne tirerait-on pas, dans les industries chimiques, un parti plus fréquent de ce principe du moment pour favoriser les actions chimiques trop lentes, et pour réaliser, par suite, une économie de temps et d'argent?

La cémentation du fer, la production des acides et des oxydes du commerce, la fabrication des bières, des liqueurs fermentées, des vinaigres, des savons, des produits distillés, en un mot toutes les industries chimiques, pour ainsi dire, ne pourraient-elles pas accélérer et simplifier leurs procédés par la mise en *trépidation* plus ou moins rapide des appareils ou des récipients qui contiennent les produits générateurs?

Une simple vibration sonore d'une période convenable dans une grande salle résonnante suffirait peut-être dans certains cas : d'autres fois une trépidation énergique produite par un frottement résineux ou par le bourdonnement d'un ventilateur pourrait être employé.

Nous nous bornerons, quant à présent, à appeler l'attention des inventeurs et des industriels sur cette application nouvelle : il ne faudrait pas chercher beaucoup pour trouver des cas particuliers à étudier ce point de vue.

Grenelle. — 1er Mars 1863.

XLV. — MESURES D'ORDRE GÉNÉRALES.

282. Uniformité du système des poids et mesures.

Vote pour l'adoption du Mètre en Angleterre et en Autriche.

Dernièrement'a eu lieu à Londres un grand meeting de l'association internationale, formée dans le but de répandre chez tous les peuples l'uniformité dans le système des poids, mesures et monnaies.

La réunion s'est faite chez le docteur Hodgkin, dans Bedford-Square.

M. J. Yotes a ouvert la séance en donnant lecture d'un travail sur la cinquième question des considérations préliminaires : Quelle est la meilleure unité de longueur? Le mètre, malgré son inexactitude, peut-il satisfaire aux besoins de la géographie et du commerce?

Ce travail très-intéressant a donné lieu à une grande discussion sur les conclusions.

Le docteur Alexander, M. Athernon, le docteur Hodgkin, M. Meckins et le professeur Levi ont pris part à cette discussion, qui a conduit à l'adoption des mesures suivantes :

« L'inexactitude minime du mètre n'a aucune importance dans la pratique : Son adoption par les nations ne peut être remise en question, et doit être considérée comme bien préférable à l'adoption de toute autre unité de longueur. »

Cette décision a une très-grande importance, parce que l'Angleterre est le pays qui a toujours été le plus opposé à l'adoption du système métrique, et en même temps celui qui a les relations les plus étendues sur toute la surface du globe.

Une déclaration semblable a été faite récemment par la Société des ingénieurs civils d'Autriche.

Paris. — 1er Mai 1858.

283. Adoption du système métrique en Allemagne.

La Confédération germanique a également adopté en principe le système des poids et mesures français. Elle a su vaincre les répugnances, malheureusement trop enracinées quelquefois en Allemagne, contre tout ce qui est d'origine française. La commission déléguée par la diète de Francfort avec mission d'élaborer un projet ramenant à l'unité et à l'uniformité les systèmes multiples des cinquante-deux États de la Confédération, a, dès sa première séance, *le 12 Janvier 1861*, fait acte de sens pratique en adoptant, *à l'unanimité*, le mètre comme unité des mesures de longueur.

C'est là, certes, une victoire remarquable de la logique sur l'esprit de nationalité. On peut même dire que cette unanimité a lieu d'étonner ceux qui ont suivi, dans ces derniers temps, il y a deux ans surtout, le mouvement anti-français qui s'est manifesté sur la rive droite du Rhin.

Ce qui est moins rationnel (et c'est peut-être là que l'opposition a cherché à se retrouver), c'est que, 1° on a décidé qu'on supprimerait le décimètre, se bornant à compter par mètres, centimètres et millimètres, et que, 2° on a proposé, pour la mesure des étoffes dans le commerce de détail, de faire usage d'un mètre subdivisé en parties aliquotes de 1/2, 1/4, 1/8, etc.

Pourquoi cette divergence? Puisque l'on a tant fait que d'adopter le système dans son ensemble, ne pouvait-on pas le prendre tel qu'il est sans le tronquer ni le compliquer?

Il est vrai que, dans la pratique actuelle, le *Décimètre*, pour les longueurs, de même que le *Décare* pour les surfaces, est très-peu usité, au moins verbalement; mais dans la numération écrite, on sera toujours bien forcé de conserver une colonne de chiffres aux dixièmes, aussi bien qu'aux centièmes et aux millièmes. Alors pourquoi cette distinction subtile entre un fractionnement usité et un autre qui ne l'est pas?

Ne pourrait-il pas se produire d'ailleurs, un jour ou l'autre, dans l'industrie ou dans la construction, une spécialité nouvelle, qui trouverait commode de choisir, pour *unité courante*, les fractions que l'on trouve inutiles aujourd'hui?

Il peut en être de même pour la mesure des étoffes. Nous avouons pour notre part que nous ne voyons que des avantages à compter par centimètres au lieu de fractions ordinaires, car cela permet de mesurer, sans erreur et sans discussions entre l'acheteur et le vendeur, les coupons les plus irréguliers, et d'en établir le prix dans une proportion plus rigoureuse. Mais peut-être tient-on en Allemagne à ne pas fermer entièrement la carrière à l'ambiguïté et à la discussion?

Il serait bon alors de lui réserver un autre terrain que celui des poids et mesures.

Francfort. — 1er Mars 1861.

284. Fixation de Plaques-repère pour les cotes
de hauteur dans toutes les Stations de chemins de fer.

Les services de la Navigation et des Distributions d'eau dans les villes ont pour habitude de sceller des échelles d'étiage et des plaques-repère en fonte, ou en porcelaine, contre les piles des ponts et les socles des maisons dans les principales rues qui traversent les conduites : cet usage, qui tend à se généraliser, et qui a été récemment adopté en principe pour le nivellement général de la France, est en lui-même une excellente mesure, et nous n'avons en vue, pour le moment, que d'en proposer une application spéciale.

Dans la plupart des villes où des gares de chemin de fer sont établies, la *Cote des rails*, à tel ou tel *passage à niveau*, est souvent prise pour point de départ des projets, et l'on s'en informe en la demandant à l'ingénieur de la voie et des travaux. Malheureusement cette donnée est souvent très-peu exacte. Nous avons vu des exemples où les seuls tassements du ballast occasionnés par le fréquent passage des machines avaient fait varier de plus de 10 centimètres le niveau des rails dans une station. D'autres fois les rechargements et redressements de la voie, nécessités par les flaches des rails ou ordonnés par suite de remaniements dans la disposition des garages, entraînent des surhaussements de 5 ou 6 centimètres.

De là autant de sources d'erreurs, et, après cinq ou six ans de service, la cote des rails peut différer très-notablement de celle d'abord fixée par le service de la construction.

Nous proposerions donc aux Ingénieurs en chef de tous les chemins de fer, d'accord avec les Ingénieurs en chef des Ponts-et-Chaussées, de vouloir bien ordonner, tant pour la facilité de leur propre service que pour la commodité du public, le scellement de plaques-repère en fonte, non pas pour donner le niveau des rails, mais pour donner une *cote fixe quelconque* dans le mur du bâtiment de voyageurs de chaque station.

Il est évident que par ce moyen on pourrait remédier aux inconvénients cités plus haut, en même temps que l'on multiplierait, sur toute la surface du pays, les notes et documents utiles.

Lagny. — 1er Juin 1863.

295. Multiplication des horloges publiques
à éclairage nocturne.

La plupart des horloges publiques des chefs-lieux de Départements ne sont pas éclairées la nuit. Même à Paris, cet éclairage fait défaut au palais de l'Institut et aux pavillons centraux des Tuileries et du Louvre.

Un premier moyen de remédier à l'inconvénient dont il s'agit consiste à tracer les chiffres en noir sur un cadran en verre opalin ou en toute autre substance translucide, que l'on éclaire par derrière, au moyen d'un cercle de gaz de quatre becs isolés, ou de feux d'huile, suivant les cas. Les chiffres d'or sur verre de couleur paraissent également noirs par transparence.

Un second procédé consiste à mettre le cadran dans un renfoncement assez grand pour que l'on puisse en éclairer le pourtour au moyen de becs à réflecteurs cachés derrière les bords du cadre.

Si l'on ne veut pas faire la dépense d'un cadran translucide, ni modifier la construction de l'horloge de manière à pouvoir l'éclairer au fond d'un cadre saillant, on peut se contenter d'allumer, au-dessus du cadran même, et en dehors, un bec à réflecteur et à lanterne, tourné vers le cadran et noirci du côté de l'observateur, comme on en a pris le parti à l'horloge de la place Louvois.

Paris. — 1er Juin 1858.

286. Application d'horloges publiques
de grande dimension
aux façades des stations de chemins de fer, du côté des villes.

Dans beaucoup de stations de chemins de fer, la façade tournée vers la ville est dépourvue d'horloge, et c'est pourtant de ce côté-là surtout qu'il est important d'indiquer l'heure exacte, d'une manière apparente et visible de très-loin, aux partants et aux retardataires.

Il serait facile de mettre en communication, soit par un système de tiges à joints de Cardan, à ressorts ou à engrenages coniques, ou encore par un conducteur électrique, l'horloge extérieure destinée à être vue du public.

Nous signalons cette amélioration aux Compagnies de chemins de fer parce que nous avons remarqué que plus de la moitié des stations, même principales, se trouvaient dans le cas dont il s'agit.

Paris. — 1er Décembre 1858.

287. Adoption de l'heure de Paris
pour toute la France, de l'heure de Londres pour l'Angleterre,
de Bruxelles pour la Belgique, etc.

Les relations incessantes que toutes les villes de chaque pays ont aujourd'hui avec leurs capitales, les innombrables voyageurs que les chemins de fer transportent d'un point à un autre en quelques instants, et qui sont obligés de poursuivre leurs affaires avec des montres toujours en désaccord avec l'heure locale, rendent très-grand l'inconvénient des variations du temps moyen d'une ville à une autre.

Les divergences qui en résultent pourraient être aisément supprimées si l'on adoptait partout en France l'heure de Paris, comme cela a lieu déjà dans les stations de tous les chemins de fer et même dans plusieurs villes qui ont mis leurs horloges d'accord avec le chemin de fer.

En somme, la limite des variations possibles dans ce pays n'est pas de plus de vingt minutes de Paris à Strasbourg, ou de Paris à Brest.

Pour l'Angleterre, qui est moins étendue en longitude que la France, la correction serait encore moindre, si l'on voulait mettre les heures de différentes villes d'accord avec l'observatoire de Greenwich.

Pour la Belgique et la Suisse, les écarts seraient de cinq à dix minutes seulement.

En Allemagne, on pourrait prendre une heure unique pour tous les États confédérés, autres que la Prusse et l'Autriche, soit l'heure de Munich, et ainsi de suite.

De cette façon, il suffirait de régler sa montre une seule fois, en passant la frontière d'un pays, pour être d'accord avec les horloges des différentes villes tout le temps qu'on y séjournerait.

Paris. — 1er Novembre 1858.

288. Emploi de Machines à calculer
pour accélérer et rendre plus exactes les opérations des bureaux, des ateliers et des chantiers.

Depuis la machine arithmétique de Pascal, bien des appareils ont été proposés pour faciliter le travail des personnes qui s'occupent spécialement d'opérations numériques.

Les barèmes, les comptes faits, les tables de calcul, les tables de logarithmes, sont une solution partielle de la question, mais on n'avait pas encore pu construire jusqu'à ce jour une machine qui permît à chacun de faire les opérations les plus compliquées avec une précision infaillible et une promptitude décuple de celle obtenue par les procédés ordinaires.

M. Thomas, de Colmar, plus heureux que ses prédécesseurs, a inventé un mécanisme peu volumineux qui répond de la manière la plus complète à tous les besoins de la pratique.

Ces appareils, déjà employés avec succès aux usines du Creuzot, aux forges d'Anzin, au chemin de fer de l'Ouest et chez un grand nombre de constructeurs ou de particuliers, commencent à se répandre de plus en plus, et c'est une tendance que l'on ne saurait trop encourager.

La division du travail entre l'intelligence humaine d'une part et les engins mécaniques de l'autre, est une des formes les plus remarquables du progrès moderne.

Quand on pense au temps perdu dans tous les bureaux des services publics, des compagnies de chemins de fer, des ateliers et chantiers de construction pour calculer chiffre par chiffre les ordonnées des courbes, les cubes des terrassements, les métrés des bâtiments, les totaux et produits des recettes, etc., on comprend tous les avantages que l'abréviation et la rigueur d'un semblable travail auraient pour les ingénieurs, architectes, conducteurs de travaux, agents voyers, entrepreneurs, chefs de service des principales gares de chemins de fer, etc.

Nous n'entrerons pas ici dans une description détaillée de l'appareil dont il s'agit : nous dirons seulement qu'avec cet instrument on multiplie 8 chiffres par 8 chiffres en 18 secondes; qu'on divise 16 chiffres par 8 chiffres en 24 secondes, et que l'extraction d'une racine carrée de 16 chiffres se fait avec la preuve en une minute et demie.

Le prix d'un appareil de 10 chiffres varie de 100 à 150 fr., celui d'un appareil de 16 chiffres varie de 300 à 500 fr., qui est le prix maximum.

Le système du mécanisme permet d'ailleurs de faire des appareils d'un nombre de chiffres en quelque sorte illimité, pour le cas où cela serait nécessaire.

Les rapports officiels de *l'Institut* (MM. CAUCHY, PIOBERT et MATHIEU), du *Comité d'examen des Ponts et Chaussées* (M. LEMOYNE, Ingénieur en chef), de la *Société d'encouragement* (M. BENOIT), ont constaté les avantages de l'*arithmomètre*, et en ont recommandé l'emploi dans les termes les plus honorables pour l'inventeur.

Paris. — 1er Janvier 1859.

289. Échange de types autographiés
entre les différentes Compagnies de chemins de fer.

M. BAZAINE, Ingénieur en chef des Ponts et Chaussées au chemin de fer de Paris à Lyon par le Bourbonnais, a pris l'initiative d'une mesure d'utilité générale qui, si elle était suivie par toutes les compagnies de chemins de fer, aurait promptement les meilleurs résultats pour l'amélioration du service de chaque ligne.

Une collection complète et détaillée de tous les dessins d'exécution du matériel du Bourbonnais, a été dressée et autographiée sous sa direction, et se compose de cent neuf planches grand format, avec cotes, légendes, poids de toutes les pièces, prix et textes explicatifs à l'appui.

Un exemplaire de cet important travail a été offert par la compagnie aux ingénieurs de la voie et du matériel de toutes les autres compagnies Françaises et aux principales compagnies étrangères.

Les Bibliothèques des écoles spéciales et des sociétés scientifiques en ont également reçu un exemplaire, ainsi que les Directeurs des publications techniques, et nous ne pouvons qu'appeler vivement l'attention de tous les ingénieurs des chemins de fer sur un moyen aussi simple qu'économique de multiplier, pour faciliter leur propre service, les épreuves des dessins utiles, et d'obtenir, *par échange*, tous les renseignements analogues qui pourraient leur rendre service.

Nous chercherons, pour notre part, à centraliser, autant que possible, tous les documents de ce genre, et nous publierons, suivant les cas, ceux qui nous paraîtront présenter un intérêt général.

Paris. — 1er Juin 1859.

290. Numérotage et désignation régulière
des noms des rues *dans les villes.*

Une des imperfections qui frappent le plus le voyageur à son arrivée dans la plupart des villes de province, et surtout dans les localités secondaires, c'est l'absence, souvent complète, de plaques indiquant les noms des rues ou les numéros des maisons.

D'autres fois, dans les villes où le numérotage existe, il est établi suivant des règles tout à fait arbitraires : les numéros, tant pairs qu'impairs, montent d'un côté de la rue et redescendent de l'autre côté : le 108 se trouve en face du 10 ou du 7. Il est impossible, en débouchant dans une rue, de savoir si l'on doit se diriger sur la droite ou sur la gauche pour trouver le numéro cherché.

Dans d'autres cas encore, les numéros vont en sens inverse dans deux rues parallèles, ou bien la série se trouve brusquement interrompue par de grandes-lacunes, sans aucune désignation.

Il serait pourtant bien simple d'adopter partout et d'imposer, au besoin, par la voie municipale, le système si rationnel et si commode qui régit le numérotage des rues de Paris, et la répétition du nom des rues aux coins de chaque îlot de maisons :

1° Mettre dans chaque rue tous les numéros pairs d'un côté (à droite) et tous les numéros impairs du côté opposé.

2° Diriger le sens des numérotages montants de telle façon que toutes les rues *parallèles* au cours d'eau principal, ou à l'artère principale qui traverse la localité, soient parcourues de l'*amont* à l'*aval*, et toutes les rues perpendiculaires ou obliques, numérotées en partant de l'artère principale et en se dirigeant vers les faubourgs.

En un mot, les numéros doivent progresser partout en suivant le sens dans lequel les eaux couleraient dans les rues, si l'on se représentait, par la pensée, une *inondation* générale qui partirait de l'artère principale et couvrirait toutes les chaussées de la localité.

3° Obliger tous les propriétaires à se conformer, pour leurs numéros, à un même modèle, consistant en une plaque de tôle vernie, ou de faïence peinte, incrustée dans la muraille, le plus près possible de l'axe de la porte principale de la maison, et à une hauteur comprise entre $3^m.30$ et 4 mètres.

Les numéros de la ville de Paris sont en porcelaine émaillée à chiffres blancs sur fond bleu. Leur dimension réglementaire est de $0^m.18$ de hauteur sur $0^m.10$ de largeur pour un chiffre, $0^m.25$ pour deux chiffres, et $0^m.27$ pour trois chiffres.

Les chiffres ont $0^m.12$ de hauteur. Chaque plaque coûte $2^f.80$ la pièce compris pose, et son scellement coûte de 1 fr. à $1^f.50$, suivant les difficultés ou la nature de la surface dans laquelle ils sont incrustés.

4° Placer une plaque indiquant le *nom de la rue* ou des deux rues qui se croisent, sur les deux faces d'un coin de chaque îlot de maison, ou en regard du débouché de chaque rue, dans une rue perpendiculaire à laquelle elle s'arrête sans la couper.

La hauteur réglementaire des plaques des rues à Paris est fixée par cette condition qu'elles doivent être placées près des becs de gaz de l'éclairage public, et que leur côté inférieur doit être à 0".10 au-dessus du niveau du tube horizontal de la console de ces appareils. (Ceux-ci sont à environ 4 mètres au-dessus du sol.)

Le côté extérieur des plaques placées aux angles des voies publiques doit être à 0".05 de ces angles.

Les plaques sont en lave émaillée ou tôle vernie à lettres blanches de 0".06 de hauteur sur fond bleu. Elles ont une largeur variable sur 0".35 de hauteur, et coûtent chacune environ 13 fr. les petites, et 15 fr. les grandes. Leur fixation, au moyen de crochets, avec incrustation à fleur de la muraille, coûte environ 2 fr. par pièce.

Telles sont les principales règles qui régissent le numérotage des rues de Paris.

Il sera facile d'en conclure, pour chaque autre ville, eu égard aux différences de lieux et de conditions, la dépense nécessaire à son adoption.

Chaque fois que les ressources municipales le permettront, c'est une des premières améliorations que l'on devrait se proposer de réaliser tant pour la facilité des étrangers que pour la commodité des habitants eux-mêmes, et pour la précision de toutes les désignations relatives au service de la grande et de la petite voirie.

Madrid. — 1er Mai 1860.

291. Établissement de poteaux indicateurs
aux Croisements de toutes les routes et chemins vicinaux.

De même que le numérotage régulier des rues est une nécessité d'ordre pour les villes, la désignation de toutes les routes et chemins vicinaux au moyen de poteaux indicateurs en fonte, à inscriptions lisibles et durables, serait d'une utilité incontestable pour les campagnes.

Autrefois, lorsque la moitié de la population de chaque pays ne se déplaçait pas et ne voyageait pas sur toute l'étendue du territoire comme aujourd'hui, on pouvait à la rigueur se passer de ces renseignements, chaque personne rencontrée en chemin pouvait vous les donner. Mais depuis que les chemins de fer amènent chaque année dans les localités les plus secondaires de nombreux passagers ignorant des choses du pays, on ne saurait trop multiplier les renseignements de ce genre, et d'ailleurs, au point de vue administratif, ils ne peuvent que faciliter et régulariser le service de la construction, de la surveillance et de l'entretien.

Il serait bon que chaque poteau portât, au lieu du nom d'une seule localité voisine, comme cela a lieu d'habitude, une plaque métallique inaltérable (alliage à base de zinc), à lettres en relief portant les noms *successifs* des points situés dans la direction indiquée, avec la distance kilométrique de chacun d'eux.

Au-dessus de cette liste sommaire serait, en plus gros caractères, pour être visible de loin, la désignation du chemin lui-même,

De chef-lieu en chef-lieu de département,

Ou de chef-lieu en chef-lieu d'arrondissement,

Ou de chef-lieu en chef-lieu de canton.

En ce qui concerne la couleur, on pourrait conserver le blanc sur fond bleu, puisque cette combinaison a été reconnue bonne, et se trouve déjà généralement adoptée pour les numéros des villes et les plaques placées à l'entrée de chaque localité. Peut-être aussi pourrait-on adopter, pour ce cas particulier, des lettres noires sur fond blanc, afin que les indications fussent plus lisible dans l'obscurité.

Fontainebleau. — 1er Septembre 1860.

292. Cartes de service des Départements
et des Arrondissements de France aux échelles de 1/160,000.

Pour faciliter l'étude et l'exécution de tous les travaux d'amélioration générale qui intéressent les Ponts et Chaussées, le Service Vicinal, la Navigation et la Voirie municipale, il serait indispensable d'avoir, dans les bureaux de chaque administration, des *cartes de service* dressées spécialement en vue des études dont il s'agit.

Ces cartes, moins compliquées que celles de l'État-Major, et à plus grande échelle pour les arrondissements, seraient lithographiées dans les chefs-lieux mêmes, sous la direction immédiate de l'Ingénieur en chef des Ponts et Chaussées.

On pourrait s'en procurer ainsi, à peu de frais, autant d'exemplaires que chaque projet en comporterait.

On reporterait, chaque année, sur la pierre-matrice, les additions et modifications survenues dans les tracés et établissements civils.

On les distribuerait, sauf faible rémunération, à toutes les personnes qui en auraient besoin.

L'échelle des arrondissements la plus convenable serait 1/1,600,000.

Nous citerons pour exemple de cette bonne mesure le Département de Seine-et-Marne, où tous les services se font avec une activité et une facilité remarquables par suite de l'emploi des cartes dont il s'agit. C'est M. l'Ingénieur en chef Dujor qui en a pris l'initiative. Il serait bien à désirer qu'un travail aussi utile fût réalisé le plus tôt possible pour tous les autres départements.

Melun. — 1er Décembre 1860.

293. Éclairage des numéros des maisons
et des noms des Rues, des Places et des Ponts.

De nouveaux essais d'éclairage des numéros des maisons se font depuis quelque temps à Paris, dans l'avenue Victoria, en face l'Hôtel de Ville : Ils consistent en numéros transparents enchâssés dans les murs, et derrière chacun desquels se trouve un petit bec de gaz que le concierge de la maison doit allumer chaque soir.

Ne serait-il pas désirable que ce système fût appliqué à toutes les grandes villes, non-seulement au numérotage des maisons, mais encore aux plaques indicatives du nom des rues, des places, des quais et des ponts?

Cette amélioration de détail coûterait une somme insignifiante à chaque propriétaire intéressé, et augmenterait notablement le revenu municipal des villes qui fabriquent leur gaz elles-mêmes. Indirectement elle contribuerait à faciliter l'éclairage des rues. Enfin, au point de vue purement artistique, elle romprait la monotonie des façades obscures des maisons, et indiquerait à tout·étranger une ville bien organisée ou bien desservie, ce qui est le plus agréable de tous les embellissements municipaux.

Paris. — 1ᵉʳ Mars 1863.

294. Établissement de services photographiques
dans les principales Entreprises de travaux publics ou privés.

La photographie envisagée au point de vue de l'utilité matérielle peut rendre des services non moins grands à l'industrie et à la construction qu'au point de vue des Beaux-Arts.

L'authentique exactitude des épreuves en fait un moyen de contrôle précieux pour fixer sur le papier, périodiquement, ou à un moment donné, toutes les phases par lesquelles passe un travail quelconque, soit de construction, soit d'agriculture, soit même d'art militaire.

Déjà, dans les dernières guerres d'Italie, de Crimée, de Chine et d'Indo-Chine, la photographie a été une ressource capitale pour rendre compte aux souverains intéressés, aux chefs militaires, au public, de l'état exact des opérations de siége ou de campagne.

Il s'agit ici d'applications pacifiques et, par cela même, plus importantes. Il serait peu coûteux, relativement aux avantages recueillis, d'établir sur chacun des grands chantiers de travaux publics un service de photographie qui enregistrerait, jour par jour ou tous les huit jours, l'état d'avancement des différentes parties d'un travail.

Dans les constructions à forfait cela suffirait, en quelque sorte, comme certificat, pour baser, d'une manière irréfutable, les sommes dues à chaque période d'avancement du travail.

D'un autre côté on garderait la mémoire des installations générales, du matériel des chantiers, des constructions provisoires qui disparaissent aussitôt que la construction elle-même est achevée, et qui sont quelquefois la partie la plus intéressante de l'entreprise.

Les vues des chantiers de l'Isthme de Suez que nous avons publiées en tête des *Nouvelles Annales de la Construction* de l'année 1862, ne sont que la reproduction gravée des photographies que l'Administration du canal a bien voulu nous communiquer.

En Italie, en Espagne et en Portugal nous organisons, en ce moment même, des services analogues pour constater périodiquement l'état d'avancement de nos travaux sur les lignes d'Ancône à Bologne, de Madrid, de Lisbonne à Badajoz, et de Lisbonne à Porto : Lorsque ces services auront donné des résultats satisfaisants, nous nous empresserons de faire part à nos lecteurs du détail des achats et dépenses qui sont à faire pour ce genre d'installations.

Paris. — 1er Janvier 1862.

295. Établissement d'une correspondance périodique

entre les Abonnés et la direction des Nouvelles Annales
de la Construction.

Pour améliorer le plus possible la rédaction de *Nouvelles Annales de la Construction*, nous serions très-heureux de voir les personnes abonnées à ce recueil nous indiquer par leur correspondance quel genre de documents elles désireraient voir publier de préférence.

Chaque fois qu'un certain nombre d'abonnés aurait indiqué spécialement une espèce de renseignement déterminée, nous chercherions activement tout ce qui pourrait répondre à cette demande, et nous le publierions dans le plus bref délai.

D'un autre côté, pour pouvoir tenir aussi nos lecteurs au courant de la situation des travaux dans chaque pays et dans chaque principal centre de population, nous ne saurions trop vivement prier toutes les personnes qui veulent bien porter quelque intérêt à la publication, de nous donner avis de tous les faits relatifs aux constructions publiques ou privées qui seraient à leur connaissance et de nous les transmettre le plus possible du 25 au 30 de chaque mois.

On nous pardonnera d'insister sur l'utilité de ces relations directes, car nous sommes pénétrés du désir de rendre le plus grand nombre de services possible, et la publication pourrait être ainsi, de la manière la plus simple et la plus économique, le correspondant naturel de tous les Ingénieurs, Conducteurs des Ponts et Chaussées, Agents voyers, Architectes, qui contribueraient ainsi à son perfectionnement progressif.

Nous profitons de cette occasion pour rappeler ici les propositions intitulées :

« *Création d'un bureau central de Projets et de renseignements techniques.* »

« *Création d'un bureau central du Personnel des Travaux publics et de l'Industrie.* »

Ces deux objets seraient le corollaire et le complément naturel d'une correspoudance régulière et périodique.

Paris. — 1ᵉʳ Octobre 1861.

———oo;o¿oo———

XLVI. — PROPOSITIONS DIVERSES.

296. Réduction de la taxe des Brevets d'invention
de 100 fr. à 50 fr. par an.

La propriété intellectuelle est, en ce moment, l'objet de nombreux projets de lois et de réformes diverses dans la plupart des pays.

Avant que la nouvelle loi sur les *Brevets d'invention* ne soit rendue, il peut être utile d'exprimer quelques vœux des inventeurs, et de formuler quelques principes relatifs à cette importante question.

Un des plus grands obstacles qui s'opposent à l'exploitation de beaucoup de découvertes utiles, est évidemment la question d'argent. Les quatre cinquièmes des inventeurs sont plus ou moins empêchés de faire le sacrifice des 1,500 fr. que coûte en France la prise d'un brevet.

Si la taxe n'était que de 50 fr. par an, il est certain que le nombre des idées utiles, formulées et brevetées, serait beaucoup plus considérable.

Comme, d'un autre côté, le plus grand nombre des inventeurs, ne disposant pas des capitaux nécessaires pour réaliser leur idée, laissent tomber leur invention dans le domaine public, il arriverait que, par suite même de la facilité du dépôt, les brevets se détruiraient souvent l'un l'autre, et que le danger apparent d'une *trop grande et trop facile* garantie de la propriété intellectuelle serait précisément compensé par l'exubérance même de la production des idées.

En ce qui concerne l'inconvénient du surcroît d'employés dans les Hôtels de ville pour recevoir tous les brevets pris sous le nouveau régime, il n'existerait pas en réalité; car il suffirait d'allouer à une personne pouvant faire le travail facile de l'enregistrement, une légère prime par brevet enregistré, pour trouver aussitôt, et même sans aucun appointement fixe, tous les employés qui pourraient être nécessaires :

C'est un chapitre à étudier de l'*organisation du travail intellectuel.*

Paris. — 1ᵉʳ Novembre 1861.

297. Publication de Voyages d'étude
par les Ingénieurs, Architectes et Industriels dans les divers pays.

MM. Couche, Ingénieur en chef des Mines, et Le Chatelier, Ingénieur en chef de la Société du Crédit Mobilier, ont publié des ouvrages très-utiles et bien connus de nos lecteurs, sur les chemins de fer d'Allemagne et d'Angleterre. Plus récemment, un traité analogue, sur l'état général des chemins de fer et de l'industrie minière en Amérique, par M. Lambert, Ingénieur des Mines ; des Notes de voyage sur l'emploi des appareils fumivores en Angleterre, réunies par M. Noblemaire, Ingénieur des Mines, ont paru en Belgique et en France.

Dans ces livres instructifs, remplis de faits et de chiffres, on retrouve, groupés dans un ordre rationnel, toutes les impressions et documents qui ont pu être recueillis sur les divers sujets industriels, architectoniques ou techniques, qui peuvent préoccuper des hommes compétents et de bon conseil.

Il serait bien vivement à désirer que le nombre des relations de voyage de ce genre, soit dans l'ensemble d'un pays, soit dans un établissement déterminé, augmente chaque année, et que l'usage n'en soit pas limité, comme il arrive trop souvent, à l'auteur qui les conserve en portefeuille, ou à l'administration qui les reçoit sous forme de Rapport. Pour notre part, nous faisons vivement appel à l'obligeance de ceux de nos lecteurs qui posséderaient des Notes de ce genre, ou qui en auraient fait l'objet de rapports réguliers pour quelque administration spéciale. Nous nous empresserions de les insérer dans les plus prochaines livraisons de nos publications périodiques, et ce serait un double avantage pour l'industrie générale qui en profiterait, et pour les personnes qui ne seraient pas à même de faire, à leurs propres frais, des voyages toujours assez dispendieux.

Bruxelles. — 1er Décembre 1862.

298. Fonçage des puits en terrain mobile
au moyen d'anneaux successifs en Béton, Ciment ou Poterie dure.

Une des plus grandes difficultés des travaux de mine ou de tunnels consiste dans la descente des puits à travers les terrains *mobiles*, surtout lorsque l'opération doit être conduite avec une certaine rapidité.

La méthode ordinaire dont se servent les puisatiers consiste, comme on sait, à faire descendre alors la maçonnerie tout d'une pièce, en bâtissant toujours par-dessus, et en creusant par en bas, au-dessous d'un châssis ou cercle en bois qui porte les premières assises de la maçonnerie.

Mais l'irrégularité de ce travail, la lenteur des maçons, la nécessité d'attendre que les joints aient fait prise pour oser risquer une descente de plus, ont fait songer à employer, au lieu de maçonnerie en petits matériaux, une succession d'anneaux entiers en béton-ciment ou en terre cuite, par imitation de ce qui se fait pour la fondation des piles tubulaires.

Les anneaux se superposent comme les assises de la maçonnerie, au moyen d'une chèvre qui permet de soutenir les anneaux d'une seule pièce, et de les faire emboîter les uns dans les autres par une rainure simple, à mi-épaisseur, ne faisant aucune saillie ni en dedans ni en dehors. Ce procédé *très-expéditif* est surtout commode pour de petits diamètres, et une profondeur réduite.

Nous l'avons vu appliquer avec avantage à un puits de $0^m.75$ de diamètre intérieur. L'épaisseur du béton-ciment dont les anneaux étaient composés était de $0^m.15$ environ.

Paris. — 1er Septembre 1863.

299. Transport des pompes à incendie
au moyen de chevaux.

Les récents incendies du magasin de décors de l'Opéra, des Docks de Londres, des Magasins et Docks de Boston, donnent un intérêt d'actualité à une idée souvent émise et souvent recommandée, que l'on ne saurait trop répéter, puisqu'elle est d'une utilité évidente.

Dans l'état actuel du service de secours de Paris et de la plupart des grandes villes, les pompes à incendie sont poussées et traînées à bras d'homme : il en résulte d'abord un retard considérable, pour peu que le lieu du sinistre soit éloigné, et les hommes, arrivant à pied d'œuvre essoufflés et fatigués, ne peuvent évidemment se livrer à leur travail avec autant d'activité et d'efficacité que si le transport des pompes et des hommes eux-mêmes avait eu lieu au moyen de chevaux.

Il est étonnant que dans certaines petites villes, dans des villages même, il se trouve souvent des pompes installées à traction de chevaux, et qu'à Paris, où les dommages peuvent, par le moindre retard, devenir incomparablement plus grands, on n'ait pas encore songé à introduire ce perfectionnement élémentaire dans le matériel du service de sauvetage.

Paris. — 1er Septembre 1861.

300. Application de l'armée aux travaux publics.

La question de l'application de l'armée aux travaux publics a souvent été agitée, et jamais encore résolue.

Il est cependant évident pour tout le monde que si, en temps de guerre, l'armée a une utilité incontestable pour la défense du territoire, elle constitue, en temps de paix, une immense force perdue pour le bien public.

Beaucoup de bons esprits ont donc dû chercher à en proposer l'application à des travaux plus productifs que les manœuvres militaires et les marches forcées, plus sains au corps et à l'intelligence que le sommeil en plein jour dans les casernes, et la vie de café dans les villes de garnison.

Nous savons bien que certains travaux militaires, routes stratégiques, ouvrages de campement ou de fortification, ont été exécutés rapidement par des ouvriers militaires, mais c'était dans des circonstances exceptionnelles : l'objet des travaux était alors essentiellement militaire, directement ou indirectement. L'armée était sur son propre terrain ; le génie faisait son devoir.

Mais là n'est pas, à proprement parler, le problème à résoudre :

C'est à des travaux purement et expressément civils ou agricoles, — constructions de ville ou de campagne, — édifices publics, — canaux et chemins de fer, — ports de mer, — irrigations, — drainages, — desséchements, — endiguements, — plantations et reboisements, — qu'il faudrait appliquer, en temps de paix, les quatre cent mille hommes d'élite de nos régiments.

Or, à ce point de vue, rien encore n'a été fait : tout est à organiser.

Les insuccès éprouvés jusqu'à présent semblent avoir tenu à quatre causes principales :

1° On faisait trop envisager à l'armée les travaux dont il s'agit comme une corvée disciplinaire, un ennui, une chose indigne d'elle, et, par suite, ne méritant ni attention ni émulation.

2° On a eu le tort grave de faire commander l'armée par des chefs civils trop secondaires.

3° On a sacrifié dans les mêmes entreprises, tantôt le travail civil au travail militaire, tantôt les manœuvres d'instruction aux ouvrages d'utilité publique : il en est résulté une mauvaise distribution du temps, et finalement, soit le sacrifice des intérêts militaires aux avantages du travail, soit l'abandon incessant des chantiers pour des manœuvres plus ou moins oiseuses, principalement pour les anciens soldats.

4° Enfin, on n'a jamais assez songé à introduire dans ce genre d'entreprises, une rémunération proportionnelle à la quantité du travail produit. Si faible qu'elle soit, elle serait, selon nous, un élément indispensable pour le bon succès d'une application quelconque.

Or, il serait facile, ce nous semble, de résoudre ces difficultés en faisant précisément le contraire des fautes commises jusqu'à présent :

Tout d'abord, au point de vue moral et au point de vue de l'amour-propre, aucun militaire, ancien ouvrier, agriculteur ou citoyen, n'est assez dénué de bon sens, surtout au temps de chemins de fer, de télégraphes et de navigation à vapeur où nous vivons, pour ne pas comprendre qu'il y a au moins autant de dignité à être employé à des travaux industriels ou agricoles qu'à la pénible tâche de tuer des hommes pour soutenir son droit ou défendre ses foyers.

Si certains travaux civils ont été mal présentés et mal exécutés, c'est qu'on les avait non moins mal choisis, ne réservant à la troupe que les objets les plus pénibles ou les plus rébutants, et les y conduisant comme à une concession d'amour-propre où les officiers donnaient les premiers l'exemple du dédain et de la protestation.

Le gouvernement actuel est trop éclairé et trop ami du progrès, pour qu'un changement de procédés à ce point de vue ne puisse pas venir aisément de l'initiative de l'Empereur lui-même.

En ce qui concerne la difficulté des chefs civils ou militaires, rien n'empêcherait que les officiers ou sous-officiers fussent chargés de la direction immédiate du travail : Il ne manque pas dans l'armée d'hommes assez intelligents pour comprendre, aussi bien qu'un employé des Ponts et chaussées ou un Inspecteur de travaux, des plans et des modèles bien faits, des ordres clairement et précisément donnés.

Il suffirait que l'ingénieur principal se mît d'accord avec les chefs militaires supérieurs, et expliquât périodiquement leur tâche aux sous-officiers instructeurs pour que, de cette combinaison mixte, résultât la meilleure solution pratique pour la bonne direction du travail.

Quant à la division des heures de la journée, nous proposerions : ou bien de consacrer chaque jour seulement quatre heures, le matin, aux travaux publics, et deux heures l'après-midi à l'instruction militaire, ou bien d'alterner les jours de manière à diviser la semaine en quatre jours de travaux publics, deux jours de manœuvre et le dimanche pour le repos.

Il faudrait aussi tenir compte de la différence des services entre l'infanterie et la cavalerie.

Suivant les cas on pourrait modifier les chiffres, mais il faudrait essentiellement conserver le principe du *travail alterne* pour que l'armée ne perde pas son instruction, et que le travail civil conserve son attrait.

Enfin, en ce qui concerne la rémunération, nous n'ignorons pas que certaines autorités militaires l'ont présentée comme une sorte d'injure et ont préféré offrir leur concours gratuitement, comme un devoir strict, ne devant correspondre à aucun payement : mais c'est là encore une idée étroite et qui procède de la même origine que l'objection citée plus haut : « Le travail civil est indigne de l'armée. »

Le soldat n'a-t-il donc pas, comme l'ouvrier, ses besoins de nourriture, de vêtement et d'habitation, et y aurait-il si grand mal à ce que sa paye fût augmentée par le supplément d'un travail civil, pour qu'il pût se procurer un peu plus de vin, de pain et de viande, un peu plus de tabac, de meilleures chaussures et de meilleures chemises, un meilleur lit et un casernement plus propre et plus agréable?

Et qui sait? la grande objection des économistes à l'existence des armées permanentes n'est-t-elle pas la somme énorme dont elles grèvent le budget chaque année?

Le jour où, par le légitime produit de son travail, l'armée pourrait soulager, pour si peu que ce soit, la charge des autres citoyens contribuables, n'aurait-elle pas, elle-même, une position plus digne et plus indépendante?

Ne pourrait-on pas alors, bien plus logiquement, réaliser ces économies que l'on désire tant, autrement qu'en réduisant les cadres, en menaçant l'existence de l'armée elle-même, et en brisant la carrière d'hommes méritants qui ne voient après leur service d'autre issue qu'une sinécure administrative ?

S'ils avaient été exercés, dès le temps de leur vie militaire, à des travaux variés d'utilité publique, ils auraient cultivé en eux-mêmes des facultés plus nombreuses, se seraient créé des relations dans l'état civil, et ne se trouveraient pas pris au dépourvu à chaque expiration de congé.

C'est là, il ne faut pas se le dissimuler, un des plus graves problèmes des temps modernes, car il touche, à la fois, au principe du maintien de la paix par la force armée, et au principe de l'organisation du travail. Il touche à la désertion des campagnes par les hommes valides, aux souffrances de l'agriculture par suite du manque de bras, à la lutte contre les inondations et la disette, à la reconstitution des forêts par le reboisement, à la réduction du prix des matières premières par les voies de communication.

En un mot, et nous ne croyons pas nous tromper, la proposition d'appliquer les armées permanentes aux travaux publics est peut-être une des plus utiles de toutes celles que nous avons faites ou rappelées dans ce recueil, et nous ne saurions trop appeler sur elle les méditations de tous les hommes qui s'intéressent au bien public.

Paris. — 1er Janvier 1866.

C. A. OPPERMANN.

FIN.

TABLE DES MATIÈRES.

                                        Pages.

INTRODUCTION. 1

PUBLICATIONS FONDÉES ET TRAVAUX EXÉCUTÉS DE 1855 À 1865 PAR C.-A. OPPERMANN.

Publications. 3
Travaux exécutés. 4
Travaux en préparation. 6
Organisation de la Compagnie Générale d'Entreprise de Travaux publics et par-
    ticuliers, d'Établissements Industriels et Agricoles. 7

ESSAI SUR LA PHILOSOPHIE DES CONSTRUCTIONS.

Définition générale des Constructions. 9
Résumé Historique. 9
Classification des Constructions. 20
L'Architecture et la Construction. 25
Du Beau Architectonique. 25
Principes généraux de la Composition des Édifices. 27
Règles générales de la Construction. 27
Règles générales de la Décoration. 28
L'Art de Profiler. 30
Du Style moderne. 30
Des Ordres. 31
Des Constructions économiques. 32
De l'application des Machines à la Construction. 32
Essai sur la Composition des Villes modernes. 33
Essai sur l'Organisation des Colonies ou Pays modernes. 37
Du Présent et de l'Avenir au point de vue des Constructions. 38

300 PROJETS ET PROPOSITIONS UTILES.

I. ORGANISATION GÉNÉRALE DE LA CONSTRUCTION. — PERSONNEL, BUREAUX, ATELIERS CENTRAUX.

1. Compagnie générale d'Entreprise des Constructions économiques. Exécution
    à forfait de Travaux publics et privés, d'Établissements industriels et agri-
    coles. 41
2. Création d'un bureau central de Projets et de Renseignements techniques. . 42
3. Création d'un bureau central du Personnel pour les Travaux publics, l'Indus-
    trie et l'Agriculture. 43
4. Installation d'ateliers centraux pour la fabrication des divers types de con-
    structions économiques. 44
5. Création d'un atelier central pour la fabrication et la location du Matériel des
    Travaux publics. 45
6. Adoption de types uniformes pour les principaux organes des machines. . . . 46
7. Utilité d'une circulaire ministérielle pour prescrire l'emploi des dimensions
    du commerce dans les projets des Ponts et Chaussées, du Génie militaire,
    de l'Architecture municipale et des Constructions navales. 47
8. Conférences périodiques entre les Ingénieurs en chef des différents Chemins
    de fer, Canaux, Ports de mer, Services municipaux, etc., pour les améllo-
    liorations à introduire dans la construction et l'exploitation des lignes, la

Pages.

correspondance entre la marche des convois, le perfectionnement du matériel, l'exploitation à bon marché, l'abaissement graduel des Tarifs, etc.   48

9. Établissement de Cours spéciaux pour les ouvriers Charpentiers, Maçons, Menuisiers, Couvreurs, Plombiers, Peintres, Doreurs, Terrassiers, etc., et création de Réunions Amicales avec bibliothèque, salles de dessin et de musique pour les soirées et jours de fête.   49

II. — CHEMINS DE FER. — TRACÉS. — LIGNES NOUVELLES. — RÉSEAUX ÉCONOMIQUES.

10. Établissement de chemins de fer Départementaux.   50
11. Locomotion à vapeur sur les routes et dans les Rues des villes   52
12. Achèvement du réseau des chemins de fer Français, au moyen de lignes économiques à une seule voie   53
13. Établissement d'un chemin de fer transversal de Tours à Vierzon (ligne directe de Nantes à Lyon et Marseille).   54
14. Établissement d'un chemin de fer entre Philippeville et Constantine.   54
15. Création d'un premier chemin de fer de Pékin à Tien-Tsin.   55

III. — PONTS ET VIADUCS.

16. Substitution de ponts fixes en fer laminé aux ponts en bois et aux ponts suspendus.   56
17. Construction de Ponts rigides en arc inverse, pour le franchissement économique des grandes portées.   57
18. Adoption d'un coefficient de résistance de 8 kilogr. par millimètre carré de section, pour les fers spéciaux des Ponts-routes et des Ponts vicinaux économiques.   58
19. Adoption de la charge d'épreuve minima de 200 kilogr. par mètre carré, pour les Ponts fixes économiques.   60
20. Avantages des ponts métalliques dans les terrains mobiles ou compressibles.   60
21. Application de pieux à vis à base large aux fondations en lit de rivière.   61
22. Avantages des fondations tubulaires dans les terrains affouillables (Ports de mer, Loire, Rhin, Rhône, Danube, etc.)   61
23. Substitution de culées tubulaires aux culées en maçonnerie des ponts en fer à poutres droites   62
24. Tabliers de Ponts avec petites voûtes en béton-ciment pour supporter les chaussées d'empierrement ou de bitume   63
25. Avantage des ponts treillis pour le passage des fleuves à lit mobile.   64
26. Les ponts en acier fondu   64
27. Possibilité de la construction d'un pont en acier fondu, sur le Pas-de-Calais ou d'autres bras de mer   65
28. Suppression des trottoirs sur les Ponts vicinaux afin d'utiliser la pleine largeur du tablier pour le passage des voitures   67
29. Substitution de pans coupés biais aux angles saillants des culées des ponts.   68
30. Établissement d'un nouveau pont sur la Seine, à Paris, entre la rue Bellechasse et la rue de la Paix.   68

IV. — TUNNELS.

31. Tunnel du Pas-de-Calais. — État de la question. — Programme.   69

V. — GARES ET STATIONS. — MARQUISES. — CLÔTURES.

32. L'Architecture des chemins de fer.   72
33. Développement des marquises et voies couvertes dans les Gares secondaires des chemins de fer.   73
34. Établissement de stations à toutes les bifurcations des chemins de fer pour éviter les accidents.   73
35. Suppression des clôtures courantes sur les Chemins de fer.   74

Pages.

VI. — ROUTES ET CHEMINS VICINAUX.

36. Les routes en empierrement sur fond de sable.   75
37. Création de routes agricoles aux frais de l'État dans les Départements les
moins favorisés   75
38. Adoption du mode des marchés à forfait pour les Constructions municipales
et vicinales.   76
39. Établissement de trottoirs de refuge au croisement des principales Voies de
communication dans les grandes villes.   77
40. Achèvement du réseau des routes ordinaires en Algérie.   77
41. Création d'un réseau de routes dans le Monténégro.   78
42. Création d'un réseau de routes dans le Caucase.   78
43. Moyen d'empêcher le ravinement des talus et gazonnements, pendant la
construction des travaux publics.   78

VII. — CANAUX ET NAVIGATION MARITIME.

44. Programme pour le Percement de l'Isthme de Suez.   79
45. Percement de l'Isthme de Panama.   82

VIII. — NAVIGATION INTÉRIEURE. — CANAUX ET RIVIÈRES.

46. Achèvement du réseau des canaux Français et Européens.   85
47. Unification du Réseau des canaux Français et de leur matériel fixe et mobile, pour obtenir l'économie de la construction et des transports. . .   86
48. Application de la vapeur à l'ouverture et à la fermeture des ponts tournants   88
49. Adoption d'un système combiné de digues longitudinales et de digues
transversales pour contenir et régulariser les inondations.   88
50. Organisation d'un service régulier de transmission des Dépêches en temps
de crue dans les vallées des principaux fleuves.   89
51. Communication électrique entre les divers ports de chaque pays.   90
52. Adoption d'Échelles inaltérables en porcelaine pour l'observation du niveau des cours d'eau.   90
53. Canalisation des Bouches-du-Rhône pour la navigation intérieure et
extérieure.   91
54. Amélioration des cours d'eau non navigables du département de l'Ain. .   91
55. Canalisation des Landes   92
56. Création d'un canal maritime entre la mer Noire et la mer Caspienne par
le Don et le Volga.   92

IX. — PORTS DE MER.

57. Assainissement des Ports de mer à eaux stagnantes, au moyen de siphons
en tôle sous-marins avec turbines-pompes horizontales.   93
58. Établissement de dragues à vapeur de service dans tous les ports de mer
sujets aux ensablements   94
59. Établissement de grues hydrostatiques dans les Gares de chemins de fer,
les Docks et les Ports de mer, pour le chargement et le déchargement des
fardeaux.   94
60. Application de la vapeur à la manœuvre des portes d'écluse dans les
ports de mer et sur les canaux.   95
61. Création d'un port français sur la côte occidentale d'Afrique (Gorée). . . .   96
62. Création d'un port régulier à Philippeville (Algérie).   96
63. Agrandissement du port d'Oran par l'annexion du mouillage de Mers-el-
Kébir   96
64. Achèvement des travaux du port de la Calle.   97
65. Création d'un bassin de radoub à Fort-de-France (Martinique).   97

Pages.

66. Curage de la passe et de la darse de la Pointe-à-Pitre. 98

X. — CONSTRUCTIONS MUNICIPALES ET COMMUNALES.

67. Constructions municipales économiques. 98

68. Statistique générale des Constructions d'utilité publique. 99

69. Adoption du mode de marché à forfait pour les Constructions Municipales économiques. 100

70. Création d'un Droit Municipal direct dans les Villes et les Communes pour l'établissement des travaux d'utilité publique. 100

71. Création d'obligations Communales portant intérêt pour l'exécution des travaux d'utilité publique. 102

72. Création d'Établissements industriels mixtes pouvant produire des revenus aux villes, par les services municipaux d'éclairage au gaz, distribution d'eau, bains et lavoirs publics, usines à force motrice, etc. . . . 102

73. Création de bibliothèques communales dans toutes les localités secondaires. 104

74. Les Cuisines économiques. 104

75. Construction d'une Douane et d'un Lycée à Alger. 105

76. Transformation des Douanes en magasins généraux. 106

77. Achèvement des nouveaux murs de Bône. 106

XI. — MAISONS A LOYER.

78. Les maisons à loyers économiques. 106

79. Les cités ouvrières et industrielles. 108

80. Remplacement des escaliers par des appareils à contre-poids 108

XII. — DISTRIBUTIONS D'EAU. — BAINS ET LAVOIRS PUBLICS ÉCONOMIQUES.

81. Développement des distributions d'eau, Bains et lavoirs publics économiques. 110

82. Emploi de Siphons en fonte au lieu d'aqueducs en maçonnerie, pour le franchissement des vallées par les canaux d'alimentation et d'irrigation. 111

83. Les Bains et Lavoirs publics économiques. 111

84. Construction de bains de Vapeur économiques par associations d'ouvriers dans les centres manufacturiers. 112

XIII. — CHAUFFAGE ET VENTILATION.

85. Chaudières tubulaires à retour de flamme. 113

86. Chauffage à la vapeur des cabines des Navires pour les voyages dans les mers du Nord. 114

87. Ventilation par insufflation substituée à la ventilation par différence de densité de l'air chaud et de l'air froid. 114

88. Aérage par insufflation de la chambre des chaudières dans les bateaux à vapeur. 115

89. Ventilation artificielle des théâtres au moyen de bouches d'air en cristal alimentées par des ventilateurs à force centrifuge, ou des machines soufflantes mues par la vapeur. 116

90. Emploi de ventilateurs à bras, à poids ou à ressorts, pour renouveler l'air dans les maisons et les lieux de réunion. 116

91. Ventilateurs rotatifs à bras d'hommes, pour les installations de forges mobiles. 117

XIV. — THÉATRES.

92. Élargissement des couloirs dans les étages inférieurs des salles de spectacle. — Augmentation du nombre des Portes de dégagement. 118

Pages.

92. Adoption de rampes couvertes en toile métallique pour l'éclairage de la scène des théâtres. 118

93. Adoption d'un procédé réglementaire pour reconnaître les fuites de gaz dans les théâtres et autres établissements publics. 119

XV. — AGRANDISSEMENT ET EMBELLISSEMENT DES VILLES.

95. Agrandissement de la ville de Madrid 119

96. Programme pour l'agrandissement et l'embellissement de la ville de Lisbonne. 122

97. Programme pour l'amélioration et l'embellissement de la ville de Bordeaux 124

98. Programme pour l'amélioration et l'embellissement de la ville de Naples. 125

99. Programme pour l'amélioration et l'embellissement de la ville de Bologne (Italie) 128

100. Programme pour l'agrandissement et l'embellissement de la ville de Strasbourg. 129

101. Les quartiers de nuit dans les grandes villes. 131

XVI. — AMÉLIORATION ET ÉCONOMIE DES MATÉRIAUX DE CONSTRUCTION.

102. Création d'un laboratoire d'essai pour les matériaux de construction, les minerais, les eaux, les combustibles, les engrais, les amendements, etc. 131

103. Fabrication du béton au moyen de cylindres à rotation continue. 132

104. Substitution du ciment de Portland au ciment de Vassy dans les travaux hydrauliques 133

XVII. — APPLICATION DES MACHINES A LA CONSTRUCTION ET A DIVERS OBJETS.

105. Application générale des machines à la construction. 135

106. Application des locomobiles aux travaux publics. Épuisements, dragages, terrassements, battage de pieux, fabrication du mortier, fabrication du béton, élévation des matériaux, mise en mouvement des machines-outils, etc. 136

107. Application des locomobiles aux manœuvres de gare des chemins de fer. 137

108. Emploi de locomobiles-locomotives dans les travaux publics et les exploitations industrielles ou agricoles. 138

109. Emploi des locomobiles dans l'industrie minérale. 139

110. Généralisation des locomobiles à alimentation d'eau chaude. 141

111. Emploi de scies circulaires à bras d'homme, pour débiter les bois de chauffage et de construction. 142

112. Application de scies circulaires à manége, au débit des bois de chauffage et de construction. 142

113. Emploi de la vapeur pour la manœuvre des pompes à incendie.. 143

114. Application des machines à vapeur à cylindre courbe et à grande vitesse aux machines-outils et aux propulseurs maritimes. 144

115. Application directe des moteurs aux outils et machines-outils. 144

XVIII. — PERFECTIONNEMENT DU MATÉRIEL DE LA CONSTRUCTION.

116. Adoption d'un outillage uniforme pour les ouvriers des différents Corps d'état dans tous les pays. 145

117. Adoption de modèles uniformes pour la serrurerie et la quincaillerie dans tous les pays. 146

118. Généralisation de l'emploi de la brouette et du tombereau pour les travaux de terrassement en Italie, en Espagne, en Portugal, en Afrique, dans l'Empire Ottoman. etc. 147

119. Application d'appareils de sécurité aux roues élévatoires des carrières. . 147

Pages.

XIX. — CONSTRUCTIONS NAVALES.

120. Adoption de trois types de 100, 150 et 200 mètres de longueur pour les navires transatlantiques. 150

121. Exploitation des grands navires transatlantiques, au moyen de jetées pleines en blocs artificiels, ou de jetées à claire-voie en fer, sur pieux à vis, permettant de charger et de décharger les bâtiments en pleine mer, au moyen de grues à vapeur et d'appareils de transbordement perfectionnés. — Création de bassins de carénage spéciaux pour leur construction et leur réparation. — Chambres de réparation sous-marines. 151

122. Lancement des grands navires comme le Leviathan (200 mètres de longueur) : — 1° Sur des plages naturelles ou artificielles ayant un angle plus grand que l'angle limite; 2° au moyen de bassins de carénage spéciaux 152

123. Application de la vapeur aux manœuvres de service des grands navires Transatlantiques 154

124. Mâts de navires en tôle et en fer spéciaux. 155

125. Éclairage des navires par le gaz. 155

126. Adoption d'un code uniforme pour les signaux maritimes de toutes les nations. 156

127. Application du sifflet avertisseur à la navigation maritime. 157

128. Établissement de bouées de sauvetage à sonnerie, à l'entrée de tous les ports de mer, et aux alentours des points dangereux du littoral. . . . 158

129. Appareil de sauvetage à installer à bord des navires, par M. le Capitaine TREMBLAY. 159

130. Bateaux de sauvetage en tôle. 160

131 Établissement de nouveaux phares sur les côtes d'Algérie. 160

132. Création d'un service maritime périodique d'Aden à l'île de la Réunion, et de l'île de la Réunion à Madagascar. 161

XX. — ÉLECTRICITÉ.

133. Piles électriques tubulaires et denticulaires à circulation continue des liquides 162

134. Contracteurs électriques ou aimants articulés, pour l'application de l'électricité aux machines motrices. 163

XXI. — TÉLÉGRAPHIES ET AVERTISSEURS.

135. Triplement des réseaux télégraphiques sans augmentation du nombre des poteaux. 165

136. Établissement de la télégraphie urbaine dans toutes les villes principales. 165

137. Envoi de sommes d'argent par le télégraphe moyennant un tarif spécial, et la création d'une Caisse centrale de dépôt et d'expédition. 166

138. Adoption d'appareils imprimeurs à clavier pour accélérer la transmission des dépêches télégraphiques et en abaisser le prix. 167

139. Établissement d'un câble transatlantique direct entre la France et les États-Unis. 168

140. Établissement d'un câble sous-marin direct entre la France et l'Algérie. 168

141. Établissement d'un câble entre l'Algérie et l'Espagne 169

142. Avertisseurs électriques et tubes acoustiques, pour le service des bureaux, ateliers et chantiers. 169

XXII. — NAVIGATION AÉRIENNE.

143. Principes généraux de la navigation aérienne. 170

Pages.

XXIII. — MINES ET MÉTALLURGIE.

144. Éclairage électrique des mines. 171

XXIV. — MATÉRIEL DES FORGES ET ATELIERS.

145. Les tuyères à circulation d'eau froide pour les forges et les hauts fourneaux. 172
146. Emploi de petits marteaux-pilons de 20 kilogr. pour les travaux de forge
de moyenne importance. 172

XXV. — VOITURES ET OMNIBUS.

147. Améliorations diverses à introduire dans les voitures-omnibus. 173
148. Les omnibus d'ouvriers pour le service des quartiers industriels, des
mines, des usines, des établissements agricoles et commerciaux. . . . 174
149. Application de tubes acoustiques aux voitures de place et de remise de
Paris, Lyon, Bordeaux, Marseille, Londres, Vienne, Munich, etc. . . 175
150. Impression des tarifs de cinq minutes en cinq minutes au revers des
Numéros des voitures de place et de remise. 176

XXVI. — AMÉLIORATIONS DANS LA CONSTRUCTION DES MACHINES.

151. Fabrication de roues d'engrenage en fonte malléable. 176
152. Augmentation du diamètre des arbres tournants pour diminuer l'usure
dans les machines à vapeur à haute pression. 177
153. Création de magasins de force motrice en location. 178
154. Les chaudières en acier fondu. 178
155. Légendes explicatives à annexer aux modèles du Conservatoire des Arts
et Métiers. 179

XXVII. — EXPLOITATION DES CHEMINS DE FER.

156. Amélioration générale des indicateurs des chemins de fer. 180
157. Régularisation des services d'été et d'hiver sur les Chemins de fer. . . . 182
158. Les écriteaux saillants au-dessus des wagons des chemins de fer. 183
159. Les billets d'aller et retour entaillés d'avance. 183
160. Les cartes de circulation générale sur toutes les lignes de chemins de fer
du réseau français. 183
161. Application du système des timbres-poste aux voyageurs et aux marchandises sur les chemins de fer. 184
162. Substitution de la houille au coke dans les foyers des locomotives. . . . 185

XXVIII. — MATÉRIEL DES CHEMINS DE FER.

163. Introduction d'un Wagon-buffet avec cabinets d'aisances et de toilette
dans les trains express. 186
164. Généralisation des wagons-lits pour les voyages de nuit sur les chemins
de fer. 187
165. Généralisation des roues de wagon en tôle pleine ou recouvertes en tôle,
pour éviter le soulèvement de la poussière sur les chemins de fer. . . 188
166. Emploi de toiles métalliques suspendues sous les voitures pour empêcher
la poussière sur les chemins de fer. 188
167. Ventilation des wagons de chemins de fer pendant l'été au moyen d'ouvertures mobiles dirigées contre le vent. 189
168. Fermeture des portes de wagons au moyen de pênes à ressort. 189
169. Résumé des perfectionnements à introduire dans les voitures des chemins
de fer. 190

Pages.

XXIX. — ARCHITECTURE ET BEAUX-ARTS.

170. L'Art et les Ingénieurs. 192
171. Principes généraux de l'Harmonie dans les Proportions Architectoniques. 193
172. De l'abus des ronds et des rosettes dans la décoration architectonique. . 197
173. Des corniches et des moulures plates dans les profils des édifices. 198
174. Des moulures en panse de carafe, employées par l'École Néo-Étrusque. 198
175. Des gravures maigres à tige serpentée dans les dessus de portes et de fenêtres. 199
176. Des guirlandes épaisses avec patères rondes qui décorent quelques édifices modernes. 199
177. Des entailles polygonales sur les coins et sur les angles des édifices. . . 200
178. Du profil lourd des statues et des médaillons dans certaines constructions modernes. 200
179. De la nécessité d'une réforme radicale dans l'enseignement de l'École des Beaux-Arts. 201
180. Nécessité de donner aux Concours de l'École des Beaux-Arts une direction plus pratique. 202
181. Création d'Écoles des Beaux-Arts Départementales dans les douze principaux chefs-lieux de France. 203
182. Création d'Écoles françaises des Beaux-Arts à Florence, à Venise, à Nuremberg, Munich, Prague, Dresde, Vienne et Berlin. 204
183. Développement des cours de construction et des cours de résistance des matériaux dans les Écoles des Beaux-Arts. 205
184. Enseignement des éléments d'architecture dans les Écoles d'Arts et Métiers. 206
185. Le Symbolisme moderne. 207
186. Publication d'une série d'études sur les différents styles d'architecture. . 208
187. Classification des Planches de l'*Album de l'Art Industriel*, par séries relatives à chacun des Arts spéciaux. 210

XXX. — MONUMENTS ET EMBELLISSEMENTS DIVERS.

188. Remplacement de l'Obélisque de Louqsor par un monument à la Concorde, et translation de l'Obélisque au rond-point de la porte Maillot. 211
189. Couronnement de l'Arc de Triomphe de l'Étoile. 212
190. Dorure des colonnes rostrales et des becs de gaz de la place de la Concorde. 213
191. Achèvement du Pont de la Concorde. 213
192. Achèvement de la décoration du Ministère des Affaires Étrangères. . . . 214
193. Rectification de la ligne des feux de la Rue de Rivoli, et, en général, de toutes les chaussées à pente irrégulière dans les grandes villes. 214
194. Remplacement des vasques en fonte de la fontaine Saint-Georges par deux vasques nouvelles d'un dessin plus riche et plus élégant. 214
195. Création de Fontaines à boire de divers modèles dans les villes et sur les grandes voies de communication. 215
196. De l'emploi de la végétation dans la décoration architectonique des fontaines. 216
197. Application du cristal à la composition des statues et des fontaines. . . 216
198. Avantages des constructions et ornements en cristal dans l'architecture des villes. 217
199. Horloges décoratives et Numéros ornés pour les dessus de rideaux et les loges de théâtres. 217
200. Remplacement des parapets en pierre des quais et des ponts par des garde-corps en fonte d'ornement. 218

Pages.

XXXI. — PROMENADES ET PLANTATIONS.

301. Création de Promenades publiques par lots concédés à des particuliers, à charge de plantation et d'entretien. 210

302. Plantation d'arbres et de fleurs dans les cours et aux abords des stations de chemins de fer. 220

303. Établissement de tables de service en fonte dans les promenades et jardins publics. 220

304. Plantation de deux rangées d'arbres pour donner de l'ombre aux contre-allées de l'avenue de l'Impératrice. 221

305. Établissement de quelques passages à travers la barrière continue qui sépare la chaussée des voitures de celle des piétons. 221

XXXII. — CONSTRUCTIONS RURALES.

306. Les Constructions rurales économiques. 221

307. Création de Fermes Impériales dans les principaux Départements de France. 222

308. Les habitations ouvrières ou Cottages pour les cultivateurs mariés. . . . 224

309. Création d'un type réduit de distillerie agricole, pour les fermes et métairies. 225

XXXIII. — MATÉRIEL AGRICOLE PERFECTIONNÉ.

310. Généralisation des machines à battre et à moissonner, en France, Espagne, Portugal, Italie, Algérie, Hongrie, Russie méridionale, Turquie, Asie Mineure, Brésil, Australie. 220

311. Application de charrues à vapeur aux terrains homogènes, en France, Espagne, Portugal, Italie, Algérie, Hongrie, Russie méridionale, Turquie, Asie Mineure, Brésil, Australie. 227

312. Création de dépôts de matériel perfectionné dans les principaux Chefs-lieux d'arrondissement. 228

313. Généralisation des manéges mobiles pour diverses mains-d'œuvre de l'Agriculture et de la Construction. 229

314. Introduction des charrues en fer, des machines à moissonner et des machines à battre dans le Portugal. 229

315. Adoption de machines à double hélice et à mouvement continu pour la fabrication des tuyaux de drainage. 230

XXXIV. — DRAINAGE ET IRRIGATIONS.

316. Achèvement du réseau des canaux d'irrigation en France. 231

317. Entreprise générale des Irrigations, en Espagne, en Portugal et en Italie. 233

318. Encouragement des irrigations en Algérie. 234

319. Curage périodique des cours d'eau non navigables. 234

320. Contre-fossés latéraux d'assainissement à l'amont des barrages. 235

321. Assainissement des chambres d'emprunt des chemins de fer par la plantation d'oseraies et par le creusement de fossés de décharge parallèles et continus. 235

322. Utilisation agricole des chambres d'Emprunt des chemins de fer, par leur division en bandes transversales saillantes. 236

323. Desséchement des terrains marécageux avant l'installation des villages. . 237

324. Assainissement de la Camargue, Département des Bouches-du-Rhône. . 237

325. Desséchement des marais de la Corse. 238

326. Assainissement des Maremmes de Toscane. Création de 400 Poderi dans la colmate de Castiglione et dans les montagnes de Melete. 238

Pages.
227. Création de Canaux d'irrigation dans le Département de la Meurthe. . . 240
228. Les Irrigations du Roussillon. Projet de barrage de la Tet (Pyrénées-Orientales) 240
229. Drainage des habitations. 243
230. Assises bitumineuses contre l'humidité. 243

XXXV. — ENGRAIS ET AMENDEMENTS. — PRAIRIES.

231. Transport des engrais et amendements par wagons spéciaux, à prix réduits sur les chemins de fer.. 244
232. Utilisation des eaux d'égout comme engrais. 244
233. Emploi de la vase des rivières comme engrais. 245
234. Emploi des animaux carbonisés comme engrais. 246
235. Généralisation du système des engrais liquides 247
236. Emploi des urines concentrées comme engrais. 248
237. Multiplication des prairies artificielles. 249

XXXVI. — DÉFRICHEMENTS ET REBOISEMENTS.

238. Développement des plantations de Pins en Champagne. 249
239. Les Pépinières communales. 250
240. Reboisement de l'Algérie. 251
241. Reboisement des montagnes du Midi par des plantations de Châtaigniers. 251
242. Défrichements combinés avec la culture pour obtenir le plus grand résultat possible des terres arables en Berry. 252
243. Encouragement des expériences de défrichement par les appareils à vapeur. 253

XXXVII. — ACCLIMATATION.

244. Propagation de la culture de la patate dans le Midi de la France. 254
245. Développement de la plantation du chêne-liége dans les Landes et en Algérie. 255
246. Propagation du ver à soie de l'ailante dans tous les départements du Centre et du Midi de la France. 255
247. Création de Compagnies spéciales pour l'acclimatation et l'exploitation de certains produits agricoles. 256

XXXVIII. — ÉLÈVE DES CHEVAUX. — ANIMAUX DOMESTIQUES.

248. Révision de la loi relative aux vices rédhibitoires des animaux domestiques 256

XXXIX. — HYGIÈNE AGRICOLE. — DESTRUCTION DES PLANTES PARASITES ET DES ANIMAUX NUISIBLES.

249. Nécessité d'une loi réglant la destruction des végétaux nuisibles. 257
250. Nécessité d'une loi nouvelle sur l'échenillage et la destruction des animaux nuisibles. Nomination d'un agent spécial pour chaque canton rural. 258

XL. — COLONISATION. — CRÉATION DE VILLES ET DE VILLAGES.

251. Création de Villages Départementaux en Algérie. 259
252. Remplacement du système des concessions de terrains par la vente pure et simple. 260
253. Création de Magasins de Matériel pour la Colonisation en France et à l'Étranger. 260

Pages.

XLI. — INSTRUCTION ET ENCOURAGEMENTS AGRICOLES. — PERSONNEL.

254. Les Conférences agricoles. 261
255. Les Dépôts de matériel agricole. 262
256. Enseignement de l'agriculture dans les écoles primaires. 263
257. Fondation de prix spéciaux pour les meilleurs mémoires sur les questions
     d'agriculture locale. 263
258. L'Agriculture industrielle. 265
259. Organisation des Communautés agricoles. 266
260. Les Jardins d'ouvriers dans les Usines et Manufactures. 266
261. Moyen d'empêcher l'émigration des ouvriers des campagnes vers les villes. 267
262. Création de Comités d'initiative pour les améliorations agricoles dans
     chaque département. 269
263. Création de cours abrégés d'Agriculture dans les Lycées et Colléges. . . 269
264. Création de livrets pour les ouvriers agricoles. 270
265. Fondation d'une caisse de retraite pour les ouvriers agricoles. 271
266. Création d'une Médaille agricole pour l'encouragement des services rendus
     par les ouvriers des campagnes. 271
267. Utilité du concours des Instituteurs primaires pour la mise en pratique
     des Progrès agricoles. 272

XLII. — INSTRUCTION DES OUVRIERS. — ÉCOLES. — BIBLIOTHÈQUES POPULAIRES.
COURS D'ADULTES. — CONFÉRENCES.

268. Création de Bibliothèques secondaires dans les quartiers industriels et
     les faubourgs des grandes villes. 273
269. Création d'Écoles spéciales de dessin dans tous les Chefs-lieux d'arron-
     dissement. 274
270. Création de Bibliothèques militaires dans toutes les Villes de garnison. . 275
271. Développement de Cours d'adultes libres, publics et gratuits. 275
272. Multiplication des Conférences sur des sujets détachés de littérature, de
     science, d'histoire, de géographie, d'hygiène, de philosophie sociale, etc. 276

XLIII. — EXPOSITIONS ET CONCOURS.

273. Création d'une Exposition publique permanente des œuvres des artistes
     vivants. 276
274. Création d'Expositions spéciales pour l'Art industriel. 277
275. Exposition publique et permanente des produits Brevetés. 278
276. Adoption du principe des Concours publics pour tous les Projets d'utilité
     générale 279

XLIV. — INDUSTRIES NOUVELLES A DÉVELOPPER.

277. Machines à vagues. 280
278. Fabrication des câbles métalliques en France. 281
279. Création d'usines spéciales pour la tôle forte. 281
280. Création de hauts fourneaux dans le Roussillon. 282
281. Emploi des actions mécaniques dans la chimie industrielle. 282

XLV. — MESURES D'ORDRE GÉNÉRALES.

282. Uniformité du système des poids et mesures. Vote pour l'adoption du
     Mètre en Angleterre et en Autriche. 284
283. Adoption du système métrique en Allemagne. 284
284. Fixation de Plaques-repère pour les cotes de hauteur dans toutes les sta-
     tions de chemins de fer. 285

Pages.

285. Multiplication des horloges publiques à éclairage nocturne. 286

286. Application d'horloges publiques de grande dimension aux façades des stations de chemins de fer, du côté des villes. 287

287. Adoption de l'heure de Paris pour toute la France, de l'heure de Londres pour l'Angleterre, de Bruxelles pour la Belgique, etc. 287

288. Emploi de machines à calculer pour accélérer et rendre plus exactes les opérations des bureaux, des ateliers et des chantiers. 288

289. Échange de types autographiés entre les différentes Compagnies de chemins de fer. 289

290. Numérotage et désignation régulière des noms des rues dans les villes. 290

291. Établissement de poteaux indicateurs aux croisements de toutes les routes et chemins vicinaux. 291

292. Cartes de service des départements et des arrondissements de France aux échelles de 1/160,000. 292

293. Éclairage des numéros des maisons et des noms des rues, des places et des ponts 292

294. Établissement de services photographiques dans les entreprises de travaux publics ou privés. 293

295. Établissement d'une correspondance périodique entre les Abonnés et la Direction des *Nouvelles Annales de la Construction*. 294

XLVI. — PROPOSITIONS DIVERSES.

296. Réduction de la taxe des Brevets d'invention de 100 fr. à 50 fr. par an. . 295

297. Publication de Voyages d'étude par les Ingénieurs, Architectes et Industriels dans les divers pays. 295

298. Fonçage des puits en terrain mobile au moyen d'anneaux successifs en Béton, Ciment ou Poterie dure. 296

299. Transport des pompes à incendie au moyen de chevaux. 297

300. Application de l'armée aux travaux publics. 297

FIN DE LA TABLE DES MATIÈRES.

Paris. — Imprimé par E. Thunot et Cᵉ, rue Racine, 26.

www.ingramcontent.com/pod-product-compliance
Ingram Content Group UK Ltd.
Pitfield, Milton Keynes, MK11 3LW, UK
UKHW020125130726
13696UKWH00001B/216